男西装工业技术手册

张媛媛　董辉　杨雅莉　著

中国纺织出版社有限公司

内 容 提 要

本书系统地讲述了西装的起源与发展、面辅料知识、西装及样板基础知识、西装制板基础与技法以及西装工业制板的拓展训练等内容。

本书可供从事服装板型设计与工艺设计人员参考。

图书在版编目（CIP）数据

男西装工业技术手册 / 张媛媛，董辉，杨雅莉著
. --北京：中国纺织出版社有限公司，2023. 8
ISBN 978-7-5229-0644-7

Ⅰ. ①男… Ⅱ. ①张… ②董… ③杨… Ⅲ. ①男服—西装—服装工业—技术手册 Ⅳ. ①TS941-62

中国国家版本馆 CIP 数据核字（2023）第 097687 号

责任编辑：范雨昕　　责任校对：楼旭红　　责任印制：王艳丽

中国纺织出版社有限公司出版发行
地址：北京市朝阳区百子湾东里 A407 号楼　邮政编码：100124
销售电话：010—67004422　传真：010—87155801
http://www. c-textilep. com
中国纺织出版社天猫旗舰店
官方微博 http://weibo. com/2119887771
三河市宏盛印务有限公司印刷　各地新华书店经销
2023 年 8 月第 1 版第 1 次印刷
开本：787×1092　1/16　印张：10. 5
字数：210 千字　定价：58. 00 元

前言

中国的制造业正面临着前所未有的挑战，随着原材料及劳动力成本的不断攀升，一些订单正逐渐转向越南、柬埔寨、老挝等东南亚国家。制造业要想生存，必须加快由中国制造向中国创造转型，创建自己的品牌，提供高附加价值的产品。中国制造2025、工业4.0等正是基于此现状提出的，中国制造业转型的根本在于技术的创新与支持。针对服装行业而言，中国不缺技术人员，但缺乏顶尖的技术人才。长期以来，国内大型服装企业一直聘请意大利、英国、日本等国家的人才，主要是因为他们在技术水平、创新能力、流行趋势把握等方面具有优势。国内很多高等院校开设服装设计与工程专业，然而并不能完全满足企业对专业技术人才的需求，尤其是高级技术人才。原因有如下几方面：一是服装是劳动密集型行业，并非热门行业，劳动待遇相对偏低，不足以吸引专业人才；二是服装技术，尤其是男西装技术科学性强，严谨性、系统性较强，想要达到较高水平，耗时较长，对学习者的知识储备要求较高，需要高校毕业生坚持不懈地学习；三是企业要培养人才，需花费更多成本和时间，直接聘用有一定技术经验的老师傅效率更高。基于以上几点，作者编写了本书，希望能对西装设计与制作的从业者有所帮助，尽量缩短学习时间，将更多时间投入创造性技术的研发中，而不是把大量时间花费在基础技术摸索阶段。在此，作者也呼吁服装行业在培养人才方面应加大投入，不吝赐教，挖掘后备力量，不断提高我国服装行业在国际上的地位。

本书共分三章。第一章西装及样板基础由烟台南山学院张媛媛、杨雅莉、闫琳、左洪芬撰写，第二章西装制板基础与技法由南山智尚科技股份有限公司董辉、张媛媛撰写，第三章知识拓展由董辉、杨雅莉、闫琳、左洪芬撰写。

本书是所有作者工作十多年的经验总结，内容包括男西装工业制板、制作流程及要点、重要知识汇总等，实用性强，希望读者在充分理解后进一步消化、吸收、创新。近几年，单体定制借助“互联网+”得到了飞速发展，工厂直接服务客户及个性化的选择及专人专板是批量大货无法比拟的，更重要的是这种模式零库存、附加价值高，将会是现阶段及未来很长时间服装界最热门的项目之一，也是目前服装企业实现生产转型的着力点。现在很多服装企业已经开设定制业务，并取得了骄人成绩。这是时代发展的必然，实现了服装生产智能化，也是服装从业者需要了解的重要内容。

著者

2023年1月

目录

第一章　西装及样板基础 ······ 001

第一节　西装起源与发展 ······ 001

一、西装起源与风格 ······ 001

二、国际西装品牌与中国西装发展 ······ 002

三、西装穿着与搭配 ······ 003

第二节　西装面辅料基础知识 ······ 004

一、西装面料 ······ 004

二、优质西装面料原料与西装面料品牌 ······ 007

三、西装辅料 ······ 008

第三节　西装及样板基础知识 ······ 015

一、上衣外观基础知识及详解 ······ 015

二、上衣样板基础知识及详解 ······ 020

三、西裤外观基础知识及详解 ······ 028

四、西裤样板基础知识及详解 ······ 030

五、西装对条对格要求 ······ 032

六、马甲基础知识及详解 ······ 034

七、服装各部位名称及中英文对照 ······ 037

第二章　西装制板基础与技法 ······ 042

第一节　西装制板基础知识 ······ 042

一、制板工具与符号 ······ 042

二、工业尺寸表 ······ 044

三、制板尺寸加放量 ······ 049

第二节　西装工业制板技法 ······ 050

一、西装净板工业制板 ······ 051

二、生产操作板制板 ······ 076

三、上衣样板检验 ······ 079

四、西装毛板工业制板 ······ 080

五、西装常见款式制板 ······ 085

第三节 西裤工业制板技法 ······ 094
一、西裤净板工业制板 ······ 094
二、生产操作样板制板 ······ 101
三、裤子样板检验 ······ 103
四、西裤毛板工业制板 ······ 110
第四节 马甲工业制板技法 ······ 112
一、马甲工业制板 ······ 112
二、生产操作样板与黏合衬样板制板 ······ 118
三、常见马甲款式制板 ······ 120

第三章 知识拓展 ······ 127
第一节 西装工业制板知识拓展 ······ 127
第二节 西装工业制板与工艺重点案例 ······ 129

参考文献 ······ 158

后记 ······ 159

第一章　西装及样板基础

第一节　西装起源与发展

一、西装起源与风格

1. 西装起源

西装起源于19世纪中叶的英国王室，是英国上层绅士社交礼仪的产物，由礼服逐渐演化而来，这种正式场合穿着的服装在穿着方式与搭配上逐渐形成一种定式而被保留至今。从西装构成特点和穿着习惯上看，至少可追溯到17世纪后半叶的路易十四时代。17世纪后半叶的路易十四时代，出现了市民性的贵族服装，长衣及膝的外衣"究斯特科尔"和比其略短、穿着在里面的"贝斯特"以及紧身合体的半截裤"克尤罗特"一起登上历史舞台，构成现代三件套西装的组成形式。究斯特科尔前门襟纽扣一般不扣，要扣一般只扣腰围线上下的几粒——这就是现代单排扣西装一般不扣扣子不为失礼，两粒扣子只扣上面一粒穿着习惯的由来。

英国着装礼仪非常规范、严谨，现在国际上通用的礼服规范多源自英国，它已成为世界标准，西装的基准也是从英国开始的。不同的时间、场合穿着不同的礼服。这种严谨的穿着方式及始终如一的要求影响了世界西装的发展。英国也是西装技术、工艺、面料最成熟的国家之一。英国人思想相对保守，这也使英国的西装在变化上相对较少，更加注重的是文化遗产的积累与技术的高质量与严格要求。意大利有很多世界级西装品牌，所不同的是，意大利的西装更加注重变化与创造经济效益，注重服装、面料的艺术性，意大利也是较早实行西装批量化生产的国家。

2. 西装风格

由于文化传统和审美习惯不同，西装在不同国家各有差异。法国的西装，大多讲究腰身线条性感，款式注重收腰贴身，背挺肩拔；意大利的男西装采用圆润肩形，长腰身、线条流畅的温情造型；美国人偏爱轻松随意、肥大宽松的西装；德国的西装则使男人显得健壮、高大、威严。在中国，南北各地人们的生活环境、体型、气质与习性也存在差异，所以西装在南北也有差异。北方的男西装则参照西欧和北欧的风格，在南方，西装与日本人服饰有些共同点。

法国：奢华、浪漫、华丽的王朝文化是法国文化的起源，法国的贵族文化艺术氛围引领着当时的时尚潮流。虽然西装以英国样式为基础，但面料更柔和，线条更清晰。

意大利：意大利的时尚起源于罗马帝国与文艺复兴。意大利人崇尚设计，它的时尚不是一朝一夕形成的，文艺复兴是意大利人设计创意的原点，这种 DNA 至今还延续着。达 · 芬奇、米开朗琪罗、拉斐尔等都是意大利文艺复兴的推动者。

英国：产业革命由家庭制手工业转为工厂制机械工业。

二、国际西装品牌与中国西装发展

1. 中国西装

毫无疑问，西装在中国是一种“舶来文化”，中国的西装从清朝末年由留学生传入中国，在传入之初受到严厉抵制，清政府曾下令严厉制止国人穿西装，但未能挡住西装的引进和改革。西装是中国服装近代化的催化剂。改革开放以后，西装的发展比较迅速，但中国缺乏西装的深层次的技术研发，缺乏品牌效应，以加工为主，在国际上地位不高。现在随着中国劳动力成本不断提高，企业生存压力较大，很多小服装厂面临倒闭的风险，大的服装企业迫切需要转型，需要提高研发能力，提高品牌效应，提高附加值。越来越多的工厂、订单已转移到越南、柬埔寨、马来西亚等东南亚国家。

中山装采用西装的造型和制作技术，参照日本学生装、士官服的改革思路，融入中国的服饰文化传统，根据中国人的体型、气质、社会生活新动向制定，是化洋为中的显例，它是受到日式西装的启发而创制的。

西装之所以长盛不衰，很重要的原因是它拥有深厚的文化内涵，且随着社会的发展、人类文明程度的提高，作为具有“有文化、有教养、有绅士风度、有权威感”及礼服性质的西装发展越来越快，西装通常是企业员工、政府机关人员在正式场合下着装的首选服装。

2. 国际西装品牌

凡是能够达到世界级的西装，须满足以下要求：

（1）面料。用料讲究，必须是全毛面料，无化学成分，细度在 120 公支以上，保证面料的柔软性、舒适性及可塑性。当然，面料的纱支越高，面料越柔软，制作的难度也越大，越难做出理想造型。有的西装甚至在面料里加入金粉、钻石粉等体现其高档性。

（2）制作工艺。制作工艺必须是全麻衬工艺，尽可能全身少粘黏合衬或是不黏衬，这种工艺虽然制作难度较高，但能够满足穿着的舒适性。

全麻衬又称全毛衬，是顶级西装工艺，称为无黏合衬西装，完全依靠胸衬来塑造西装造型，因无黏合工艺，对其制作工艺要求极高，且费时长。材料为天然原料，环保永不脱衬，穿着柔软、舒适、有弹性。国际上著名的西装品牌高级定制业务大都采用这种工艺，面料、辅料、做工、服务都是最好的，成本是普通西装的 5~6 倍，销售价格自然也比较昂贵。

除了全麻衬外，西装还有半麻衬与黏合衬工艺之分。半麻衬又称半毛衬，吸收了全毛衬工艺的优点，结合黏合衬的中合工艺，提高了制作速度，工艺上升了一个层次，半麻衬西装属于中高档产品，从面料、辅料到做工都比黏合衬高出一个档次，目前很多国内品牌及大部分国际品牌西装均采用此工艺。

黏合衬，是把一种涂有热熔胶的衬布，直接烫压在西装面料的背面，使西装的前胸、驳头等部位显得挺拔、庄重，黏合衬西装属于中低档产品，从面料、辅料、到做工都不是最好的，舒适性差，价格低，目前绝大多数西装都采用这种工艺，制作速度是三种工艺中最快的。

现阶段非常流行“三无”西装，即无胸衬、无弹袖衬、无垫肩款式，多为半里款或无里款，款式、面料变化丰富，因用黏合衬少，成衣质地比较柔软，穿着舒适，多为休闲西装款式。这种款式因黏合衬少，内部挂里少或无里，制作工艺复杂，单西装上衣价格相对较高，是现在比较流行的休闲西装款式。

纯手工制作，包括手工锁扣眼、各部位的手工归拔处理、手工做胸衬、附胸衬等，相对于机器制作，手工制作的西装柔软度更高，更能符合人体体型，工艺处理更加到位，因手工制作耗时较多，因此含金量更高。纯手工制作是判断西装是否高档的重要依据。

区别于成衣模式，高档西装均为单量单裁，单独制板。在最终成衣前首先使用普通面料试穿 2~3 次，通常是在没有绱袖子时试穿一次，绱袖后再试穿一次，确保板型与客人体型一致。满意后才会使用真正面料一次成型。也因为这种操作模式，生产周期能达到一年甚至更长时间。

三、西装穿着与搭配

西装区别于一切休闲类服装，作为国际化正式服装，西装有其特定的礼仪规则与穿着方式，甚至不同的场合有不同的穿着与搭配方式，作为西装从业人员及西装穿着者不可不知。

西装纽扣有单排扣和双排扣之分，纽扣系法有讲究：双排扣西装应把扣子都扣好。单排扣西装：一粒扣款式，系扣穿着更加端庄，敞开穿着体现随意，更具有亲和力，在非正式场合穿着；两粒扣款式：只可系最上面一粒扣，体现正式感，两粒扣都不系，体现潇洒、帅气，在非正式场合穿着。但需要注意的是，在任何情况下不可以两粒扣都系上；三粒扣款式，系上面两粒或只系中间一粒都合规范，体现正式、端庄，也可都不系，体现自由随意不拘束，坐立时为使西装能自然垂下，不变形，通常西装扣子要解开，但需要注意不可三粒扣都系。

西装各个口袋有其固定的用处，不可乱用。西装手巾袋现在多作为一种装饰口袋而存在，一般不使用，如果使用，则只可装手巾，用于社交舞会装饰、调节气氛。手巾可根据要求使用不同颜色、不同材质做出不同的造型。西装腰口袋及西裤口袋通常不装任何东西，以体现西装的干净利落，因此腰口袋封口通常不打开。西装右侧口袋为装纳零钱而设计，现同样以一种装饰物品而存在。西装内里口袋前面已述，可稍装纳简单物品，不可装物过多、过重。

衬衣是西装标配，穿衬衣时，后领窝通常高出西装领 1~2cm，袖口处衬衣较西装长约 2cm，且衬衣袖扣一定要系上。穿内衣时需注意任何部位不可使内衣外露。冬季衬衣里面也不要穿棉毛衫，可在衬衣外面穿一件羊毛衫或三件套西装马甲，西装内侧穿着过厚会显得过于臃肿，也会对西装板型及结构造成一定程度的破坏。

在正式场合穿西装时必须打领带，其他非正式场合可不打领带，体现随意，不拘束。领带的选择具有多样性，不同的领带显示出不同的风格。西服袖口的袖标牌、封衩线、封袖口线、肩缝装饰线穿着时应拆掉，否则不符合西服穿着规范。男士出席正式场合穿西装、制服，要坚持三色原则，即身上不能超过三种颜色或三种色系（皮鞋、皮带、皮包应为一个颜色或色系)，不能穿尼龙丝袜和白色袜子，穿西服套装必须搭配皮鞋，便鞋、布鞋和运动鞋都不合适。

西装分单西（单件上衣）、两件套、三件套，正式程度依次提高。单西多采用休闲类面料或指定款式，如贴袋、半里/无里款、袖肘贴、肩袖特殊风格或无衬工艺等体现休闲性，单件穿着，属于休闲西装，可与休闲类衣服搭配，为日常穿着服装。两件套西装包括上衣、裤子，三件套西装包括上衣、裤子及马甲。凡是套装必须遵循的规则是面料用料相同且面料及款式相对固定化。穿着上，马甲长度要刚好盖过腰带，绝不能过短使腰带外露。

第二节　西装面辅料基础知识

一、西装面料

西装款式虽然一百多年来变化不大，但其用料却是日新月异。尤其是 20 世纪的最后 25 年，伴随工艺的发展，羊毛布料使用的纤维越来越细，支数越来越高，当然随之改变的是布料越发柔软、舒适。不容置疑，面料是决定西装档次的重要因素，为达到西装的笔挺、合体效果，做到工艺上归拔处理效果，羊毛面料是制作西装最适合也是最常用面料。面料羊毛含量越高，面料的档次越高。

纱支表示所用羊毛的粗细，纱支越高，毛纱越细，也表示了纺织要求越高，西装制作难度越大，但成衣越柔软，穿着越舒适。只是纱支越高，面料的强力会越低，越易损坏。普通面料纱织一般为 100 公支，中高档西装纱织一般在 120~150 公支。

克重是指在公定的回潮率下，通幅长度为 1m 的面料重量。根据西装穿着季节及款式选择合适克重的面料，一般而言，克重 200~280g/m 的面料适合做春夏西装半里款，穿着轻便、透气性好。克重在 260g/m 以上适合做秋冬套装，垂感效果好，穿着舒适有型。

常用西装面料有纯羊毛精纺面料、纯羊毛粗纺面料、哔叽、华达呢（风衣面料）、法兰绒（啥味呢）、凡立丁、派力司、麦尔登、灯芯绒及毛丝、棉麻、纯麻等混纺面料。其中，纯羊毛精纺面料是标准西装面料的首选，后者任何面料都具有休闲性，可在风格、款式上稍做变化，搭配上更加随意一些（最好附图片）。

1. 纯羊毛精纺面料

纯羊毛精纺面料（图 1-1），范围较广，使用羊毛细纱织制而成，细致紧密，质地厚实，呢面丰满，色光柔和、膘光足。呢面和绒面类不露纹底，纹面类织纹清晰而丰富，手感温和而富有弹性，属于西装面料中的上等面料，也是最常用西装面料。纯羊毛面料的缺点是容易起球，不耐磨损，易虫蛀，发霉。因纯羊毛面料太过柔软，制作难度大，一般所说的纯羊毛面料是含毛量 95%以上的面料。

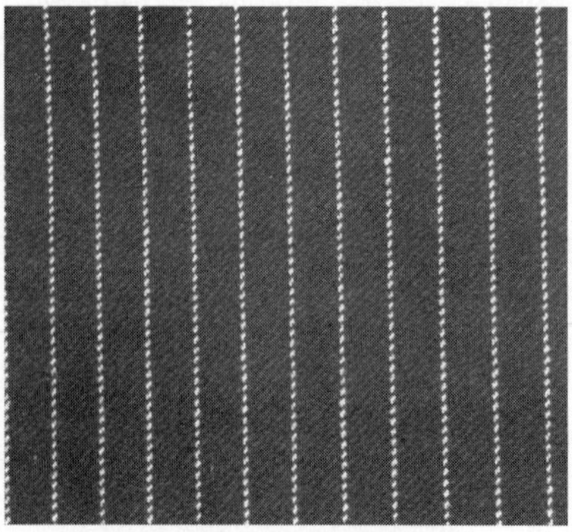

图 1-1　纯羊毛精纺面料

2. 纯羊毛粗纺面料

纯羊毛粗纺面料使用羊毛粗纱纺织而成，织物组织相对松散，质地厚实，因此塑性效果较好。呢面丰满，色光柔和，手感温和，挺括而富有弹性。属西服面料中的上等面料，通常用于秋冬季西服。缺点是容易起球，不耐磨损，易虫蛀、发霉，这也是纯毛面料的统一缺点。

3. 哔叽

哔叽（图 1–2）为素色双面斜纹织物，它的经纬密度接近，斜纹角度约 45°且纹路较宽，表面平坦，身骨适中，手感软糯，这正与华达呢斜纹陡急、细密饱满、身骨紧密，手感结实挺括相区别。哔叽有全毛哔叽、毛混纺哔叽、纯化纤哔叽等多种，是春秋季西装常用面料。

图 1–2　哔叽面料

图 1–3　华达呢面料

4. 华达呢

华达呢（图 1–3）又名轧别丁，是一种中厚斜纹织物，色泽以藏青、米色、咖啡、银灰等色为主，华达呢的品种有正反两面都呈现明显的斜向纹路的双面华达呢，正面呈右斜纹，反面呈左斜纹；另一种是正面斜纹纹路突出，反面纹路模糊的单面华达呢；还有一种是正面外观与普通斜纹效果相同，背面是缎纹的缎背华达呢。无论是哪一种华达呢，它们的经密都明显大于纬密，呢面呈 63°左右的清晰斜纹，手感滑糯而厚实，质地紧密且富有弹性，耐磨性能好，呢面光洁平整，光泽自然柔和，无极光，颜色鲜艳，无陈旧感，是大衣及秋冬西装常用面料。

5. 法兰绒

法兰绒分精纺法兰绒（啥味呢）与粗纺法兰绒。精纺法兰绒外观特点与哔叽很相似，正反双向斜纹组织，倾斜角呈 50°左右。粗纺法兰绒（图 1–4）多为平纹呢面织物，法兰绒是一种呢面呈混色的中厚型斜纹织物，色泽以灰色、咖啡色等混色为主，正反面均有毛绒覆盖，毛绒短小均匀且丰满，无长纤维散布在呢面上，底纹隐约可见，手感柔软而富有弹性，有身骨，光泽自然柔和，保暖性好，穿着舒适，是秋冬西装及大衣常用面料。

图 1–4　粗纺法兰绒

6. 凡立丁

凡立丁与派力司都是精纺毛织物中的轻薄型面料，以素色为主的精梳毛织物，在夏季服装中应用广泛。采用优质羊毛为原料，也有混纺及化纤产品，纱线细而捻度大，织物轻薄但仍保持爽挺，不软疲、不松烂，呢面光洁，织纹清晰，多为素色，以浅色为主，也有草绿色及藏青、咖啡等深色，光泽自然柔和膘光足，手感滋润，滑爽不糙，柔软而富有弹性，适合用于夏季西装。

7. 派力司

派力司是外观呈夹花细条纹的混色薄型毛织物。它根据所用的原料，有全毛派力司、毛混纺派力司，还有纯化纤仿毛派力司。色泽主要有浅灰、中灰为主，也有少量杂色。派力司由于采用异色混色纱，呢面呈散布均匀的白点和纵横交错隐约可见的混色雨丝状细条纹，成为派力司所特有的风格，其表面光洁，质地轻薄，手感爽利，毛/涤派力司更为挺括抗皱，易洗易干，适合用于夏季西装。

8. 麦尔登

麦尔登（melton）以细支羊毛为主要原料，粗梳毛纱（约12公支）作经纬（或以精梳毛纱作经），采用斜纹、破斜纹组织，呢面丰满，质地紧密，不露底纹的粗梳毛织物，外观上与法兰绒相似，但质地更加紧密，多适用于春秋西装。

9. 灯芯绒

灯芯绒（图1-5）原料以棉为主，也有与涤纶、腈纶、氨纶等化纤混纺的，因灯芯绒表面呈现形似灯芯状明显隆起的绒条而得名，面料手感弹滑柔软，光泽柔和均匀，厚实耐磨，正面有短毛绒覆盖，保暖性好，适合用于春秋季休闲西装。

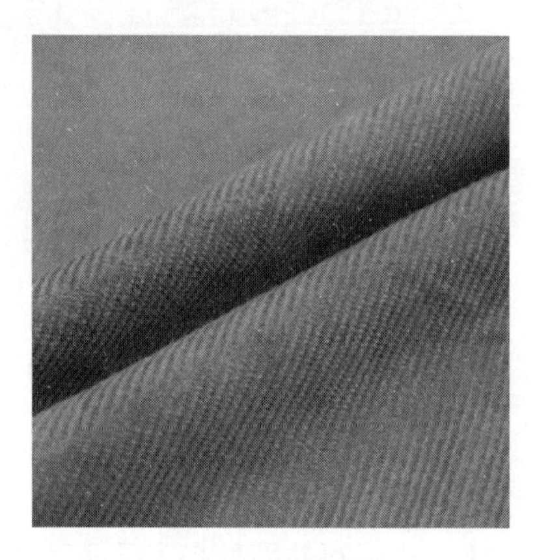

图1-5 灯芯绒面料

10. 毛丝面料

毛丝面料由羊毛与真丝混纺而成，毛丝除了有纯毛面料的特点，还有真实闪亮的特点，属高档西装面料。

11. 棉麻混纺

棉麻混纺面料由棉与麻混纺而成，棉与毛一样，纱线越细越长越好。棉吸湿性好，染色性好，保暖性好，麻有强度高，天然光泽好，染色鲜艳，不易褪色，耐热好，麻棉混纺，外观不如纯棉织物干净但光泽好，有柔软感，较挺爽，散热性好，不易褪色。这种面料款式、色彩变化丰富，适合用于高档休闲西装。

图1-6 纯麻面料

12. 纯麻面料

纯麻面料（图1-6）采用亚麻纱，方平组织，经漂白的平纹组织，用于高档夏装的休闲上衣。结合水洗做旧处理，体现时尚感，或是采用鲜艳的色彩，也很受人们的喜爱。亚麻面料质地结实、吸收透气性好，缺点是容易起皱。

二、优质西装面料原料与西装面料品牌

1. 优质西装面料原料

优质的原料是保证面料档次的保证，好的原料可使织物轻薄柔软、保暖性强，手感好，成衣穿着舒适。以下为常用优质羊毛原料。

美利奴羊毛，产于澳大利亚，因而得名。其毛纤维细而长，是绵毛羊中优质的品种。其他如新西兰、南美洲、欧洲等地都有饲养，并在世界上享有盛誉。

马海毛即安哥拉山羊毛，产于土耳其的安哥拉省和北美、南亚等地，是一种优质毛纤维，表面光滑，极少卷曲，长且粗，具有蚕丝般柔和的光泽，优良的回弹性，耐磨性和高强度，是织制提花毛毯、长毛绒、顺毛大衣呢、人造毛皮等高级织物的理想原料。

羊驼毛（alpaca），又称驼羊毛，有软黄金之称，纤维长达 20~40cm，有白、褐、灰、黑等颜色，因 90%产于秘鲁，又称秘鲁羊毛。它的两个品种，一种是纤维卷曲，具有银色光泽；另一种是纤维平直，卷曲少，具有近似马海毛的光泽，常与其他纤维混纺，作为制作高档服装的优质材料。生长于秘鲁的安第斯山脉。安第斯山脉海拔 4500m，昼夜温差极大，夜间 -20~-18℃，白天 15~18℃，阳光辐射强烈、大气稀薄、寒风凛冽。在这样恶劣的环境中生活的羊驼，其毛发能够抵御极端的温度变化。羊驼毛不仅能够保湿，还能有效抵御日光辐射。羊驼毛纤维具有显微镜下可视的髓腔，因此它的保暖性能优于羊毛、羊绒和马海毛。

羊绒，是来自山羊身上的底层细绒毛，山羊生长在高寒的草原上，例如我国的内蒙古、新疆、青海、辽宁等地。我国是世界上的羊绒生产大国，羊绒产量占世界总产量的 1/2 以上，其中又以内蒙古的羊绒为上品。羊绒纤维的特点是纤细、柔软。其面料手感柔软、滑糯，光泽柔和，较同样厚度的羊毛面料相比重量轻很多。

除了西装面料常用的羊毛原料外，现阶段特别流行休闲西装，其原料多用纯麻面料、纯棉面料等，或做出水洗效果，单西装上衣售价甚至高于纯毛套装西装。

2. 国际西装面料品牌

世家宝（Scabal′s）创立于 1938 年，总部位于比利时布鲁塞尔，工厂设在英国。Scabal′s 号称是“金钱能买到的最好面料”，近几十年来，面料上的重大技术突破几乎都由它发起。1974 年它们研发出 16.5μm 羊毛技术，使面料支数第一次超过 100 公支；1991 年，推出创纪录的 super150（150 公支）面料，随后是 180 公支、200 公支，直到现在号称“巅峰”的 super250（250 公支）毛料。除了在支数上领先业界，Scabal′s 还喜欢在面料中加入黄金、钻石粉末以制成具有特殊光泽的面料，如加入 22K 黄金粉末的 goldtreasure150（150 公支）面料，加入钻石粉末的 diamondchip150（150 公支）毛加丝面料等。Scabal′s 的信条是“我们从不考虑降低原料成本”。

多美（Dormeuil）成立于 1842 年，是顶级西装面料之一，工厂设在英国，至今已有 170 多年的历史，他们的面料在英国萨维尔是仅次于世佳宝的顶级选择。Doumeuil 开发出一种面料，是 cashmere（开司米，即山羊绒），vicuna（羊驼毛）和 pushmina（马海毛）混纺面料。

Dormeuil 有一种罕见珍贵的麝香牛毛制成的 Royal Qiviuk 布料，麝香牛毛质感极度轻巧，比丝还柔软，比一般羊毛保暖功能强 8 倍，此外，收集麝香牛毛要等每年春天融雪时，由专人收集麝香牛遗留在树丛灌木间的毛，因此 Royal Qiviuk 每年只限量生产 1kg，所以非常珍贵。

Colombo 是一家以顶级羊绒面料为主打产品的意大利品牌，从创始人 Luigi Colombo 建立该品牌之日起就确立了只为对生活品质要求极高的客户服务的宗旨。Colombo 的成功是建立在专业的设计和选择顶级的纤维。

Loro Piana，意大利国宝级西装面料品牌，为全球大型羊毛采购商和顶级羊绒制造商。使用的羊绒原料全部产自全球羊绒品质极佳的经度 105°~115°和纬度 35°~45°地区。

ErmengildoZegna 为人们熟知的意大利西装品牌，同时也是意大利著名的面料制造商，以生产精细的羊毛面料而蜚声全球。他们的做法是到世界最好的原料基地购买优质原料，例如从澳大利亚购买美利奴羊毛，从南非购买马海毛，从中国内蒙古购买羊绒，从中国江浙一带购买丝绸，从埃及购买棉花。

Cerruti 最初以生产羊毛织品出名，后来推出男装系列。优山可以定制各种高档进口面料西装、衬衫。很多大厂生产的男士成衣西装内侧，左边是西装本身的品牌标识，右边是面料出品企业的标记，而“1881”是其最常见的厂牌之一。

三、西装辅料

西装能够做到笔挺、干净的外观效果，与各部位所用的辅料密不可分。辅料的选用需根据西装的面料、款式风格、工艺要求等的不同而变化，需做到面辅料匹配性一致。西装辅料主要有里绸、袖绸、有纺衬、无纺衬、经编衬、黑炭衬、挺胸衬、挺肩衬、胸绒、弹袖衬、弹袖棉、兜布、垫肩、纽扣、线等。

1. 里绸

里绸又称里布、里料，是服装辅料的主要部分。里绸平滑、轻柔、有光泽、有弹性，且花色品种多，可起到很好的装饰性效果（图 1-7）。同时，里绸具有较好的吸湿性且易于缝制，能够有效防止静电，绝大多数西装内部都需要挂里子。普通里绸采用 100%涤纶，高档西装使用 100%涤纶经纱、100%铜氨丝纤维纬纱或花纹变化丰富的 100%涤纶经纱。

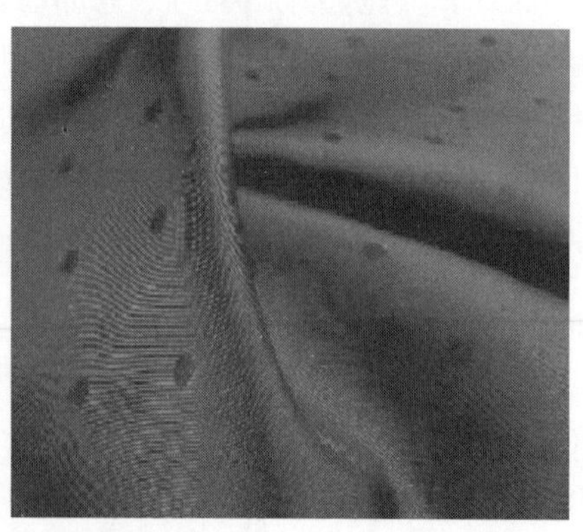

图 1-7 里绸面料

里绸中有一种铜氨丝里绸（图1-8），又称再生纤维素纤维，是一种绿色环保生态原材料，以棉花中的棉籽绒（图1-9）为原料制造而成，具有清爽柔软、悬垂性好、抗静电、吸汗，“会呼吸”等优良特点，在土壤里可自然分解还原的再生纤维素纤维，是从纯天然植物纤维中提炼的环保型纤维，价格比较昂贵。

图1-8　铜氨丝里绸

图1-9　棉籽绒

西装按里绸可分为全里西装、半里西装、无里西装。全里西装是标准西装配置，正式程度高，也是常见的西装搭配。半里西装和无里西装属于休闲西装，正式程度低，多采用轻薄、休闲风格面料搭配变化的款式，适合春夏季穿着。

2. 袖里绸

袖里绸在原料上与大身里子相同，高档袖里经纬纱都使用100%铜氨丝。有普通白底黑条袖里绸及半色织袖里，白底黑条袖里绸是用白色底布加黑色条纹，不需要染色，费用比半色织袖里略低。半色织袖里一般为条纹花色，颜色可以任意搭配，需要染色。

在工厂生产中有些客户要求西装袖里绸使用大身里绸，但对于标准西装而言，所用袖里绸应该区别于大身里绸，需使用专用袖里绸。

3. 黑炭衬

黑炭衬（图1-10），成分由棉、羊毛、山羊毛、头发、涤纶等组成。经纱以棉为主，具有贴身的悬垂性，纬纱为毛纱混纺，具有挺括的伸缩性。炭衬的厚薄与克重相关，轻薄型一般在150g左右，常规炭衬在190~200g。黑炭衬是胸衬的主要组成部分，且相对比较柔软，位于胸衬外层，与前身面料贴合。

图1-10　黑炭衬

4. 胸绒

胸绒（图1-11）是一种绒面柔软的纯棉织物，位于胸衬内侧，贴合于前身里绸，能够有效防止胸衬中的组织材料刺激皮肤，对人体起到保护作用，同时，也因其柔软度较好，贴合人体，穿着舒适度较高。胸绒重量通常在 100~120g/m²。

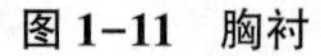

图 1-11 胸衬　　　　图 1-12 胸绒挺

5. 挺胸衬

挺胸衬（图 1-12）的主要成分由棉、羊毛、涤纶、包芯纱、黏胶等组成，经纱为棉纱，纬纱为毛纱混纺，回弹性较高。相对于黑炭衬，挺胸衬更加厚实，且硬度较硬，在胸衬中主要起到挺括作用，因其缺少柔软度，胸衬组合时位于胸绒上部，避免穿着产生时不适感。

6. 马尾衬

马尾衬（图 1-13）的经向以棉纱或涤棉为主，纬向为天然马尾交织而成，马尾因硬度大不易弯曲，弹性强，具有定型效果持久、抗弯曲、耐冲击性强等特点。马尾衬经定型处理后，织物中马尾呈规则弯曲状，不但有效防止经纱与马尾的滑脱，更是因为弹簧状的马尾软硬功能兼具，更有弹性、抗变形性。而未经整理的马尾衬中的马尾在织物中呈伸直状态，马尾表面有一层光滑且定向的鳞片，西装在穿着活动中，马尾会一点一点地伸到服装以外，既不雅观又刺激皮肤。以此而论，把马尾加工整理成弯曲状态，即可避免滑落又可防止扎出。同样因为马尾衬的主要成分取自马的尾巴，产量少，因此马尾衬价格相对较高。

图 1-13 马尾衬

与此同时，由于马尾衬硬度较大，在西装制作中如果处理不当，马尾容易外漏，对人体造成伤害，因此有些西装在制作时采用其他材料来替代马尾衬。通常情况下，黑炭衬、挺胸衬、挺肩衬、胸绒四种材料组合成完整的胸衬，附于衣身前身面料与里绸之间，能够把前身视觉第一区域的胸部、肩部做到挺括丰满、干净利索的效果。这也是西装区别于其他类型服装的重要特点。另外，根据款式特点及柔软程度的要求，胸衬可分为标准胸衬、轻薄胸衬、超薄胸衬及无胸衬款式。随着人们对穿着舒适性的要求越来越高，轻薄风格越来越受到青睐。

7. 弹袖衬

弹袖衬（图 1-14）主要由棉、动物毛、黏胶等成分组成，为斜纹编织的动物毛炭衬，组织结构具有双向弹力。将其用于袖棉条中，对袖山起支撑作用，实现袖山处挺括效果。超薄型弹袖衬克重 155g 以下，轻薄型：156～195g，中厚型：196～230g。

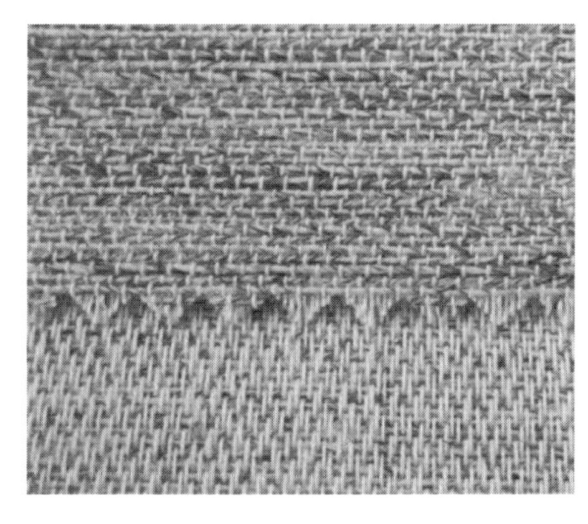

图 1-14　弹袖衬

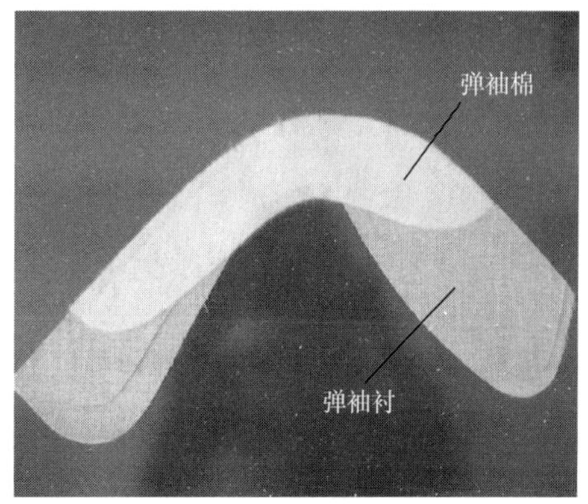

图 1-15　袖棉条

8. 弹袖棉

弹袖棉（图 1-15）类似胸绒，也是一种绒面柔软纯棉织物，贴近人体皮肤一侧，保证袖窿处的舒适度。标准款式中，弹袖衬、弹袖棉组成完整的袖棉条，其作用是使袖子袖山处保持挺括、饱满有形。组合形式上，袖棉条可使用弹袖衬+弹袖棉的组合形式，也可仅使用弹袖衬甚至是仅使用弹袖棉。厚度上，袖棉条可分为标准弹袖衬、轻薄弹袖衬、超薄弹袖衬及无袖棉条，根据所要塑造的袖山造型及整体效果选择使用。

9. 有纺衬

有纺衬（图 1-16）是以涤、黏纤/涤纶为原料的机织织物，带胶粒，质地厚实，同面料一样是有经纬纱的机织物，用手很难扯裂。具有良好弹性、挺括性、悬垂性，且耐干洗、耐水洗。直接烫压在西装前身片，使整个西装的前身显得挺拔、庄重。压衬温度 130℃ 左右、压力 2. 5kg、时间 12～15s。

图 1-16　有纺衬

10. 无纺衬

无纺衬（图 1-17）是指没有经过纺织而形成的带胶粒衬布。轻薄柔软，因不是经纬纱纺织而成，无论是经纱还是纬容易用手撕裂。一般用于西装下摆、袖口、挂面、袋口等小部位，使西装边缘位置平整，不易变形。压衬温度 110℃ 左右、压力 2. 5kg、时间 12～15s。

图 1-17　无纺衬

图 1-18　经编衬

11. 经编衬

经编衬（图 1-18）是以经编布作基布，由涤纶长丝作经纱勾编，通过粉点、浆点、双点等涂层方法加工而成，因为只有经纱没有纬纱，纬向容易撕裂，经向不易撕裂。经编衬常用于服装串口、袖窿弯、开衩、裤子侧袋口等易拉伸的部位防止拉伸。压衬温度、压力、时间与无纺衬类似。

需要说明的是，面料与衬布匹配性需要一致。秋冬服装的面料相对厚，选用衬布也相对厚；春夏服装面料较薄，选用的衬布就应轻薄一些；弹力面料相应选用弹力衬布，这样能保持面料原有的特性。有纺衬布有两种弹力，一种是由弹力纱线材料编织成的弹力衬布，另一种是由经、纬两个纱线编织，因存在编织空隙使拉伸时存在拉伸度。另外，对于常规西装而言，衬的厚度越厚，黏衬部位越多缝制越容易制作，但穿着舒适度降低因此档次越低。黏衬厚度越薄，黏衬部位越少，越难缝制，但穿着舒适度越高，因此档次越高，如全麻衬西装全身不黏任何带胶衬布。

12. 口袋布

口袋布（图 1-19）按材料分为纯棉袋布和涤棉袋布，按制造方式分为平纹袋布、斜纹袋布、人字纹袋布。其中，上衣因袋布有里绸遮盖，袋布不外漏，多用简单的平纹袋布，价格相对便宜。裤子袋布因内侧外漏，也可起到装饰作用，多用斜纹袋布、人字纹袋布及印花袋布，价格相对高。

图 1-19　口袋布面料

13. 纽扣

纽扣是西装必不可少的辅料，其实用功能与装饰功能兼备，种类繁多，按材料成分可分为天然材料、化学材料及金属材料。其中以天然材料和金属材料制成的纽扣较为高档，以下介绍几种常见西装纽扣。

（1）牛角扣（图1-20）。以耕牛、水牛等的角为原料切片、制坯而成，纹路自然、质地坚硬，表面花纹自然，形成的每一粒纽扣其花纹各不相同，纽扣表面一般很难做到光滑，对着光线角度观察表面，总能看到一些类似皲裂的细小起伏。不阻燃、易燃烧，燃烧后有燃烧羽毛的焦煳味。因其是天然材质，染色少，长期干燥或高温易开裂，长时间受潮易霉变，因此储存时应保持通风、阴凉、干燥，避免阳光直接照射。适用于高档西装、大衣。

图1-20　牛角扣

（2）果实扣（图1-21）。是指以天然果实、果壳等原料制作的纽扣。多使用产自南非地区棕榈树的果实，因质地及颜色如象牙，故又称象牙果。一颗雌性棕榈树每年可长出约9kg果实，但因货源问题近几年价格增长很快，所以价格偏高。果实扣色泽柔和、花纹清晰、质地坚硬、纹路自然，每一粒纽扣花纹各不相同。目前用于高档西装上的主要是象牙果实扣，燃烧后有燃烧果木的焦煳味，因是天然材质，其花纹各异，染色时易出现色差、异花等现象，不阻燃、易烧焦，长时间受潮易霉变。因此储存时应保持通风、阴凉、干燥，避免阳光直接照射。适用于高档西装、衬衫。

图1-21　果实扣

（3）贝壳扣（图1-22）。又称贝母扣，使用贝壳里面有珍珠光泽的一面打磨而成的纽扣，给人以高雅、高贵的感觉。贝壳扣根据使用贝壳材质及厚度的不同其档次、牢固程度及价格也不一样。因为贝壳颜色较浅，而且光泽绮丽多变，难以染色，通常用在浅色休闲西装及高档衬衣上，缺点为易碎。

图1-22　贝壳扣

（4）树脂扣。用聚酯树脂、固化剂和辅助材料等化学原料加工而成。因由化学原料制成，花纹的纹路较有规则。且灵活性强，其刀型、花纹、颜色、光度、规格等，可按要求调整，也可以染色。档次低于牛角扣、果实扣、贝壳扣，一般用于普通西装、衬衫。

（5）尿素扣。主要原料为酚醛树脂及其他辅料，是经高温注塑而成，这种工艺加工使其耐高温、阻燃。只是其刀型不能改动，如果有扣形调整需重新开模，不能染色。因是高温注塑而成，纽扣反面都会有一圆眼。多用于普通西装、衬衫。

（6）金属扣。通过金属冶炼而成，表面可镀上不同的颜色，多搭配定制的图案或LOGO作为装饰，多用于休闲类西装。

西装中不同品类及部位使用不同尺寸的纽扣，纽扣大小按直径或L区分。西装袖扣、裤子及马甲使用直径为15mm/24L纽扣，西装前身使用20mm/32L纽扣，大衣袖扣使用17.5mm/28L，大衣前身扣使用25mm/40L纽扣。计算公式：毫米（mm）÷0.625=型号（L）。

另外，缎面礼服款西装上衣多配套使用缎面包扣，是在塑料纽扣基础上包上一层缎面制成，保证纽扣与款式风格匹配。包扣、金属扣因高度较高，上衣内扣、裤子纽扣如果使用金属扣或包扣可能会对身体造成伤害，因此该部位通常不使用金属扣或包扣。

14. 腰面衬

腰面衬是一种较厚、较硬的带胶粒的树脂衬，粘于裤子腰面上，使裤腰处硬挺，不易变形。常规树脂衬黏合温度要求在150°左右，夏季西装因面料较薄，为防止腰面透胶，应选用带有无纺衬组合的腰面衬，因是无纺衬与腰面黏合，所以黏合温度要求在120°左右。

15. 拉链

拉链是常规西裤必备辅料，常规拉链有尼龙拉链、树脂拉链、金属拉链等，一般西裤多选用尼龙拉链，长度尺寸一般分24cm和26cm两种。也有西装上衣内袋装拉链，防止袋内物品掉出。

16. 垫肩

垫肩是西装不可缺少的辅料，也是西装区别于其他种类服装的重要特点，垫肩的使用能够很好地塑造出肩部饱满的造型，且对西装整体有很好的支撑作用，合理地选择和应用垫肩能够有效提高产品的整体质量。此外，垫肩可用于高低肩体型的处理，通过垫肩的厚薄及数量达到修正人体体型缺陷的目的。

不同的垫肩除了在大小和厚薄上有所差别外，根据西装造型需要垫肩的造型也有区别，因此服装设计的造型与款式往往会受到垫肩的影响，合理的垫肩能很好地表达设计意图，可以借助垫肩来完成服装的造型。服装的肩部要突出饱满挺拔时，应选择较厚的垫肩；柔软风格的面料应选择弹性好、质地轻的垫肩。水洗服装，应选用耐水洗性且多次洗涤不变形的垫肩；需要干洗的服装，垫肩则应选择耐干洗型。

第三节 西装及样板基础知识

一、上衣外观基础知识及详解

西装上衣正面各部位标识，如图 1-23 所示。

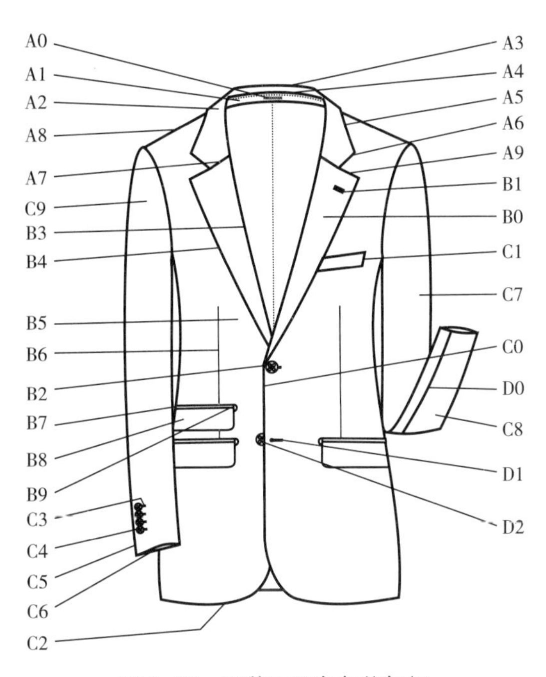

图 1-23 西装正面各部位标识

A0：领标。通常会在领标上标注该西装产地或品牌，可以用来悬挂衣服。

A1：小领面，即两片领款式的领子外侧下部拼接部分。

A2：大领面，即两片领款式领子外侧上部拼接部分。

注：西装领子可分为两片领款式和一片领款式，两片领领面由大领面与小领面两部分组成，领子结构通过样板分割、收量后能够很好地做出立体、合体的效果，且容易制作。而一片领不分大领与小领，整个领面是一片造型，因此称为一片领，相对于两片领，一片领单从样板上做不到立体效果，需要在制作时通过归拔工艺做出立体、与领底贴合的效果。

A3：领翻折线，即领子沿此线翻转，也是领子最高、最细处，因此此处需拉量收后才能做到与人体颈部服帖。

A4：领拼缝，即大领面与小领面拼接线，要求成衣后拼接线不外露，距领子翻折线约 1cm。一片领无领拼缝线。

A5：领外口，即领子外侧止口，是领子制板时的重要参考线，长度应与对应位置的大身长度一致，过长则驳头翻驳不到位，过短则驳头翻驳过位，止口外翻，不贴体。

A6：领角，即领子小角，西装领角长度与驳头宽度成正比，一般为 2~3.5cm。

A7：串口线，即领子与挂面的拼接线，串口线的高低、斜度受流行因素的影响较大。

A8：肩缝线，即前片、后片拼接的部位，肩线的前后位置受流行趋势及款式风格的影响，因前片、后片肩线呈互补关系，以此制板时通常采用前后肩斜之和来确定总体肩线。

A9：驳角，即驳头小角，与驳头宽成正比，平驳头驳角一般为 2.7~4cm，戗驳头驳角一般为 3.5~5.5cm。驳角长度通常大于领角长度，确保视觉效果的平衡。

B0：驳头，即西装翻驳领向外翻折部分，为开门领，也是西装标配，有平驳头、戗驳头、青果领之分。与开门领相对应为关门领，如立领、中山装及日常便装。

B1：驳头眼，又称插花眼（图 1-24）。现在更多的是作为一种历史文化的沉淀而存在。也可用于舞会上将鲜花插在此处烘托气氛，或将精致的徽章固定在此，起装饰作用。采用手工锁眼或搭配撞色或 2 色、3 色等不同造型提升西装档次。插花眼下 3cm 处可加设插花小鼻，起到固定作用。

图 1-24 西装驳头眼

B2：翻驳点，即驳头翻折后的止点位置，一般也是第一粒扣的位置。

B3：驳头内口，即驳头翻折线，此处为塑造胸部隆起造型需要拉量约 1cm（根据门襟纽扣数、驳头长短、工艺要求而稍做变化），起到此处收省的目的。同时，拉量后也能使驳头能自然外翻。拉量的大小也影响翻驳点的位置，拉量加大，翻驳点上移，拉量减小，反驳点下移。

B4：驳头外口，即驳头止口。外口线的长度同样影响翻驳点的位置，外口线长度缩短，翻驳点下移，外口长度加长，翻驳点上移。在工厂制板时由两粒扣改为三粒扣，或两粒扣改为一粒扣时可仅通过更改外口线的长度（调整串口线的高低）调整翻驳点位置，领子不变。

B5：前片，即西装前身。西装有六开身、四开身之分，六开身即大身一周左右共六片，分前片、侧片、后片；四开身即大身一周左右为四片，分前片、后片，侧片与前片或后片连在一起。六开身因分片多，合体程度要好于四开身，也是大部分西装所采用的形成，四开身造型多用于休闲西装。

B6：前胸省，其作用是收腰、塑造胸部凸起造型。胸腰差越大，胸部肌肉越饱满，收省越大，以符合人体造型。男西装收省量通常在（0.5cm×0.5cm）~（1.0cm×1.0cm），因省长限制，收省过大容易造成衣服不平整。

B7：票袋开线。票袋又称零钱袋，可有可无，如果有票袋，则一定在衣服的右侧。票袋开线标准为 0.5cm×0.5cm 上下两片芽子，也可以做 1cm 宽一片芽子，票袋现在仅起到一种装饰作用。

B8：票袋盖。票袋根据款式需要可分有袋盖款和无袋盖款。票袋宽度通常比大袋盖稍窄，长度通常在9~12cm之间。

B9：票袋套结。通常分为D结、I结（直结）、C结或无结，用来加固口袋两端，防止扯裂、剪口处毛口。

C0：前止口，即前中边缘。其中，以上所述的驳头外口也属于前止口。

C1：手巾袋。其作用是社交场合收纳手帕而用，通过手帕的不同色彩、造型起到变化的装饰作用，与驳头眼一样，烘托现场气氛，现在很多客户要求手巾袋布直接使用指定里绸，可直接掏出充当手帕用。直型手巾袋正式，舟形手巾袋偏休闲，胸口袋为贴袋的均属于休闲款。

C2：前下摆。下摆斜度与下摆圆角大小受流行趋势影响，单排扣上衣标配为圆下摆，双排扣上衣及大衣标配为直角下摆，下摆的大小与驳头宽成正比。

C3：袖扣眼，即袖口处袖衩锁眼，男西装常规搭配3~4粒袖扣，也可以只钉扣不锁扣眼。

C4：袖扣，即袖扣眼对应位置钉扣，西装上衣袖扣为24L（直径1.5cm），大衣袖扣为28L（直径1.7cm）。

C5：袖开衩。西装上衣袖衩处通常都是有开衩的，分真袖衩与假袖衩。真袖衩锁真扣眼系扣使用，袖衩可以打开，起到实用功能。假袖衩锁眼为装饰性扣眼，袖衩打不开。无论是真袖衩还是假袖衩，现在更多的是一种装饰性。

C6：袖口，即袖子下口边缘，袖口尺寸根据手腕围度而定，1/2袖口13~15cm，该部位尺寸变化较小。

C7：大袖面，即两片袖中袖子外侧大片部分，西装袖子均为两片袖结构。

C8：小袖面，即两片袖中袖子内侧小片部分。

C9：大袖山，即袖山高。根据大身袖窿深而定，袖山过高则袖山处有横向余量，袖山高过低则袖子吊起，袖底量大，袖口处向外翘起，不贴身。另外，袖山高度与人体体型有关，扁平体的人袖山高应加大，袖肥减小；厚实体的人袖山高应减小，袖肥加大。

D0：内袖缝，即大、小袖面前侧拼接缝，该袖缝位于袖内侧，不外露，因大袖内缝需拔袖，格子面料内袖缝无须对格。

D1：大身扣眼。一般情况翻驳点位或翻驳点下1cm处即为第一粒扣眼的位置。男装统一为左侧锁扣眼，右侧钉扣，女装相反。三粒扣参考翻驳点位：胸围线下5cm，两粒扣参考位：腰围线上2cm，一粒扣参考位：腰围线下3cm。西装扣眼大小=扣子直径+扣子厚度（以大身扣眼为例：扣子直径2cm+扣子厚度0.3cm=2.3cm）。西装分单排扣款式和双排扣款式，双排扣右侧第一扣位置也要锁一个扣眼，左侧纽扣内侧也钉扣，两者系扣使用，防止因搭门太宽导致下摆向两侧豁开。

D2：大身钉扣位，位于右侧，大身扣眼对应的位置，通常扣眼、钉扣位距止口距离一致，以及少部分钉扣位距止口距离加大，用以通过移动扣子调整围度尺寸。

西装上衣背面、侧面及西装内里各部位标识，如图1-25~图1-27所示。

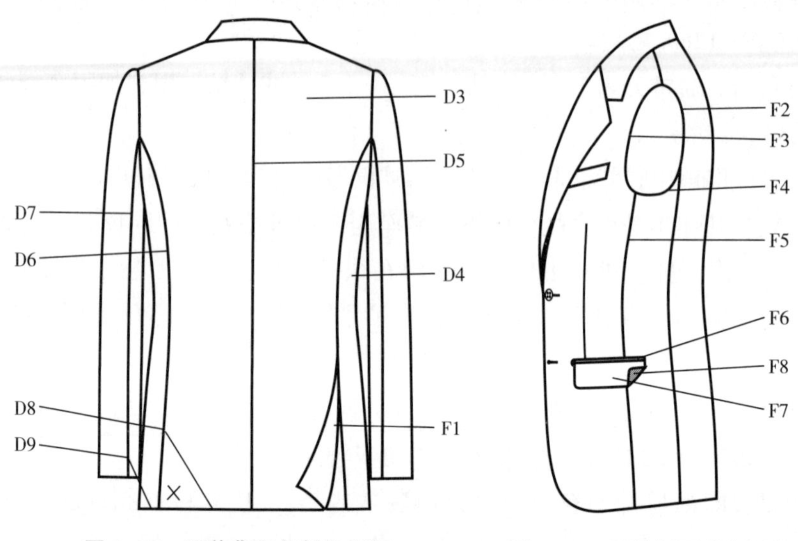

图 1-25　西装背面各部位标识　　图 1-26　西装侧面各部位标识

D3：大身后片。附着于人体背部，西装后背变化较少，常见的变化为休闲西装中后片为上下拼接结构及后中缝、后袖窿处做暗褶款式。西装后背同样要求做到干净利索，行业常说：前圆后登。

D4：大身侧片。附着于人体的侧面，如果把人体简单看作箱体结构，侧片可看作箱体的厚度，即人体的厚度，因厚度的过大或过小都会使服装产生弊病。同理也是六开身西装合体度好于四开身西装的原因。

D5：后中缝，即左右后片拼接缝份，条子面料左右对称，后领处组成完整的条子与领子对条，格子面料横条对格，纵条对称，后领处纵向条子同样要求组成完整条子与领子对条。

D6：摆缝，又称后侧缝，指后片与侧片拼接缝，格子面料腰围线以下横向对格。

D7：外袖缝，即大袖面与小袖面后侧拼接缝，该拼缝外露，因此格子面料横向需要对格。

D8：后下摆，即后片下摆边缘，为水平直线状态，格子面料底摆与格子横条平行。单开衩款式开衩为左压右，故右侧下摆应短于左侧下摆 0.2cm，防止倒吐。

D9：侧下摆，即侧片下摆边缘，双开衩款式因后片开衩覆盖侧开衩，故侧片开衩应稍短于后片开衩 0.2cm，防止倒吐。

F1：开衩。西装有不开衩、单开衩、双开衩之分，目前双开衩比较流行，不开衩款式较少。单开衩是最早的开衩款式，源自燕尾服开衩，方便骑马。且从运动学上讲，开衩具有实用功能。

F2：后袖窿，即后片袖窿与袖子缝合位置。

F3：前袖窿，即前片袖窿与袖子缝合位置。

F4：侧袖窿，即侧片袖窿与袖子缝合位置。

注：在制作时袖窿处工艺要求较高，缝制时袖窿要用牵条拉量约 1.5cm，一是符合人体

袖窿处凹陷的造型，二是使成衣袖窿处干净，无任何多余量，三是防止袖窿处在制作或穿着时拉伸，同时，整烫时袖窿也要归烫，做出饱满立体的造型。

F5：侧缝，又称前侧缝，指前片跟侧片拼接缝，要求口袋以下部分横向对格。

F6：大袋开线，即大袋开口造型，同票袋，标准为 0.5cm×0.5cm 两片芽子，通常也做 1cm 宽一片芽子。有直口袋、斜口袋、贴袋之分。大袋长度根据胸围尺寸大小一般在 15~17cm。

F7：大袋盖。概念同票袋盖，通常稍宽于票袋盖，一般为 4.5~5.5cm。

F8：袋盖里。袋盖内侧部分，通常使用里绸。

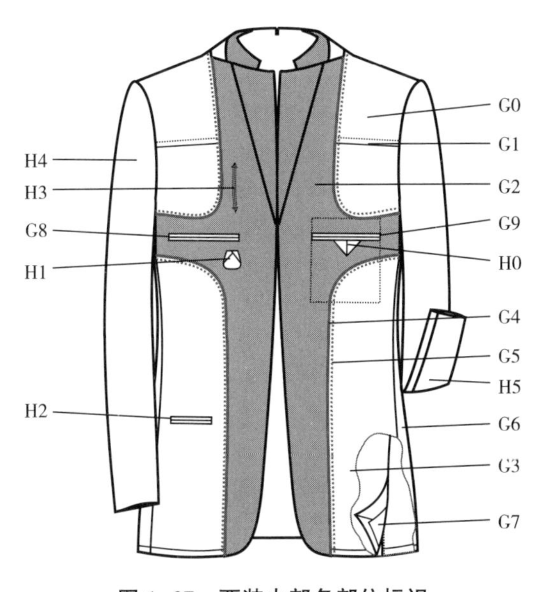

图 1-27　西装内部各部位标识

G0：前上里，即前片里绸上半部分，根据款式变化里绸造型不同。图 1-27 所示为常见弯挂面前上里。

G1：前里活褶，即前里处设置的活动量，并在一定程度上能够防止因里绸缩率过大造成里绸过紧及里袋张口的弊病。

G2：挂面。根据款式变化挂面造型不同，全里挂面形式通常有弯挂面、直挂面、宝剑头挂面、直挂面搭配耳朵皮拼接款等。图 1-27 所示为常见弯挂面款式，在有些大货生产中为节省面料弯挂面会做拼接处理，但严格来说这样是不对的。

G3：前下里，即前片里绸下半部分。前片对应内侧部为挂面和前里（上、下）。

G4：挂面夹芽。可有可无，起装饰作用，常规宽度为 0.2cm。

G5：哥伦比亚装饰线，又称内珠边，为链状形态，可有可无，起装饰作用。

G6：侧里，即对应侧片内里部分。

G7：后里，即对应后片内里部分。

G8：里袋。里袋是西装标配，大小通常在 12.5~14cm，大小变化不大，前略低后略高，方便掏口袋使用。

G9：护照袋，是里袋的一种变化，护照袋可有可无，上面增加 5~6cm 的空间用来装护照，仅位于右侧口袋。

H0：里袋扣襻。形式多样，也可做成口袋盖或扣鼻样式，与里袋扣系扣使用，作用是里袋封口，防止口袋内物品掉出，也有一定的装饰性，位置通常在右侧里袋内。

H1：笔袋。有圆笔袋、直笔袋（同里袋样式，只是长度较短，通常 4~5cm）和水滴型笔袋之分，用来收纳钢笔，仅位于西装内里左里袋下。

H2：烟袋。用来收纳香烟，仅位于西装左侧内里下部，为防止与大袋位置相同造成该部位太厚，烟袋通常在大袋下 2~3cm 位置，长度通常 8~10cm，现多为装饰作用。

H3：名片袋。用来收纳名片，仅位于西装左侧内里挂面上部。通常为 0.1cm×0.1cm 开线口袋，长度约 7cm。

H4：大袖里，即大袖面对应内侧里绸部分，标准使用专用袖里绸。

H5：小袖里，即小袖面对应内侧里绸部分，标准使用专用袖里绸。

二、上衣样板基础知识及详解

1. 挂面样板

西装挂面样板各部位标识，如图 1-28 所示。

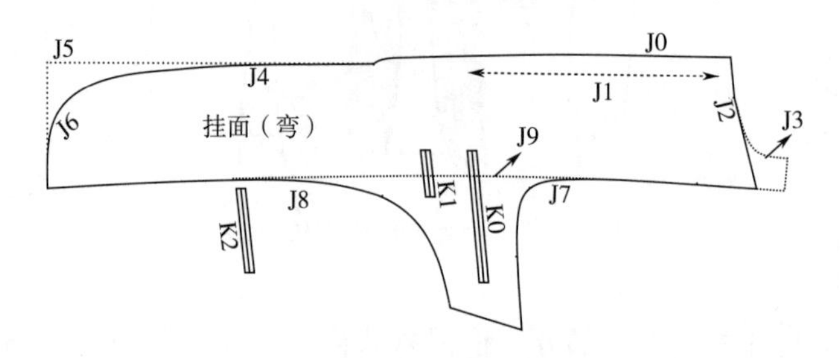

图 1-28　西装挂面样板各部位

J0：挂面驳头止口。

J1：挂面纱向线。由于西装为翻驳领，翻驳后挂面驳头止口外露，且位于视觉第一区域，因此，为使西装驳头处更加整洁、美观，挂面纱向线平行于驳头止口上 15cm 处，保证条、格面料视觉美观（此处为标准西装要求，不考虑因个人喜好或追求视觉的撞击或错乱效果而采用的其他纱向等非常规做法；凡是带有翻驳头的西装、马夹挂面纱向均如此，没有翻驳头的上衣、马甲采用竖直纱向）。

J2/J3：挂面串口线，即挂面串口与领子串口线拼部位。该部位需要确保与领子上领线长度及弧度一致。

J4：挂面止口。与前止口对应位置弧度一致。

J5：直下摆。双排扣西装及大衣多采用直下摆，注意此款式系扣后左侧门襟比右侧里襟长 0.2cm，防止里襟外露（俗称倒吐）。

J6：圆下摆。常规单排扣西装款式，下摆的斜度及大小受流行趋势影响。

J7：弯挂面款与前上里拼接处。

J8：弯挂面款与前下里拼接处。

J9：直挂面款。

K0：内里口袋。

K1：笔袋。图 1-28 为直笔袋，圆笔袋前面已述（见款式图）。

K2：烟袋位。

2. 前片样板

西装前片样板各部位标识，如图 1-29 所示。

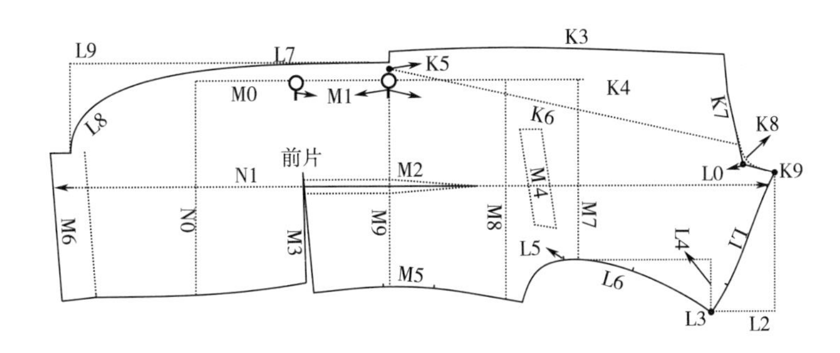

图 1-29　西装正片样板各部位标识

K3：前片驳头止口。

K4：前片驳头。沿 K6 翻折后为成衣后实际驳头大小、形状，在制板时通常先在翻折线内侧画出驳头造型后再沿翻驳线对称至另一侧。图 1-29 为平驳头。

K5：翻驳点，即驳头翻折后下部端点，一般也是第一粒纽扣位。

K6：翻驳线，即是西装制板不可缺少的内部线，驳头沿此线翻折，是开门领驳头内侧边缘线，驳头翻折线与领子翻折线需顺滑交接。

K7/K8：前片串口线。与领底串口线（西装领底多采用专用领呢）拼接，实线为直领口。

K9：肩颈点，即前片肩缝线靠近颈部的端点。

L1：前肩线，呈外弧造型，与后片肩线拼接，肩缝因设置吃量，因此无对条对格要求。

L2：前肩斜度，即前片肩线的斜度，关系到衣身平衡。前片肩斜与后片肩斜存在互补关系，只是肩线位置的前后问题。比较准确地确定肩线斜度的方法有角度法、比例法。角度法测量需要角度尺，而比例法只需要直尺即可完成，相对更加方便，也符合中国人仅使用一把直尺制板的习惯。参考比例法为 15∶13 左右，角度法为 47°左右。如果是单体定制，肩斜变化较大，需要测量客人的肩斜角度确定样板肩斜。1cm≈3°。

L3：肩点，即肩线靠近袖窿侧端点，为绱袖重要对位点，也是测量袖长的起始点。

L4：前冲肩，即前宽线距肩点的距离。前冲肩大小是制板的重要依据，一般不小于 5cm。

L5：前片上袖对位点，即重要的绱袖对位点，决定了袖子前后位置及平衡，通常袖子一周共三个对位点，分别为前小弯对位点（L5 点），肩点对位点位及后袖窿对位点（后片 Q0，与袖子 R2 对应）。

L6：前袖窿弧线。工艺制作需嵌条拉量约 0.6cm，与大袖前袖山拼接。

L7：前止口线，即前中边缘位置。

L8：前下摆。下摆造型，实线为常规圆下摆造型。

L9：前下摆。下摆造型，虚线为常规直下摆造型。

M0：前中线。左右前片按此线重合，因此要求门襟钉扣、门襟扣眼均在前中线上，系扣后左右前中线重合。前中线距止口线的距离为搭门宽，保证左右前门系上扣子后有一定搭叠量，单排扣西装搭门量 1.5cm（系扣后左右共 3cm），双排扣搭门 6.5cm（系扣后左右共 13cm），也可适当调整。单排扣大衣搭门 2~2.5cm，双排扣大衣搭门 6.5~8cm。围度尺寸的测量均以前中线而非止口线为基准。

M1：大身扣位。西装扣距通常在 9~12.5cm，根据衣长而定。习惯上第二粒扣与腰口袋平齐或接近。严格上来讲，因西装通常为圆下摆，下摆向内侧撇进，而锁大身扣眼距止口均为 1.5cm（搭门量），因此，第一粒扣（扣眼）在前中线上，可以系扣起到实际作用。而第二粒纽扣（扣眼）并不在前中线上，如果强制系扣会使前片第二粒扣位处不平服，因此，两粒扣西装第二粒扣是不系的。三粒扣驳点靠上，第二粒扣位基本在前中线上，因此，对于三粒扣西装可系上两粒扣，最下面一粒不系。直下摆款式因止口线上下平行于前中线，故直下摆不存在该问题，需要都系扣穿着。

M2：胸省。下部连至肚省（如果没有肚省下部止点参考口袋下 3cm），上部收至胸围线下 4cm 处，前后位置可参看手巾袋中间稍向侧偏移 0.5~1cm。男西装前省通常为锥形省，即平行收至中腰位置，再顺直省尖处（图 1-29）。如果裁剪使用条、格面料，为使视觉美观，要求省缝在条、格上或条、格中间位置，做到左右对称。前省一般不大于 1.2cm×1.2cm，如收省太大，凸起严重，很难做到平服。

M3：肚省。为更好地符合人体体型及前片自然转折效果，男西装通常设有肚省，一般为 0.5cm 左右，凸肚程度越大，肚省相应越大。另外，肚省为即为腰口袋位置，也就是口袋开口位。

M4：手巾袋。仅位于西装左胸处。前低后高，前后参考斜度 1.5cm，且前口保证竖直。位置参考胸围线上 1~2cm，距离袖窿 3cm，前口距离翻驳线不低于 2cm，保证手巾袋不影响驳头翻折，如制板尺码较小，手巾袋长度及距袖窿距离可适当调整，手巾袋长度一般在 9.5~12cm，宽度一般在 2~3cm，与驳头宽成正比。

M5：前片侧缝。与侧片侧缝拼合且长于侧片侧缝 0.3~0.5cm 为侧缝吃量，胸省、肚省收省后缝要求前侧缝顺滑，格子面料肚省以下横向对格。

M6：前下摆折边。沿虚线翻折，下摆折边通常为 3.5~4cm。粘衬后翻折，起到下摆处硬挺，且折烫效果好，不变形，不起泡，成衣后里绸底边距面料底边约 1.5cm，防止里绸外露。

M7：前胸宽线，即前止口线距袖窿最凹处距离，是制板的重要参考尺寸，常规尺码标准体型前胸宽小于后背宽 2~3cm。

M8：胸围线，即胸围尺寸测量位置，是制板时的重要参考线，为其他围度尺寸提供重要参考依据。因面料的缩率及胸衬、面料的厚度问题，胸围的样板尺寸比成衣尺寸大约 3cm 成衣后才能合适。

M9：腰围线，即腰围尺寸测量位置，是制板时的重要参考线。因胸、臀尺寸大，腰围尺寸小，腰围处线条呈内弧造型，在缝制过程中容易拔开，弧度减小，导致尺寸变大，因此腰围样板尺寸比成衣尺寸小 0.5~1cm 成衣后才能合适。

N0：臀围线，即臀围尺寸测量位置，是制板时的重要参考线。也有客户测量下摆而非臀围尺寸，但对于量体定制而言，臀部是下体最凸起丰满处，臀围尺寸的测量相对下摆更加准确、合理。制臀围样板时尺寸比成衣尺寸大约 1.5cm。

N1：前片纱向线。衣身竖直，与布边平行。因条格面料要求省缝左右对称，为方便生产操作，前片纱向线一般标注在前省中间位置，方便确定条、格的中间位置。

注：纱向线是样板必不可少的组成部分，对服装的效果起到重要作用，不同部位、不同材质为做到指定效果往往会采用不同纱向。如领底呢通常采 45°斜丝纱向，方便领呢绸量后归烫平整；胸衬的挺肩衬纱向通常垂直布边纱向，使支撑效果达到最大化；包边条纱向为使包缝后平服，通常采用 45°斜丝；省条要求有一定弹力但不能拉伸太大，纱向通常采用 20°~30°斜丝；条格面料为使某些部位达到视觉的撞击效果而采用指定纱向等。

肩线斜度比例法：

（1）根据中国人制板习惯，制板时通常先画后片，再画前片。如图 1-30 所示，后领窝完成后，从后片肩颈点竖直画辅助线，取 15cm，垂直该辅助线作垂线，后片取 6cm，连接该点与肩颈点即为后片肩斜。

（2）在该斜线上取肩宽×0.5 确定后片肩线度。

（3）同理适用于前片，取前片肩斜度为 7cm，取前肩线长度小于后肩线长度 1cm 确定前片肩线长度。

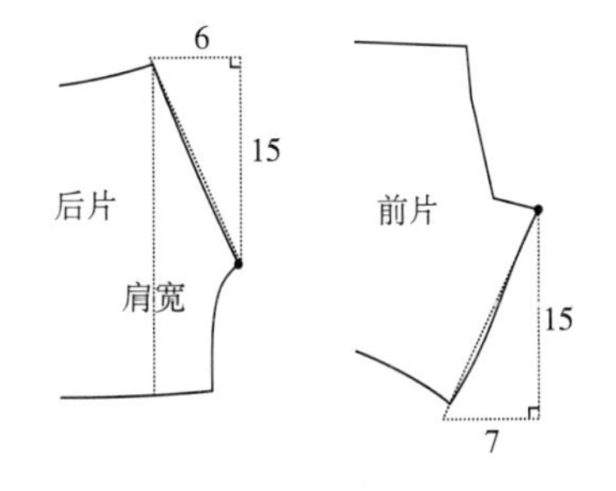

图 1-30　西装肩线斜度制板

（4）因前后肩斜存在互补关系，参考前肩斜+后肩斜≈13cm，且对于常规款式，通常前肩斜大于后肩斜（对应为借肩款式：为使人与人正面而视时看不到肩缝而将肩缝后移，此时前肩斜小于后肩斜，但总肩斜不变）。

肩斜度数法：原理同比例法，取前后肩线与竖直参考线的角度，参考前后肩斜之和为 45°~50°。

3. 侧片样板（以双开衩为例）

西装侧片样板各部位标识，如图 1-31 所示。

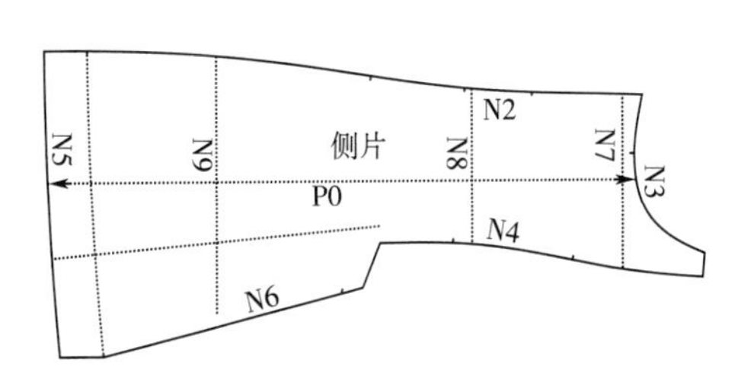

图 1-31　侧片样板各部位标识

N2：侧片侧缝，即与前片侧缝拼接位置，长度较前片侧缝短 0.3cm。格子面料肚省以下要求横向对格。

N3：侧片袖窿，即与小袖袖窿拼接位置，侧片袖窿需用嵌条拉量约 0.5cm，绱袖稍吃量约 0.5cm。

N4：侧片摆缝，即与后片摆缝拼接位置，长度较后片摆缝短 0.3cm。格子面料腰围线以下要求横向对格。

N5：侧片下摆。沿虚线翻折，下摆折边通常为 3.5～4cm，与前片拼接后下摆要求顺直，作用同前片下摆。

N6：侧片双开衩。下部较后片开衩宽 2～3cm，确保有足够的搭叠量，开衩净线长度较后开衩短 0.2cm，防止倒吐，影响美观。

N7：侧片胸围线。如果把人体看作箱型，侧片即为箱体的厚度，即人体的厚度，侧片围度的大小根据人体厚度而改变。

N8：侧片腰围线。

N9：侧片臀围线。

P0：侧片纱向线。竖直即可，无过多要求。

4. 后片样板（以双开衩为例）

西装后片样板各部位标识，如图 1-32 所示。

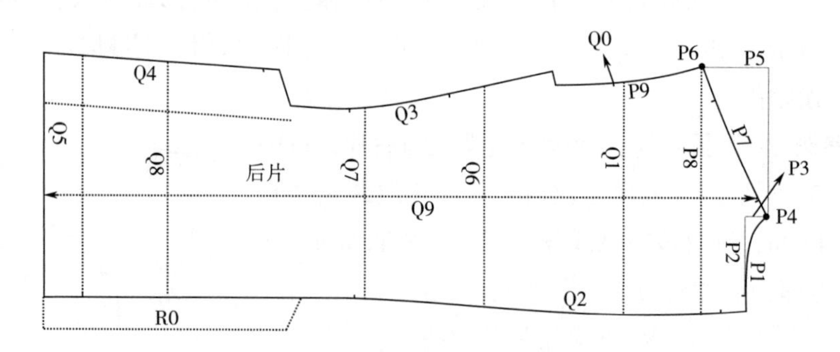

图 1-32　西装后片样板各部位标识

P1：后领窝，对应人体颈部根部位置，与领底拼接，此处缝制用嵌条稍带紧。

P2：后领窝宽，又称横开领宽，取决于人体颈部宽度，是领子是否贴脖的重要依据。后领宽决定前领宽，后领窝宽+撇胸量=前领窝宽。

P3：后领窝深，取决于人体颈部厚度，一般取值 2～2.5cm。后领窝宽与后领窝深决定了领窝长度，即决定了对应的领子长度。

P4：后片肩颈点，即后片肩缝颈侧端点，与前片肩颈点对应。

P5：后片肩斜比例法定值，前面已述。

P6：后片肩点，即后片肩线袖窿侧端点，与前片肩点对应，为袖山对位点，也是肩宽的测量起点。

P7：后片肩线。与前片肩线缝合，后肩线吃量约 1cm，以此做出肩部弓形形态及人体肩部厚度。肩缝拼合完成后要求前后领窝、前后袖窿自然圆顺，不起角。

P8：肩宽线。对应人体肩宽长度，样板肩宽=人体肩宽/2 即可。

P9：后袖窿弧线。与后袖山、小袖山拼接，后袖窿弧线嵌条拉量约 0.5cm，以符合人体肩胛骨凸起形态及袖窿贴合人体的目的。

Q0：后袖窿对位点。与大袖 R4 对应，影响袖子前后位置及平衡。

Q1：后背宽线，即后中线凸起处距后袖窿的距离，由人体背宽决定，通常比前胸宽大2~3cm。

Q2：后中线，即后背中心线，线条弧度需符合人体后背形态，条格面料要求领窝处左右片拼接后重新组成一个条/格，以便与领子纵向对条。后中线格子面料横向对格，条/格面料纵向自上而下左右对称。

Q3：后背摆缝。与侧片摆缝拼接，腰线以下横向对格。

Q4：后片开衩（双开衩）。长度可参考：衣长/3。开衩部分为直线，方便制作时折烫，与摆缝顺滑连接，不起角。

Q5：后片下摆。要求成衣后下摆水平，格子面料下摆边缘与格子平行，沿虚线翻折后，后开衩长度盖过侧片开衩0.2~0.3cm。

Q6：后片胸围线。

Q7：后片腰围线。

Q8：后片臀围线。

R0：单开衩造型（虚线部分），又称后中衩，长度同双开衩，取衣长/3，与双开衩不同的是单开衩款式后背内里需要分左右片。

5. 大袖样板

西装大袖样板各部位标识，如图1-33所示。

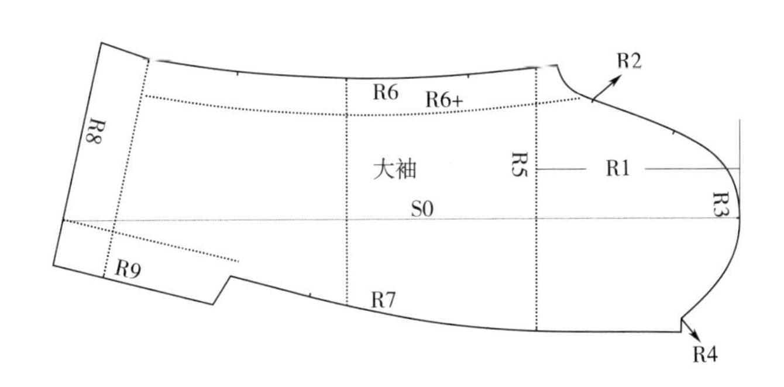

图1-33 西装大袖样板各部位标识

R1：袖山高。是袖子制板重要依据，袖山高度决定袖子造型，袖山高太高，成衣后袖山横向多量。袖山高太低，成衣后造成袖山向上吊起，袖子有纵向直绺，称为袖子起吊，外紧就会内松，因此小袖袖底处会多量，造型上袖子下部向两侧外张。为使袖子与大身匹配程度更高，工厂里袖子通常在大身样板基础上制板——前片、侧片、后片袖窿处拼接对齐，连接前片、后片肩点，取中间位置下3~3.5cm或取袖窿深（前后肩点连线的中间位置距胸围线的距离）的83%~85%来确定袖山高。袖山高也受人体体型的影响，肥胖和壮硕的体型，袖山高可适当降低（详见特殊体型的样板调整）。此外，厚重面料袖山高可适当抬高，袖山吃量加大，轻薄面料袖山高可适当降低，袖山吃量减小。另外，准确的袖山高确定方法可在大身拼合后将衣服套在合适的人体或模特上，直接测量袖窿上端距袖窿底的直线距离。

R2：袖对位点。与前片L6对应。

R3：袖山顶点，即袖山对位点，与前片 L3、后片 P6 对应，是测量袖长的起点。L3 前部袖山为前袖山，L3 后部袖山为后袖山，袖山处因覆盖于大身上部旋转而下且做到袖山饱满，就必须设有吃量才能达到理想效果，前后袖山吃量通常为 1cm 左右（根据面料厚度、袖山造型及袖窿长度而适当调整）。因人体臂根处前部凸起，后部较平，袖子需对应人体结构，原理上前袖山弧度应略大于后袖山，且袖吃量也略大于后袖山。

R4：袖后对位点。与后片 Q0 对应。袖后对位点通常高于后片对位点约 0.3cm，给予外袖缝纵向一点松量。

R5：袖肥线。与大身样板胸围线对应，是测量袖肥（手臂最丰满处）的位置依据。

R6：大袖内缝线。常规西装为两片袖，这样能够更好地符合人体结构。因袖内袖缝藏于袖子内侧不外露，大袖内缝原理上要沿 R6+（成品袖子内侧边缘线）翻折，R6 的内弧造型为能够达到翻折后对应位置的长度，内袖缝就必须拔开，达到长度一致翻折后袖前才能顺滑，也因大袖内缝线需拔开，因此大小袖内袖缝无对格要求。

R7：大袖外袖缝，即人体胳膊后部袖子拼缝。袖子内、外袖缝弧度以人体胳膊弧度为依据，尤其是在单体定制制板时要因人而异，大小袖袖外缝格子面料横向对格。

R8：袖子袖口折边。作用同前片下摆折边。

R9：袖衩。袖衩有真袖衩、假袖衩和不开衩之分，西装通常都会有袖衩并钉袖扣。真袖衩通常配真扣眼，同大身扣眼一样，真开刀，扣子能够扣起，有实用功能。假袖衩搭配假扣眼，不开刀，扣子钉在扣眼上面，仅起一种装饰作用。真、假袖衩在制板时需要注意，真袖衩为防止扣眼锁到袖里绸上，袖衩宽要合适，而假袖衩不存在这种情况，袖衩宽度可适当做窄一些。

S0：纱向线。顺大身水平纱向。

6. 小袖样板

西装小袖样板各部位标识，如图 1-34 所示。

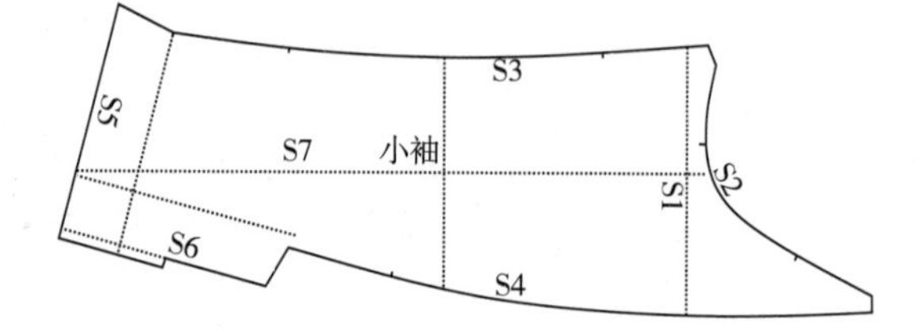

图 1-34 西装小袖样板各部位标识

S1：小袖袖肥线。对应大袖袖肥线及大身胸围线。

S2：小袖袖窿。与侧片袖窿对应，因此弧度也参考侧片袖窿。

S3：小袖内袖缝。与大袖内袖缝对应，因大袖内袖缝拔开后弧度会变直，因此样板上小袖内袖缝弧度应稍小于大袖内缝。

S4：小袖外缝线。与大袖外袖缝拼合。因外袖缝外露，且大、小外袖缝在拼合时无吃量，故格子面料外袖缝需横向对格。

S5：小袖袖口折边。作用同前片下摆折边。

S6：小袖衩。同大袖衩，因大袖衩覆盖于小袖衩之上，为使袖衩、袖口处不倒吐，小袖衩长应比大袖衩短 0.2cm（袖衩净线处）。假袖衩款小袖衩折边处可设 0.5cm 宽小台，方便小袖衩勾角使用。

S7：小袖纱向线。竖直即可，无其他要求。

7. 领子样板

西装领子样板各部位标识，如图 1-35 所示。

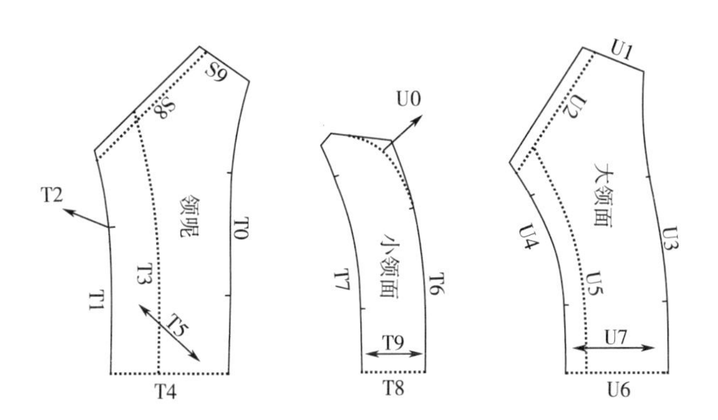

图 1-35　西装领子样板各部位标识

S8：领呢（领底）串口线。与前片串口线 K7 缝合，其中，上领点处为不露剪口毛茬，领呢串口处通常会加放 0. 5cm，以盖过前片串口线。

S9：领角。长度在 2. 5~3. 5cm，与驳头宽成正比，为使视觉效果匀称，领角一般稍短于驳角长度约 0. 3cm。

T0：领子外口线。它是领子制板的重要依据，沿领呢翻折线 T3 翻折后需长于对应在大身上的位置约 0. 3cm。外口线与领角夹角一般为钝角。

T1：领子内口线。与前、后领窝拼接，是领子制板的重要依据，长度等于前领窝长度与后领窝长度之和或稍短 0. 2cm。

T2：领呢肩点位置。内领口前后领窝分割点，是缝制时领子与衣身的对位点。

T3：领呢翻折线。领子沿该线翻折，翻折后领翻折线即为领子最高处，成衣要求贴合人体颈驳，不压领，不起空。上领后，领呢翻折线与前片翻折线要求顺滑连接，领子翻折后，后中处领外口要求盖过领内口 1cm，防止后领窝线外露。

T4：领呢中线。为连折线，领底通常使用专用领底呢，后中不做拼接处理。当领底使用面料时为节省面料可能会做拼接处理，但这种拼接工艺非标准西装工艺。

T5：领呢纱向线。为使平面的样板做出立体效果，更好地贴合人体颈部，领呢翻折线需拉量 0. 6cm（左右共 1. 2cm），为使拉量后能够归烫平整，领呢通常采用斜丝纱向，使用 0. 5cm 宽专用拉量条，防止拉伸。

T6：领脚内口线。与领呢内口线对应，长度以领呢内口，即前、后领窝长为依据稍长 0. 3cm 做放松量，做到内侧领子不起紧。

T7：小领拼接线。与 U4 拼接。

T8：小领后中线。为连折线，与大领后中线对条对格。

U0：领角领窝转折线。位置与挂面领窝对应，有直角及圆角造型。

U1：大领面领角。与领呢领角 S9 对应，为做到领角自然服帖不外翘，领面领角长度大于领呢领角长度 0. 2~0. 3cm 做吃量。

U2：领面串口线。位置与领呢串口线对应，绱领时与挂面串口线拼接。

U3：领面外口线。位置与领呢外口线对应，为使领外口服帖，不起翘，领面外口线长度需大于领呢外口线长度约 0. 7cm 做吃量（左右共 1. 4cm）。

U4：领子拼接线。与小领 T7 拼接。长度小于领脚拼接线 0. 3~0. 5cm，缝制时 U4 拔开，达到与 T7 长度一致。

U5：领面翻折线。位置与领呢翻折线对应。因领呢翻折线在缝制时拉量 0. 6cm，为后期工艺处理，领面翻折线为达到与领呢翻折线拉量后长度一致，需提前在样板上处理。对领内口 U4 均匀折叠，做到领面翻折线长度与领呢翻折线长度一致。这样领面内口线必然会被过量折叠，因此缝制时大领面内口需拔开，达到领面拼缝沿翻折线翻折后的对应位置长度一致，原理同大袖内袖缝。

三、西裤外观基础知识及详解

西裤正背面各部位标识，如图 1-36 所示。

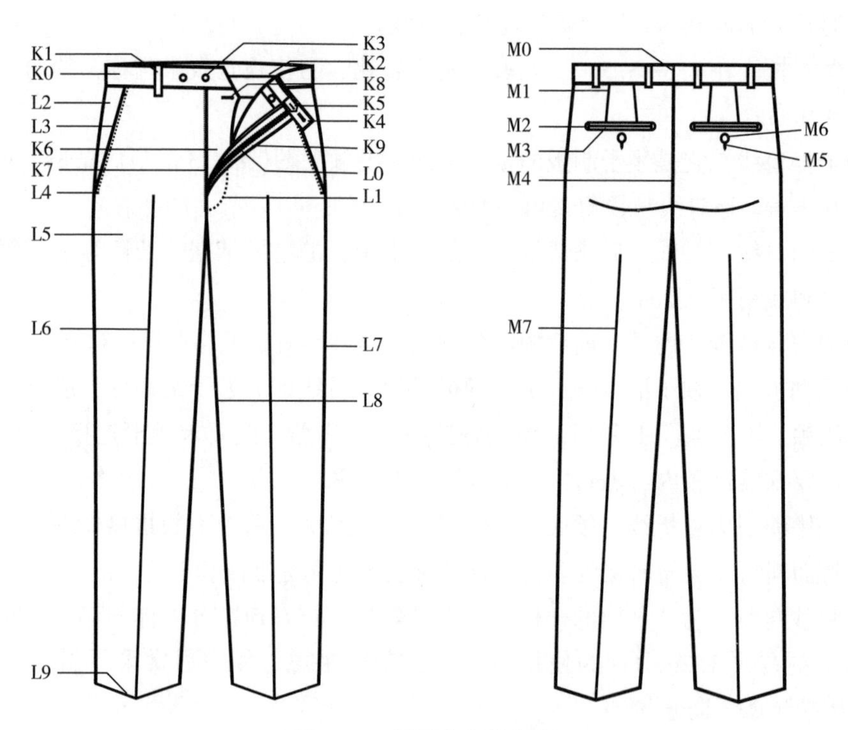

图 1-36 西裤各部位标识

K0：腰面。西裤通常为直腰（区别于裤片顺延的弯腰，多用于女裤），腰面内侧粘一种较厚、较硬的带胶树脂衬，起到使腰面硬挺的作用，不易变形，男装腰面宽度通常在 3~4cm 之间。

K1：裤襻，又称串带，标准西裤均有裤襻，通常为 6 根或 8 根，也可根据客户要求设 7

根或9根（为加强后中处牢固度而在后中处增加一根）。其中，前片第一根裤襻必须在裤中线上，单褶、双褶裤第一根裤襻必须在第一褶位上，起到对前裤中线或前褶拽起、不坠落的作用。也有调节腰款式及腰面用缎面的礼服款，腰面内侧钉背带扣而无裤襻。裤襻内侧夹有专用树脂衬，一是使裤襻更加立体，饱满，二是更加牢固、耐磨。

K2：腰里。腰面内侧对应为腰里，起到覆盖缝份、加固腰面的作用。也有很多腰里采用较花哨面料或腰里收褶，是西裤为数不多的装饰部位；腰里夹防滑带，起到防止衬衣滑出的作用，腰里上钉背带扣，可固定背带。

K3：门襟扣子。系扣后封闭门襟开口，钉两个扣子起牢固作用。此处可以采用前后两个扣子，可以用扣子+挂钩，也可以使用前后双挂钩。

K4：腰探头，即门襟侧，常见西裤探头形状有方探头、宝剑探头、圆探头及无探头款式。

K5：小探头。可有可无，如有小探头，需锁扣眼，扣眼圆头中间与拉链竖直对齐，右侧对应位置钉扣，如无小探头，拉链竖直位置需钉挂钩。

K6：里襟。指裤子前门开口右侧，拉链拉合后门襟下面部分，起到补足开口，防止内侧外露的作用。

K7：里襟明线。起到外部平整、内部固定里襟布的作用。

K8：里襟锁眼。西裤通常里襟上部锁眼，与左侧腰里上钉扣对应，同样起固定作用，防止开口。

K9：门襟。指裤子开口左侧内部，与右侧里襟对应。

L0：拉链。通常使用尼龙拉链，也有少量使用金属拉链及其他材质拉链，西裤门襟通常不使用系扣款式。

L1：门襟明线。起装饰与固定内侧门襟与前身的作用。

L2：侧垫，即侧口袋垫布，防止口袋布外露。条格面料要求与前片、后片对条对格。

L3：侧袋口。常规西裤侧袋有斜口袋、顺侧缝直口袋及单/双开线侧口袋，长度根据型号取15.5~17.5cm。

L4：侧袋结。加固口袋两端。

L5：裤前片。

L6：前裤中线，又称前挺缝线、前烫迹线，位于裤前片中间位置，使裤子立挺，干净，也是西裤特有标志。上部至侧袋口下端水平位置，下至脚口。

L7：侧缝线，即前后片侧面缝合线，也是外裤长测量位置，格子面料要求横向对格。

L8：内缝线，即前后片内侧缝合线，也是内裤长测量位置，格子面料要求膝围线下横向对格。

L9：脚口，即裤腿底边，常规西裤分折脚口（常规款，脚口折边向内折进）、散脚口（为方便根据客人实际要求确定裤长而暂时不做折边处理）及外翻边款（偏休闲款）。脚口对应人体脚踝位置，尺寸变化不大，通常在36~44cm之间。随着流行趋势的影响，越来越多的年轻人选择小脚口裤。

M0：后腰缝。为方便修改腰围尺寸，西裤后腰中缝位置为拼接处理，这也是西裤与休闲裤的区别之一。条格面料要求拼缝左右横向对条对格。

M1：后省。为收腰及更好地符合人体臀部球面造型，西裤后腰处做收省处理，通常有单省和双省之分。

M2：后袋套结。同侧口袋两端套结，起固定口袋两端的作用。

M3：后口袋。分双开线款与单开线款，长度 12.5~14cm，男西裤很少做无后口袋款式。

M4：后裆缝，即左右后片裆处缝合线，后裆缝斜度根据人体臀部大小调整，是裤子的重点部位，条格面料要求左右条、格对称。

M5：后袋锁眼。封袋口用，扣眼尺寸为 1.7~2cm。

M6：扣子。与锁眼配套封口使用，西裤使用扣子直径 1.5cm（24L）。

M7：后裤中线，又称后挺缝线、后烫迹线，位于后裤片中间位置，作用同前裤中线，使裤子立挺，干净。

四、西裤样板基础知识及详解

1. 裤子前片

西裤前片样板各部位标识，如图 1-37 所示。

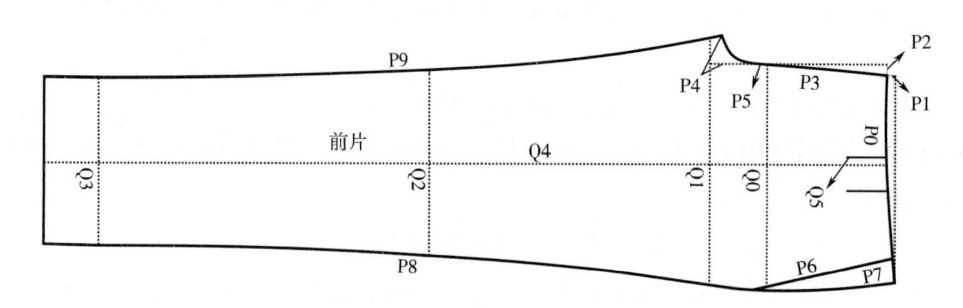

图 1-37　西裤前片各部位标识

P0：前片腰口。与腰面拼接，通常取腰围/4。为使拉链拉合后裤腰前中处顺滑不起角，前腰线沿前中线呈直角。绱腰时前、后腰口设有吃量，每片约 0.3cm，一周约为 1.2cm，肥胖体绱腰吃量应适当加大。

P1：前落腰。为符合人体结构，西裤制板时前腰需要下落、后腰抬高，无褶裤前腰下落 1~1.5cm，单褶裤落腰 0.5~1cm，双褶裤 0~0.5cm。

P2：前中线斜度。通常臀围尺寸大于腰围尺寸，前中线有一定斜度，一般情况前中线斜度不大于 1.5cm，如果凸肚明显，前中斜度减小甚至向外凸起，但不论哪种情况均要求前腰口沿前中线对称后顺滑。

P3：前中线，又称前裆、前浪，左片与门襟、右侧与里襟拼接。门襟在上、里襟在下，门襟压里襟。前中线格子面料横向对格。

P4：前裆弯宽。与后裆弯宽对应人体厚度，可参考公式 $H/20-1$cm。

P5：剪口位。为拉链起点位置。为方便穿脱，剪口位设在臀围线以下 2~3cm。

P6：侧袋口位（图为常规斜口袋）。斜度大小可根据设计调整，一般为 2.5~4cm。

P7：侧口袋垫。补足斜口袋缺失部分，延伸到口袋下部约 5cm，防止侧袋布外露。

P8：前片外侧缝。与后片外侧缝拼接，外裤长测量线，样板外裤长应大于成衣尺寸 0.5~1cm，为面料缩率。外侧缝格子面料横向对格。

P9：前片内侧缝。与后片内侧缝拼接，内裤长测量位，样板内裤长应大于成衣吃 0.5~0.8cm，为面料缩率。内侧缝格子面料膝围以下横向对格。

Q0：前片臀围线。测量臀围尺寸位置，因人体臀部凸起明显，后片臀围通常大于前片臀围 2~4cm。臀围样板尺寸应大于成衣尺寸约 2cm。

Q1：立裆深线。横裆（大腿围）尺寸测量位置。横裆样板尺寸应大于成衣尺寸 1.5~2cm。

Q2：膝围（中裆）位。膝围样板尺寸应大于成衣尺寸约 0.5cm（一周）。

Q3：脚口位。根据款式要求确定脚口折边位，脚口样板尺寸应大于成品尺寸约 0.5cm（一周）。

Q4：前片裤中线，即前片烫迹线，内外侧缝膝围以下部分按裤中线对称，是前片制板的重要依据。

Q5：前褶位。前褶过前中线 1cm，前褶大 3.5~4cm，第一根裤襻必须在前褶上；如双褶裤，第一褶位不变，第二褶位于第一褶与侧袋口中间位置，为 2.5~3.5cm。前褶根据款式要求上 3~5cm 处可缉死，也可不缉死。

2. 裤子后片

西裤后片样板各部位标识，如图 1-38 所示。

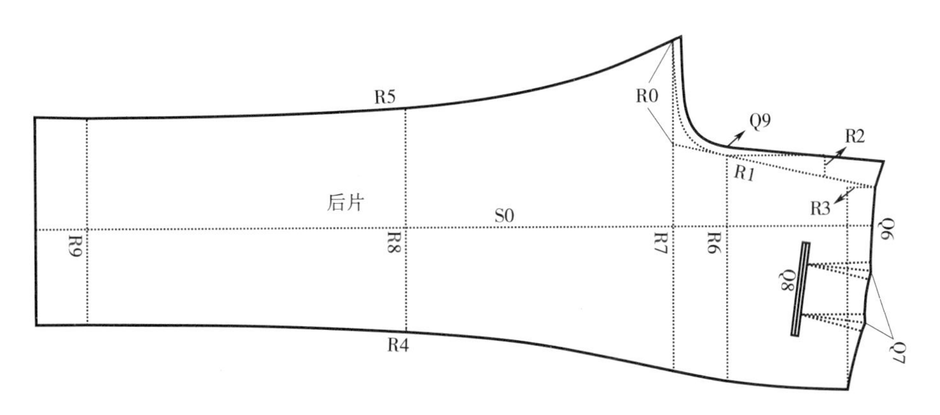

图 1-38　西裤后片样板各部位标识

Q6：后片腰口。要求与前片腰口拼接后顺滑，后中左右拼接后左右顺滑，收省后腰口顺滑。绱腰时后腰口吃量同前腰口。

Q7：后省位（图为双省裤）。净省长通常 6.5~7cm，双省省大参考 1.5cm，单省省大参考 2cm，根据臀部凸起程度及臀腰差适当调整。为使收省后后腰口顺滑不起角，制板时省缝腰口处需上抬约 0. 5cm，上抬量与收省大小成正比。

Q8：后口袋位（图为双开线口袋）。上下位于省尖处，左右位置参考距侧缝约 5cm，方便胳膊向后掏口袋，制板时应先确定后口袋位置后两侧对称确定省位。

Q9：后中线，又称后裆缝、后浪。前裆+后裆=总裆，因后裆缝为斜丝，缝制及整烫时容易拉伸，造成长度加长，因此制板时样板总裆尺寸通常小于成品尺寸约 1cm。因后裆缝份上下不一致，且裆弯弧度较大，为缝制准确，通常先画出净线位后再缉合。

R0：后裆弯宽。人体是有一定厚度的，后裆弯宽即对应人体厚度，如裆弯宽太窄，样板厚度小于人体厚度，会造成裆底勾裆，这种情况容易出现在量体定制中，是有些客户过于追求修身效果而过度减小横裆尺寸所致。通常后裆弯宽度不小于：臀围/10+0. 5cm，横裆最小极限值参考：臀围×0. 6。

R1：后裆净线，即后裆缉合线，为方便调整腰围尺寸，后裆缝通常加大缝份量至 3~4cm。

R2：后裆斜度。同臀围大小成正比关系，同上衣肩斜方法，为操作方便，通常采用比例法确定后裆斜度，标准体参考 15∶3cm，平臀体后裆斜度小，参考 15∶（2~2. 5）cm，翘臀体后裆斜度大，参考 15∶（3. 5~4）cm。

R3：后翘。同样是为满足臀部凸起而设定，同后裆斜度，与臀围大小成正比关系，标准体参考后翘 3. 5cm，平臀体参考后翘 2. 5~3cm，翘臀体参考后翘 3. 5~4. 5cm。

R4：后片外缝。与前片外缝拼接，格子面料横向对格。

R5：后片内缝线。与前片内缝线拼接，格子面料横向对格，样板后内缝应短于前内缝 0. 5~1cm，缝制时拔开处理。

R6：后片臀围线。

R7：后片立裆深。因人体裆下后部稍低于前部，因此制板时后裆线需低于前裆线约 1cm。

R8：后片膝围线（中裆线）。同前片膝围线。

R9：后片脚口线。同前片脚口线。

S0：后片裤中线，即后片烫迹线，内外侧缝膝围以下部分按裤中线对称，是后片制板重要依据。

五、西装对条对格要求

受个性化定制影响，服装工厂传统的大批量单色面料订单迅速被小批量格纹、条纹等个性化纹样的面料订单所取代。复古、优雅的格纹面料作为经典百搭面料，受国际流行趋势的影响，多款式的小批量的格纹面料订单越来越多，如图 1-39 所示。因此，服装企业的生产效率迅速下降，导致生产成本提高。这种全球化订单结构的改变迫使服装工厂技术人员不得不寻找更科学准确的方法，以实现格纹面料服装的高效生产。

图 1-39　格纹西装

1. 上衣对条对格

条格纹西装上衣正背面各部位对条、对格要求，如图 1-40 所示。

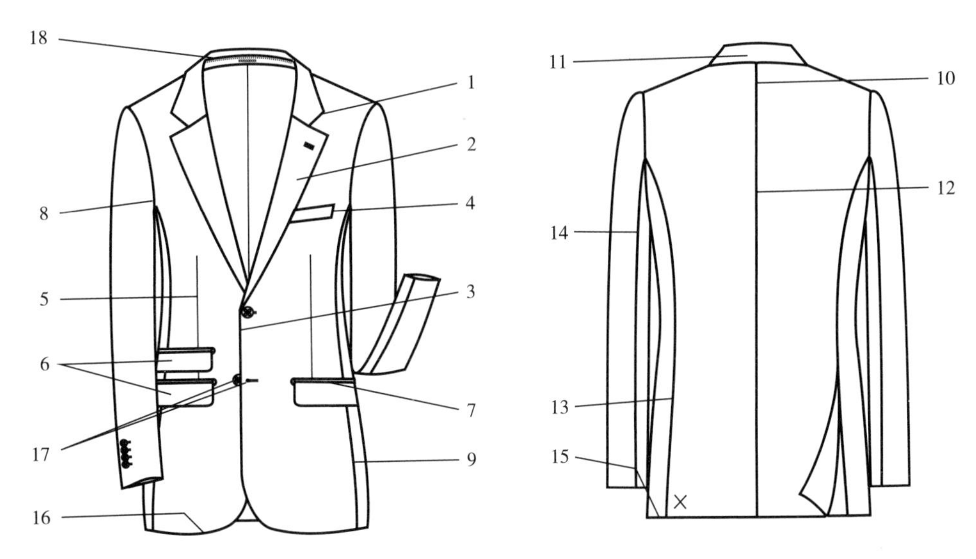

图 1-40　条纹西装对条对格标准

1—领角：左右横条、竖条对称。

2—驳头：上 15cm 与竖条平行且左右横条、竖条对称。

3—前止口：左右横条、竖条对称。

4—手巾袋：对条对格。

5—前省：横条对格，竖条在条子中间或条子上，且左右对称。

6—口袋：省缝前对条对格。

7—口袋开线：开线与条子平行，且左右对称。

8—袖前：与前身第一对位点处横向对格。

9—侧缝：口袋以下横向对格。

10—后领窝：左右后片竖条拼合成完整的条子。

11—领后中：与后领窝竖条对条。

12—后中缝：竖条左右对称，横条对条。

13—后侧缝：腰围以下横条对条。

14—外袖缝：横条对条。

15—后下摆：横条与下摆平行。

16—前下摆：横条、竖条左右对称。

17—锁眼位与钉扣位：横条对条。

2. 裤子对条对格

条格纹西裤正背面各部位对条、对格要求，如图 1-41 所示。

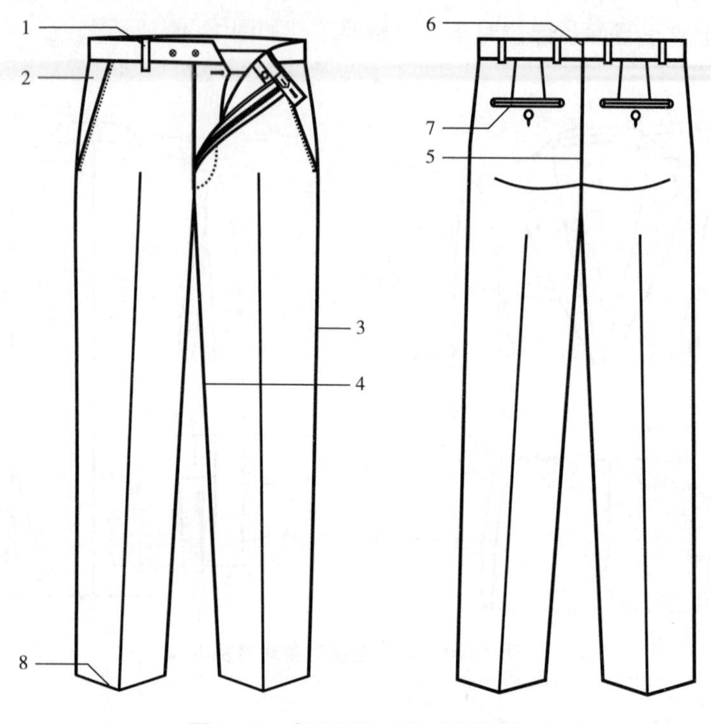

图 1-41　条纹西裤对条对格标准

1—裤襻：与竖条平行，且所有裤襻一致。

2—侧口袋：侧垫与裤片对条对格。

3—裤外缝：横条对格。

4—裤内缝：膝围以下横向对格。

5—后中缝：横条对格，竖条对称。

6—腰面：与竖条平行，腰面左右横向对格，竖向对称。

7—后口袋开线：开线与条子平行，且左右对称。

8—脚口底边：横条与底边平行。

马甲对条对格要求同上衣，如果马甲后背外层用面料，横向与前片同样要求对格。

六、马甲基础知识及详解

1. 马甲正背面各部位标识

马甲正背面各部位标识，如图 1-42 所示。

V0：肩缝线，即前片、后片肩线拼接线，因马甲无垫肩，故马甲肩斜应稍大于上衣肩斜。

V1：前片。马甲区别于上衣，通常为四开身结构，即只有前片、后片。前片使用面料，如果是套装，马甲面料必须同上衣、裤子用料一致。

V2：前袖窿弧线。马甲为无袖结构，前片与前里袖窿拼合后缝份需要按净线翻折，因袖

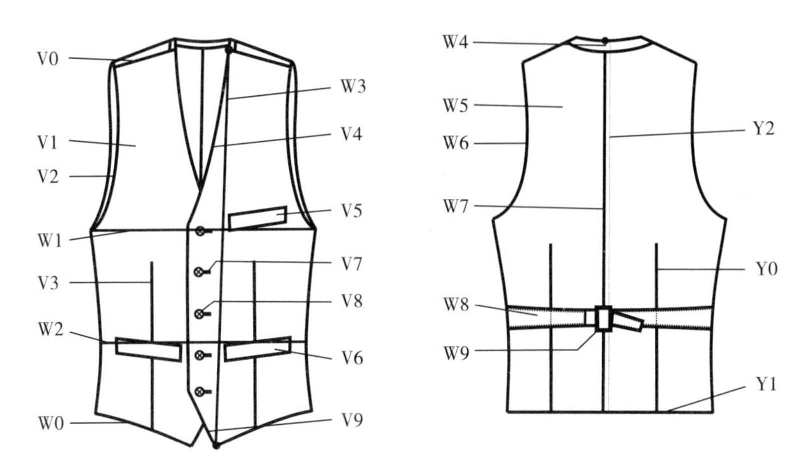

图 1-42　马甲正背面各部位标识

窿弧度较大，内外袖窿拼合后缝份需打剪口翻折后才能平服，袖窿处内侧里绸能不倒吐外露，可在内侧压暗线固定。

V3：前省。同上衣，起收腰、塑胸效果，马甲前省有直省（图 1-42）和斜省，直省款式条格面料要求在条子中间或条上，斜省无对条对格要求，但需要左右对称。

V4：前领口。马甲领型有 V 型领、U 型领、平驳头、戗驳头及青果领款（详见马甲制板），其中以 V 型领居多（图 1-42 为标准 V 型领）。

V5：胸口袋。可有可无，常规款没有，可位于左侧，也可左右均有，有箱型胸口袋（图 1-42）、双开线胸口袋及单开线腰口袋。

V6：腰口袋。马甲必备口袋，左右均有，口袋款式同胸口袋，长度通常为 10~12.5cm，现多为装饰使用。

V7：扣眼。位于左侧止口处，距止口 1.5cm，扣眼长度为 1.8~2cm。单排扣马甲通常为 3~6 粒，双排扣马甲通常为双排六扣扣三扣、双排八扣扣四扣款式。

V8：纽扣。位于右侧止口处，距止口 1.5cm，与左侧扣眼对应，使用 24L（直径 1.5cm 纽扣）。

V9：止口下。与前底边组成尖下摆造型，为标准单排扣下摆造型；双排扣可做直下摆，也可做尖下摆。

W0：前片底边。马甲前中处为完全盖过腰带，前衣长一般较后衣长大 5~8cm。

W1：胸围线，即袖窿底处，为胸围测量位置。

W2：腰围线，即腰部最细处，为腰围测量位置。

W3：前衣长测量位。由肩颈点量至下摆尖角处为马甲前衣长。

W4：后领托。可有可无，宽度一般为 1~2.5cm，通常后背使用里绸时搭配领托，起到加固后领窝的作用。

W5：后背。区别于西装上衣，马甲后背多使用里绸，甚至使用同内侧里绸不同的撞色里绸。

W6：后袖窿。弧度小于前袖窿，为使成衣后袖窿平服，缝份需要打剪口。与前袖窿拼合后袖窿底、肩缝处要求顺滑；内侧里绸不能倒吐，可在内侧压暗线固定。

W7：后背缝，即左右后片拼接缝，条格里绸/面料对条对格。

W8：后背腰带。为标准西装马甲款式，一是起装饰的作用，二是起调节腰围尺寸的作用；既可夹于后省缝，也可夹于侧缝。

W9：金属钎子。用于连接左右腰带，通过钎子调节腰带长短，从而调节腰围尺寸。

Y0：后省。马甲为四开身结构，通过前省、侧缝、后省、后缝均匀收腰能够更加合体。

Y1：后片底边。呈水平状态，格子面料底边与横向格子平行。

Y2：后衣长。以盖过腰带为宜。

2. 马甲侧面各部位标识

马甲侧面各部位标识，如图 1-43 所示。

Y3：挂面。单排扣宽度以盖过扣眼为准，约为 5cm；双排扣应宽于前片钉扣位。使止口处硬挺，锁扣眼、钉扣牢固。

Y4：前里。与挂面组成前片内侧部分。

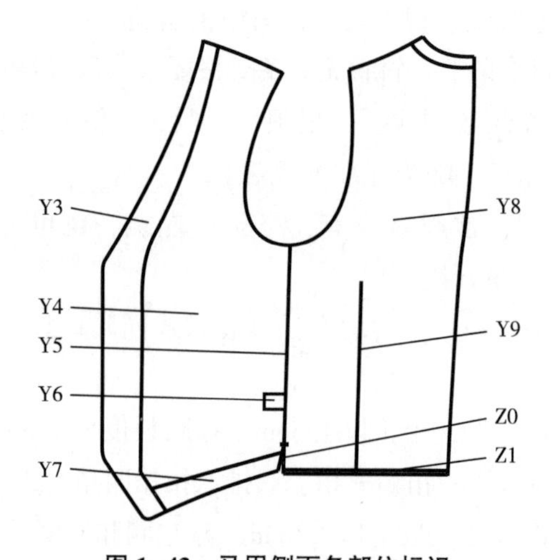

图 1-43 马甲侧面各部位标识

Y5：侧缝，即前片、后片拼接缝，前后侧缝拼合后要求上部袖窿，下部底边顺滑。

Y6：水洗标。马甲通常无里袋，水洗标一般夹于侧缝处，体现尺码大小、面料成分及洗涤方式等。

Y7：下摆贴边。使前下摆处硬挺，与前里拼合处设置虚量，防止里绸倒吐。可单独制板，也可在前片基础上加出折边量。

Y8：后背内里。后背内侧部分。

Y9：内里收省。同后背外收省，做到两者形态一致。

Z0：侧缝小衩。可有可无，长于约为 3cm，允许前、后开衩长度不一致。

Z1：下摆眼皮。后片内外拼合处做出 0. 3cm 眼皮，防止倒吐。

七、服装各部位名称及中英文对照

服装各部位名称及中英文对照见表 1-1。

表 1-1　服装各部位中英文对照表

名称	英文翻译	名称	英文翻译
身高	height	体重	weight
型号	size	前片	front piece
侧片	side body	后片	back piece
大袖	top sleeve	小袖	under sleeve
挂面	facing	领	collar
大领面	top collar	小领面	under collar
袋盖	pocket flap	开线	besom
前里	front lining	侧里	side lining
后里	back lining	小袖里	under sleeve lining
大袖里	top sleeve lining	大袋垫	pocket facing
领底	under collar	串口	gorge
翻折线	roll line	省	dart
褶	pleat	袖山	sleeve crown
袖山头	sleeve head	领省	neckline dart
前腰省	front waist dart	肚省	belly dart
肋省	underarm dart	前肩省	front shoulder dart
公主线	princess line	刀背缝	princess seam
后领省	back neck dart	后背缝	center back seam
总肩宽	across shoulder	前育克	front yoke
后育克	back yoke	贴袋	patch pocket
挖袋	welt pocket	票袋	ticket pocket
表袋	cash pocket	零钱袋	coin pocket
门襟止口	front edge	裤襻（串带）	belt loop
门襟	top lap	里襟	under lap
腰面	waist piece	净板	marker
毛板	block piece	面料	fabric
辅料	accessories	里绸	lining

续表

名称	英文翻译	名称	英文翻译
袖里	sleeve lining	黑炭衬	canvas
挺胸衬	chest piece canvas	挺肩衬	shoulder piece canvas
胸绒	chest piece flannel	有纺衬	woven fusing
无纺衬	non woven fusing	薄有纺衬	thin woven fusing
牵条	edge tape	口袋布	pocket bag
垫肩	shoulder pad	领底呢	under collar flannel
裤腰里	inner waistband	裤膝绸	pant lining
防滑带	grain tape	防磨贴	heel guard
纽扣	button	水洗唛	care label
吊牌	hand tape	品牌标	main label/brand label
面料标	fabric label	尺码唛	size label
树脂衬	collar canvas	线	thread
领吊	handing loop	撞色线	contrast color stitches
胸衬	canvas	肩章	epaulet
条纹面料	pinstripe fabric	格子面料	plaid fabric
素色面料	sollid color fabric	单耗	consumption
纱向	grain line	布边	fabric egde
垂直	vertical	平行	parallel
弹性面料	spandex fiber	胸围	chest
胸围线	chest line	腰围	waist
腰围线	waist line	袖长	sleeve length
后衣长	center back length	前衣长	front length
臀围	hip	臀围线	hip line
下摆围	bottom	下摆线	bottom line
袖肥	biecp	袖口围	sleeve cuff
袖肘围	elbow point	前胸宽	front chest width
后背宽	back width	前胸长	center front length
后背长	center back length	前腰节长	front waist length
后腰节长	back waist length	肚围	belly line
横档围	high	膝围	knee

续表

名称	英文翻译	名称	英文翻译
脚口围	bottom	前裆弧长	front rise
后浪	back rise	总裆弧长	full rise
外裤长	out seam	内裤长	inseam
领围	neak	领围线	neak line
袖窿围	armhole	前中线	center front line
后中线	center back line	侧缝	side seam
后侧缝（摆缝）	side seam	后中缝	center back seam
内袖缝	under sleeve seam	外袖缝	top sleeve seam
底边	hem	肩缝	shoulder seam
扣眼距离	button hole distance	单排扣	single breasted
双排扣	double breasted	一粒扣	one button
两粒扣	two buttons	三粒扣	three buttons
四粒扣	four buttons	五粒扣	five buttons
明门襟	placket	暗门襟	hidden placket
平驳头	notch lapel	戗驳头	peak lapel
青果领	shawl	V 型领	V neck
U 型领	U neck	圆下摆	round bottom
直下摆	straight bottom	开衩	vent
侧开衩	side vent	后中衩	back vent
不开衩	no vent	袖衩	sleeve slit
领嘴	notch	真袖衩	working cuff
假袖衩	imitation button hole cuff	无袖衩	not working cuff
弯挂面	full facing	直挂面	straight facing
宝剑头挂面	arrow facing	全里	full lining
半里	half lining	黏合衬	fusing coat
半麻衬	half canvas	全麻衬	full canvas
香水垫	armhole shield	里袋	inner pocket
笔袋	pen pocket	烟袋	cigarette pocket
名片袋	card pocket	前口袋	front pocket
贴袋	patch pocket	直口袋	straight pocket

续表

名称	英文翻译	名称	英文翻译
斜口袋	slant pocket	手巾袋	breast pocket
无褶裤	plain	单褶裤	single pleat
双褶裤	double pleat	折脚口	finished bottom
散脚口	open bottom	外翻脚口	cuff
斜插袋	slanting pocket	后口袋	back pocket
双唇口袋	double besom pocket	一字口袋	single besom pocket
扣眼	button hole	驳头眼	lapel button hole
套结	bartack	搭门	front overlap
驳头	lapel	立领	stand collar
夹芽	piping	珠边	pick stitch
锁边	marrow edge	包边	binding tape
卷边	fold edge	真扣眼	functional button hole
假扣眼	imitation button hole	袖肘贴	elbow patch
绣字	monogram	绣字字体	monogram font
蝴蝶结	bow-tie	裆布	crotch piece
小裆	crotch	平肩	high shoulder
溜肩	slope shoulder	凸肚	big belly
挺胸体	posture erect	驼背体	posture stoop
后背有肉	heavy back	辅助线	auxiliary line
轮廓线	contour line	胸高点	breast peak
肩颈点	neak peak	肘点	elbow point
对折线	broken line	圆角	round conner
直角	slanting point	剪口	notch
裁剪	cutting	缝制	sewing
整烫	pressing	吃量	fullness
归	shorten	拔	open up
缝份	seam	放码	grading
排版	patten marker	西装	suit jacket
裤子	pant	马甲	vest
大衣	overcoat	衬衣	shirt

续表

名称	英文翻译	名称	英文翻译
净体尺寸	body mesurement	成衣尺寸	finish mesurement
加放量	ease +/-	量体	take measurement
英寸	inch	厘米	centimeter
公差	tolerance	档差	size break down
量体师	mesurement by	工艺师	technician
设计师	designer	样板师	pattern maker
尺码表	size spec	工艺指导书	technical book

第二章 西装制板基础与技法

第一节 西装制板基础知识

一、制板工具与符号

1. 常用制板工具

区别于原始的手工制板，现阶段服装企业制板多使用计算机制板，相比手工制板，计算机制板更加方便、准确、快速、省料、方便储存及后期大货准备等，这些都是手工制板无法比拟的优点。但不可否认，手工制板是制板师学习的基础，大部分的服装制板比赛、剥样和特殊部位的拓样还是以手工制板为主，其特点是直观，最能体现制板师的基本功。作为初学者应首先熟练掌握手工制板，学好基本功，操作熟悉后再使用计算机制板。常用的手工制板工具有以下几种：

（1）打板桌。大小适中，高度适中，满足长时间站立制板时的舒适性；桌面平整、光洁，方便制图时打板尺的随意旋转；好的打板桌表面为光滑厚实的玻璃板，底下安装灯管，方便必要时使用灯光投影拓样使用。

（2）打板纸。以厚度稍厚，方便橡皮反复修改的牛卡纸为好，具有耐修改、方便大货裁剪、宜储存、耐用的优点，缺点是价格较贵。

（3）皮尺。我国制板师习惯以厘米（cm）为单位、美国制板师习惯以英寸为单位，主要用于测量人体尺寸及测量制板时距离较长、弧线弯度较大的线段。皮尺应耐拉伸，耐变形，防止尺寸测量偏差。

（4）打板尺。习惯以 cm 为单位，以我国制板师习惯用一把直尺完成所有样片的制板，线条柔顺自然且比较工整、美观，因此要求制板师要有较好的“样板感觉”及各部位参考值和丰富的经验；欧美国家技术人员制板时各个部位多用不同形状的尺子，制板速度较快，且不拘小节，但线条相对生硬，制板图略显粗糙，不美观；日本制板师的严谨性体现在各个细节，包括制板所用的尺子——专用尺子的固定位置画出指定部位的线条，各部位线条统一、固定，不易出现错误，但这种方法每个人制的样板都大同小异，风格一样，线条缺乏柔和感及个人风格。

（5）大剪刀。用于样板完成后剪切纸板，多使用 12 号大剪刀。剪切纸板时剪刀应小步快移，声音清脆利索，剪纸板的声音在一定程度上也能判断出一名制板师的熟练程度。样板剪切完成后要求边缘线顺滑、无凹凸感。

(6) 铅笔。应选用质量较好的0.5mm自动铅笔，搭配硬度偏硬的HB铅笔，以能够抵抗一定压力，不易断铅为好。

此外，手工制板的其他工具还有锥子、橡皮、剪口钳、打孔器等辅助器材。

手工制板中制板方法的使用、线条的顺滑与流畅、制板图的整洁程度、手工剪切完成后边缘的顺滑程度等种种细节均能体现出制板师的技术水平是需要花费长时间才能掌握的。

工厂内制板师应学会熟练使用直尺打板。技巧是将由很多短小的直线一点点过渡连成各部位所需要的弧线。左手拇指与食指、中指弓形分开，约15cm，右手握笔，通过小指、无名指起支撑作用，通过画直线—旋转直尺—画直线—旋转直尺，如此反复循环画出弧线，弧线越弧，每次的画线长度越短，直尺旋转程度越大，旋转频率越高；弧线越缓，每次的画线长度越长，直尺旋转程度越小，旋转频率越低。在画线过程中直尺、铅笔要固定牢固，通过反复练习达到操作熟练、线条优美的效果。这种直尺画图方法需要制图者平时多练、多看，熟练掌握各部位弧线造型，如图2-1所示。操作方法如图2-2所示。

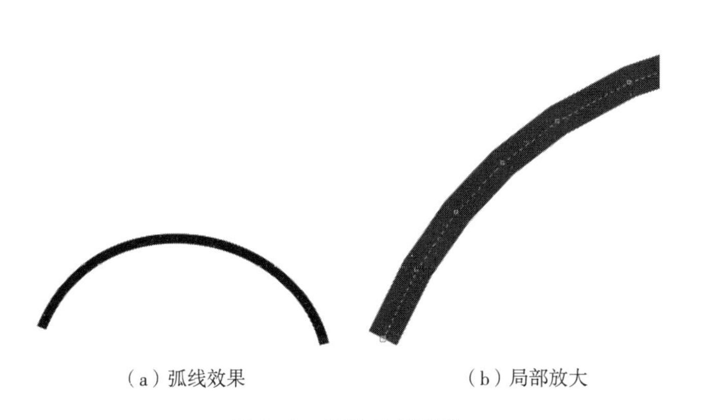

(a) 弧线效果　(b) 局部放大

图2-1　手绘样板线迹

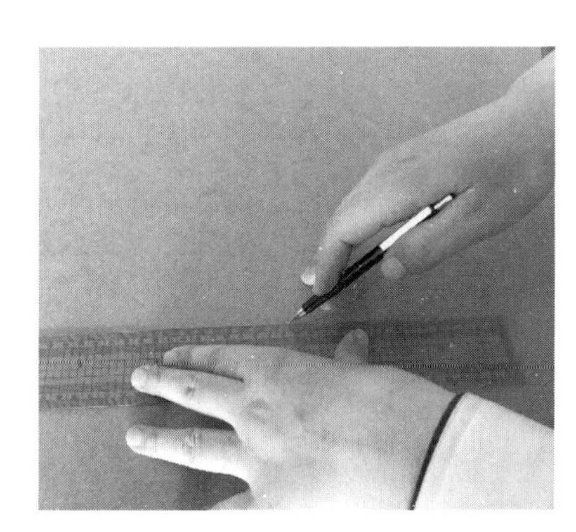

图2-2　手绘操作技法

2. 制板符号

服装制板是一项技术性工作，为实现服装制板的专业性、准确性、高效性，服装制板有统一的制板符号，常用服装制板符号见表2-1。

表2-1　常用服装制板符号

名称	符号	名称	符号	名称	符号
粗实线轮廓线		细实线辅助线		点划线	
等分线		纱向线		顺毛向	
省		褶		拔开	
归拢		重叠号		样板净线	

续表

名称	符号	名称	符号	名称	符号
直角		等量号	△□○▲◎	抽褶	
净样符号					

二、工业尺寸表

无论是单体定制中的单量单裁，还是几件、几十件的团装，甚至是几千套的大货生产，尺寸表都是不可缺少的重要技术资料。因每个国家的习惯不同，尺寸表的表现形式也不同，但相同的是尺寸表型号的表示多以胸围为依据，介绍几个具有代表性的尺寸表形式（灰底尺码代表基准码）。

1. 欧洲尺寸表（表 2-2）

表 2-2　欧洲尺寸表　　单位：cm

基础码	42	44	46	48	50	52	54	56	58	60	公差
1/2 胸围	49.5	51.5	53.5	55.5	57.5	59.5	61.5	63.5	65.5	67.5	±0.75
1/2 腰围	45	47	49	51	53	55	57	59	61	63	±0.75
总肩宽	43.2	44.4	45.6	46.8	48	49.2	50.2	51.2	52.2	53.2	±0.70
后中长	73	74	75	76	77	78	79	80	81	82	±1.00
袖长	61	62	63	64	65	66	67	68	69	70	±0.70
基础码	82	86	90	94	98	102	106	110	114	118	公差
1/2 胸围	48.9	50.9	52.9	54.9	56.9	58.9	60.9	62.9	64.9	66.9	±0.75
1/2 腰围	43.5	45.5	47.5	49.5	51.5	53.5	55.5	57.5	59.5	61.5	±0.75
总肩宽	43.2	44.4	45.6	46.8	48	49.2	50.2	51.2	52.2	53.2	±0.70
后中长	76	77	78	79	80	81	82	83	84	85	±1.00
袖长	64	65	66	67	68	69	70	71	72	73	±0.70
基础码	21	22	23	24	25	26	27	28	29	30	公差
1/2 胸围	50.1	52.1	54.1	56.1	58.1	60.1	62.1	64.1	67	69.4	±0.75
1/2 腰围	46.5	48.5	50.5	52.5	54.5	56.5	58.8	61.1	63.4	65.8	±0.75
总肩宽	43.2	44.4	45.6	46.8	48	49.2	50.2	51.2	52.2	53.2	±0.70
后中长	71	72	73	74	75	76	77	78	79	80	±1.00
袖长	59	60	61	62	63	64	65	66	67	68	±0.70

欧洲尺寸表以净胸围的 1/2 为型号，确定基础码，如净胸围 100cm，则尺码为 50，再在净胸围 100cm 的基础上加放活动量为最终的成衣尺寸，从而净体尺寸、成衣尺寸、加放量通过尺码表能够很好地体现。而后在基础码基础上×2、×1/2 延伸出两个不同尺码，一是减小胸围跳档；二是用以区分体型，确定胸腰差及围度部位尺寸，与中国体型的 Y、A、B、C 意思相同；三是区分身高，确定衣长、袖长等长度尺寸，同中国尺码中的 170cm、175cm、180cm……的意思相同。

欧洲人的体型通常高大魁梧，因此西装造型相应呈 V 型，即肩部较宽，腰部较小，呈倒梯形结构。

2. 中国尺寸表（表 2–3）

表 2–3　中国尺寸表　　单位：cm

规格尺寸	后衣长	肩宽	胸围	腰围	袖长	臀围
Y 型						
160/80A	69	41.2	88	72	56	86
165/84A	71	42.6	92	76	57.5	90
170/88A	73	44	96	80	59	94
175/92A	75	45.4	100	84	60.5	98
180/98A	77	46.8	104	88	62	102
185/100A	79	48.2	108	92	63.5	106
A 型						
160/84A	69	42.2	93	78.5	57.5	91
165/88A	71	43.6	97	82.5	59	95
170/92A	73	45	101	86.5	60.5	99
175/96A	75	46.4	105	90.5	62	103
180/100A	77	47.8	109	94.5	63.5	107
185/104A	79	49.2	113	98.5	65	111
B 型						
160/88B	69	43.2	98	86	57.5	98
165/92B	71	44.6	102	90	59	102
170/96B	73	46	106	94	60.5	106
175/100B	75	47.4	110	98	62	110
180/104B	77	48.8	114	102	63.5	114
185/108B	79	50.2	118	106	65	118
190/112B	81	51.6	122	110	66.5	122

续表

规格尺寸	后衣长	肩宽	胸围	腰围	袖长	臀围
C 型						
160/92C	69	44.2	103	93.5	57.5	105
165/96C	71	45.6	107	97.5	59	109
170/100C	73	47	111	101.5	60.5	113
175/104C	75	48.4	115	105.5	62	117
180/108C	77	49.8	119	109.5	63.5	121
185/112C	79	51.2	123	113.5	65	125
190/116C	81	52.6	127	117.5	66.5	129
D 型						
160/96D	69	45.2	108	101	57.5	111.5
165/100D	71	46.6	112	105	59	115.5
170/104D	73	48	116	109	60.5	119.5
175/108D	75	49.4	120	113	62	123.5
180/112D	77	50.8	124	117	63.5	127.5
185/116D	79	52.2	128	121	65	131.5
190/120D	81	53.6	132	125	66.5	135.5
公差	±0.7	±0.6	±1	±1	±0.5	±1

中国尺寸表尺码（如 170/96A）斜线左侧部分 170、175、180……代表身高，是确定袖长、衣长、裤长等长度尺寸的依据；斜线右侧 96、100、104……代表净体胸围尺寸，是确定各部位围度尺寸的依据；最右侧 Y、A、B、C、D 为代表体型，即尺寸表中的胸围与腰围的差值，也就是通常说的胸腰差（上衣的胸腰差、裤子的臀腰差是判断体型及样板处理的重要依据）。Y 体型胸腰差最大，为 13~16cm，胸肌发达，代表健身体；A 型胸腰差适中，为 10~13cm，身体匀称，代表标准体；B 型胸腰差减小，为 7~10cm，表示有一点肚子但不明显；C 型胸腰差更小，为 4~7cm，肚子凸起明显，代表凸肚体；D 型胸腰差最小，为 0~4cm，代表大凸体。中国尺寸表符合我国从业人员的生产习惯，易于区分和理解。

中国人西装尺寸及风格整体比较匀称。

3. 美国尺寸表（表 2-4）

表 2-4　美国尺寸表　　单位：英寸

基础码	36	38	40	42	44	46	48	50	52	公差
肩宽	17 3/8	17 7/8	18 3/8	18 7/8	19 3/8	19 7/8	20 3/8	20 7/8	21 3/8	± 1/4
胸围（袖底下 1 英寸）	38	40	42	44	46	48	50	52	54	± 1/2

续表

基础码		36	38	40	42	44	46	48	50	52	公差
腰围（打开量）		18 1/4	19 1/4	20 1/4	21 1/4	22 1/4	23 1/4	24 1/4	25 1/4	26 1/4	± 1/4
内袖长	XS	15 1/2									± 1/4
	S	16 1/2									
	R	17 1/2									
	L	18 1/2									
后衣长	XS	25 1/8	25 3/8	25 5/8	25 7/8	26 1/8	26 3/8	26 5/8	26 7/8	27 1/8	± 1/4
	S	26 5/8	26 7/8	27 1/8	27 3/8	27 5/8	27 7/8	28 1/8	28 3/8	28 5/8	
	R	28 1/8	28 3/8	28 5/8	28 7/8	29 1/8	29 3/8	29 5/8	29 7/8	30 1/8	
	L	29 5/8	29 7/8	30 1/8	30 3/8	30 5/8	30 7/8	31 1/8	31 3/8	31 5/8	
前衣长	XS	26 3/4	27	27 1/4	27 1/2	27 3/4	28	28 1/4	28 1/2	28 3/4	± 1/4
	S	28 1/4	28 1/2	28 3/4	29	29 1/4	29 1/2	29 3/4	30	30 1/4	
	R	29 3/4	30	30 1/4	30 1/2	30 3/4	31	31 1/4	31 1/2	31 3/4	
	L	31 1/4	31 1/2	31 3/4	32	32 1/4	32 1/2	32 3/4	33	33 1/4	
袖肥		14 1/8	14 5/8	15 1/2	16	16 1/2	17	17 3/8	17 7/8	18 3/8	± 1/4

美国尺寸表相对简单，也容易理解。尺寸表中36、38、40、42……单位为英寸（美国习惯以英寸为测量单位，1英寸=2.54cm），代表型号，即净体胸围尺寸，也是腰围、肩宽、袖肥、袖口等围度尺寸的参考标准；S（short）、R（regular）、L（long）、XL（extra long）代表长度尺寸，相关部位包括衣长、袖长及裤长。美国尺寸表无体型（胸腰差）的区分，这与美国人穿衣风格及美国人体型肥大，且更多的是追求舒适、随意，便于活动，因此西装通常不要求修身，而是做得比较肥大，且美国的民族众多，为覆盖更多人，美国西装通常腰围有意加大，从而使美国西装通常呈H型。

4. 日本尺寸表（表2-5）

表2-5　日本尺寸表　　单位：cm

部位		胸围	腰围	衣长	袖长	肩宽
Y型	Y3	100	83.4	66	56	42.9
	Y4	102	85.4	68	57.5	43.5
	Y5	104	87.4	70	59	44.1
	Y6	106	89.4	72	60.5	44.7
	Y7	108	91.4	74	62	45.3
	Y8	110	93.4	76	63.5	45.9

续表

部位		胸围	腰围	衣长	袖长	肩宽
A型	A3	102.4	87.4	66	55.5	43.6
	A4	104.4	89.4	68	57	44.2
	A5	106.4	91.4	70	58.5	44.8
	A6	108.4	93.4	72	60	45.4
	A7	110.4	95.4	74	61.5	46
	A8	112.4	97.4	76	63	46.6
AB型	AB3	109.8	96.8	66	55.5	45.3
	AB4	111.8	98.8	68	57	45.9
	AB5	113.8	100.8	70	58.5	46.5
	AB6	115.8	102.8	72	60	47.1
	AB7	117.8	104.8	74	61.5	47.7
	AB8	119.8	106.8	76	63	48.3
B型	B3	114.3	102.3	66	55.5	45.9
	B4	116.3	104.3	68	57	46.5
	B5	118.3	106.3	70	58.5	47.1
	B6	120.3	108.3	72	60	47.7
	B7	122.3	110.3	74	61.5	48.3
	B8	124.3	112.3	76	63	48.9
公差		±1.5	±1.5	±1.0	±0.5	±0.5

日本尺寸表通过Y、A、B、C、D区分五个体型，又在五个体型之间加上YA、AB、BC、CD体型，缩小体型之间的差值，做到尺寸的精细化；通过右侧数字1、2、3……表示身高的变化，1表示身高150，2表示身高155……每增加一档身高增加5cm，即155（2）、160（3）、165（4）、170（5）、175（6）、180（7）、185（8）、190（9）……日本尺码表细节区分特别细致，且服装发展时间及程度优于我国。我国离日本较近，且体型差别不大，制图习惯比较一致。

一般来说，日本人身材比例匀称，肩宽不大，胸腰差也不是很明显，因此日本西装多呈H型。我国地域广阔，南北方体型差异较明显的。总体来说，南方人体型与日本人体型较接近，而北方人体型介于日本人与欧洲人之间。

尺寸表中不仅包含了各尺码间每个部位的尺寸，还包含了档差及公差，档差及公差分别用于大货放码跳档值（行业称档差）及允许大货生产时各部位尺寸允许的误差范围（行业称公差）。

档差是放码的依据，见表2-6，以175/96A为基准码，胸围、袖长尺寸为例：胸围相邻尺码间的差值为4cm，即表示各尺码间胸围档差为4cm，放码时胸围以175/96A为基准码，以 4cm 为依据以一定比例分配给各个样片推出大小码。同理，袖长各尺码间差值为 1. 5cm，即表示袖长各尺码间裆差为 1. 5cm，放码时以 175/96A 为基准码，以 1. 5cm 为档差上下推码。其他部位档差同理，此为档差。

表 2-6　档差表

基础码	160/84A	165/88A	170/92A	175/96A	180/100A	185/104A	公差
胸围	93	97	101	105	109	113	±1
袖长	57. 5	59	60. 5	62	63. 5	65	±0. 5

需要指出的是在实际大货生产中，各尺码间的档差根据实际人群测量调研值或客户要求的尺寸尺码间档差有所变化，在放码时需要一定注意各尺码间的档差是否一致，如不一致，在放码时需要对相应尺码的放码值单独做出调整。

公差是表示在大货生产中，成衣尺寸可偏离要求尺寸的最大值。如以上尺码表胸围公差±1cm，表示成衣胸围可偏离要求尺寸上/下 1cm（以 175/96A 为例，胸围尺寸在 104～106cm 均为合格），袖长公差±0. 5cm 表示成衣袖长可偏离要求尺寸上/下 0. 5cm（以 185/104A 为例，袖长尺寸在 64. 5～65. 5cm 均为合格）。

根据工厂标准、客户质量要求、面料性质及质量要求的不同，公差值并非一成不变：公差越小，工厂在尺寸控制上就越难，而且相同部位可能在上、下公差上要求不一致，如胸围上公差要求 1cm，下公差仅要求 0. 5cm，且分左右的部位要注意左右偏差一般不超过 0. 5cm，如左右袖长在公差范围内的同时还要求左右袖长差不超过 0. 5cm，左右裤长在公差范围内的同时还要求左右裤长差不超过 0. 7cm。

三、制板尺寸加放量

因面料、黏合衬缩率及各部位线条形态等影响，制板时各部位采用尺寸并非直接按照成衣尺寸，而是在成衣尺寸基础上综合考虑各方面影响后做出适当调整，才能保证成衣后各部位尺寸在公差范围以内。各部位制板尺寸与成衣尺寸关系见表 2-7、表 2-8。

表 2-7　上衣各部位加放量及影响原因　　单位：cm

部位	胸围	腰围	肩宽	袖长	后衣长	前衣长	臀围	袖肥	袖口
制板加放量	3	0～-0. 5	0	0. 5	0. 7	1～1. 5	1～1. 5	0. 7	0
影响因素	面料、黏合衬缩率及胸衬厚度等	胸臀大，腰围小，腰线内弧造型制作时腰围处容易拔开	肩部斜丝容易拉伸抵消缩率	面料缩率	面料缩率	面料缩率及驳头拉量	面料缩率	面料缩率及测量摆放	开衩处开口容易做大抵消面料缩率
成衣尺寸（例）	110	100	47	62	74	77	108	42	26. 5

续表

部位	胸围	腰围	肩宽	袖长	后衣长	前衣长	臀围	袖肥	袖口
制板尺寸	113	99.5~100	47	62.5	74.7	78~78.5	109~109.5	42.7	26.5

表 2-8　裤子各部位加放量及影响原因　　单位：cm

部位	腰围	臀围	横裆	膝围	脚口	总裆	裤长
制板加放量	净腰板：2.5 裤片：3.7	2	1.5~2	0.5	0.5	-1	1
影响因素	净腰因前门搭量及归腰工艺处理；裤片因绱腰时腰口吃量影响	面料缩率	面料缩率	面料缩率	面料缩率	后裆缝处为斜丝，制作时容易拉长	面料缩率
成衣尺寸（例）	86	104	66	46	40	67	104
制板尺寸	腰净板：88.5 裤片：89.7	106	67.5~68	46.5	40.5	66	105

以上缩率加放量为常规面料经验值，并非适用于所有面料及工艺处理。在实际大货生产中，因面料成分及性质导致面料经纬纱缩率各不相同甚至不缩小反而增长，因此在批量性的大货生产中，应先做面料缩率测试，并在大货投产前以大货标准制作产前样衣，最后根据产前样成衣尺寸及面料缩率测试报告决定大货排板是否加放缩率，以保证大货尺寸在允许工厂范围之内。

第二节　西装工业制板技法

制板工作是服装工厂核心技术工作，上承客户/设计、下承生产车间，并关系到质量要求及服装风格，是工厂的技术核心工作，其重要性可想而知，但初学者需明确：无论是西装制板还是其他种类服装制板，各制板师学习、总结、习惯所形成的制板顺序、制板方法不尽相同，制板方法无绝对的对错之分，关键在于对人体理解的程度及准确性，成衣效果是否完美，是否符合人体功效学原理及想要达到的标准。

公式是制板经验的总结，是制板时重要的理论参考依据，但所用的公式因人而异，公式也并非准确无误，希望初学者能借鉴公式而非完全依赖公式、学会总结更精确的公式而非死套固有公式。

标准平驳头两粒扣是西装标准款式，其他款式均在此基础上演变，因此应首先了解、学习标准西装的制板方法。

在实际工厂制板中，无论是手工打板还是计算机打板，绝大部分制板师的制板习惯均为横向制板，这基本形成了一种默认规则。因此本书样片制板尽可能以工厂操作的横向排放方法讲解，初学者要适应这种排放方式。

一、西装净板工业制板

（一）面料样板制板

如图 2-3 所示，以单排两粒扣平驳领西装款式为例，做净板工业制板。各部位尺寸见表 2-9。

表 2-9　各部位尺寸　　　单位：cm

部位	胸围	腰围	肩宽	袖长	后衣长	袖口
尺寸	106	95	45	61	73	26

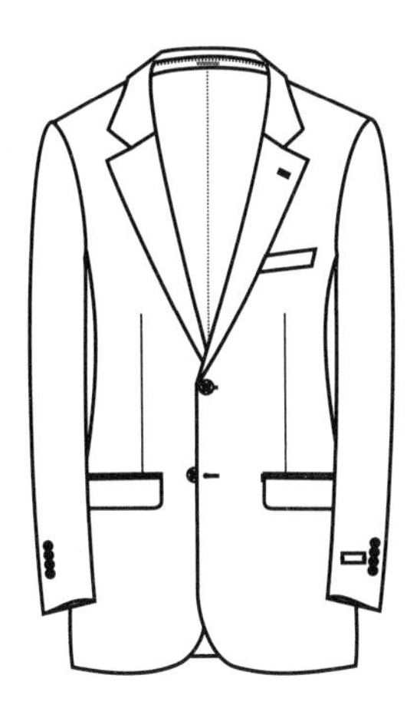

图 2-3　单排两粒扣平驳领西装款式图

1. 后片制板

单排两粒扣西装后片净样工业制板具体思路方法，如图 2-4 所示。

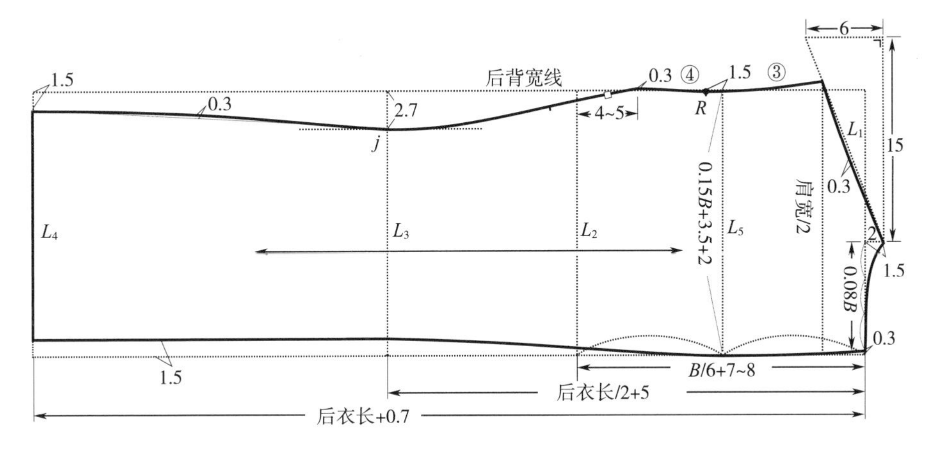

图 2-4　后片净样制板

制板步骤：

（1）划竖直线 L_1 为上平线。

（2）垂直 L_1 作水平线，量取后衣长+0.7cm 确定后片底边线。

（3）上平线下 $B/6+7\sim8$cm 确定胸围线 L_2；上平线下后衣长/2+5cm 确定腰围线。

（4）胸围线与上平线中点确定横背宽线；量取后背宽 = 0.15B+3.5+2cm，上、下分别通至上平线 L_1、下摆线 L_4 为后背宽线。

（5）后中处后领窝进 0.3cm，量取 0.08B 确定后领窝宽，在此基础上上 2cm 确定后领窝深，该点即为后片肩颈点。

（6）过肩颈点使用比例法或角度法确定后片肩线，由后中线在肩斜线上垂直量取肩宽/2 确定后片肩端点。

（7）后中线腰围线以下平行收进 1.5cm（可参考 0.15×胸腰差），经后背宽点与后领窝点弧线连接。

（8）摆缝侧以背宽线为参考线，腰围线进 0.25×胸腰差（约 2.7cm），下摆处出腰围线约 1.5cm（数值与臀腰差呈正比），后袖窿底点：胸围线至上平线的 1/5 处出后背宽线 0.3～0.5cm。弧线连接下摆点、腰围点、后袖窿点为后片摆缝线。需注意摆缝上 10cm 处约为直线，切不可呈内弧形，臀围外弧顶点约为腰下 20cm 处，外弧约为 0.3cm。

（9）过横背宽弧线连接肩点与后袖窿底点为后袖窿弧线，为符合人体结构，弧线最凹处约为背宽点与后袖窿底点中间位置，后背宽线进约 0.1cm。

※知识点总结：

（1）以上为常规经验及公式制板方法，不考虑人体及体型差异对样板的影响。在量体定制时应以实际人体测量数值及体型调整为依据制板最为准确。如胸围线的确定还受肩斜度的影响，平肩 1cm 胸围线同步上提 1cm，溜肩 1.5cm 袖窿同步下落 1.5cm，确保袖窿圈尺寸不变。

（2）为更好地对格、提高西装的美观性，当前工厂西装制板时后中线腰围以下通常平行收至底摆。

（3）后中收腰量、后片摆缝收腰量、下摆围确定并非固定数值，而是根据胸腰差、腰臀差及人体的不同体型而相应调整。

（4）后袖窿剪口设在背宽线下约 1.5cm 处。原因是此处在绱袖时后片与袖以毛板为对位剪口，而袖子外袖毛缝比袖净缝大约上提 1.5cm，故后片毛板此处剪口需要相应上提 1.5cm。如此处后背剪口不下移，毛板剪口将会特别靠上，影响绱袖吃量，增加操作难度。

2. 前片制板

单排两粒扣西装后片净样工业制板具体思路方法，如图 2-5 所示。

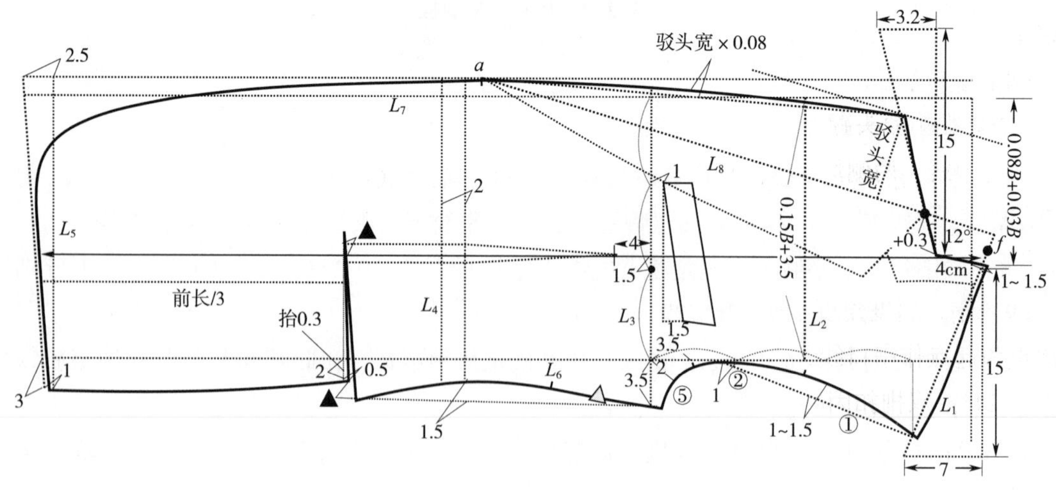

图 2-5　前片净样制板

制板步骤：

（1）围度线沿用后片围度线，腰围线上提 2cm。垂直围度线作前中线 L_7，出 1.5cm 平行前中线为止口线，即搭门量（成衣后左、右前身以前中线为准对齐，因此钉扣位、锁扣眼位均需在前中线上）。距前中线 0.15B+3.5cm 作平行线 L_6 为前胸宽线，上下分别通至上平线、下摆线。

（2）因人体胸部肌肉凸起及工艺制作时驳头拉量差异，前领窝宽=后领窝宽+2.5～3.5cm（为撇胸量，撇胸量的大小受尺码、门襟纽扣数及胸部凸起量的影响，约为 0.03×B），前片肩点在上平线基础上上移 1～1.5cm（受到尺码及人体厚度影响），确定前片肩颈点。

（3）前肩缝斜度按比例法取 15∶7，长度小于后片肩缝 1～1.3cm，为肩缝吃量，参考肩端点距前胸宽线不小于 5cm，为前冲肩量。

（4）如图 2-5 参考各部位尺寸确定前片侧缝线、前袖窿线。其中肚省位即为腰口袋位，位置参考：前衣长/3 或稍偏下 0～1cm 位置。袖窿底胸围线上抬 0.3cm，确保与侧片拼接后袖窿圆顺。

（5）对正常体型而言，因人体前胸凸起，为保证衣服穿到身上后保持前后下摆处在同一水平线上，前衣长需比后衣长长约 2.5cm。挺胸体、凸肚体及后仰体前后衣长差加大，驼背体、前倾体前后衣长差减小。

（6）确定翻驳线：两粒扣西装第一扣位参考腰围线上 2cm，三粒扣西装第一粒扣位参考胸围线下 5cm 处，一粒扣西装第一扣位参考腰围线下 3cm 处，扣距通常在 9～12.5cm 之间，两粒扣扣距参考公式：扣距=0.25×后衣长-7.5cm，三粒扣距小于两粒扣 0.5～1cm。第一粒扣扣位或扣位上 1cm 确定翻驳点位 a，延长肩线取长度=领座宽度×0.8cm 定点（如领子宽度 7cm，设定领子翻折后领外口盖过领窝 1cm，则上领面宽即为 4cm，领座宽为 3cm。领子宽度与驳头宽成正比，为 6.5～7.5cm）。连接该点与翻驳点 a 为前片驳头翻折线，即成衣后驳头沿该线翻折至另一侧。

（7）驳点以下根据要求确定圆摆造型，确保圆摆与下摆线顺滑连接，圆摆的大小与驳头宽成正比。

（8）手巾袋位参考：前衣长上 1/3 位置，距袖窿 2.5～3cm，且手巾袋距翻驳线不小于 2cm，防止影响驳头翻折（小尺码注意该问题）。前胸宽至前中线的后 1/3 点上移 1.5～2cm 确定前省中线，两侧均分胸省量，肚省开口过前省 1cm，不能过长，方便缉省缝并保证开口袋时口袋能够覆盖过开口。胸省大小视胸腰差而定，胸腰差大说明胸肌发达，胸省可设定 1.5～2cm；胸腰差小说明凸肚或胸部扁平，胸省可设定 0.6～1.2cm。省尖位置参考胸围线下 4cm 处。

（9）串口斜度角度确定法：单排平驳头参考前领深为 4cm，由领深点作竖直参考线，以领深点为起点作串口线，与竖直辅助线夹角参考 12°；单排戗驳头前领深参考 2.5～3cm，串口斜度 24°；双排扣因翻驳线斜度大于单排扣，故双排扣串口线斜度应小于单排扣。双排扣平驳头前领深参考 3cm，串口斜度 8°，双排戗驳头前领深参考 2.5～3cm，串口斜度 12°。戗驳头驳角宽参考：驳头宽×0.5cm；平驳头驳角宽参考：驳头宽×0.37+0.5cm；如在手工制板时不方便确定角度，可参考画肩线时使用的比例确定法：单排平驳头 15∶3.2；单排戗驳头 15∶6.5；双排平驳头 15∶2.1；双排戗驳头 15∶3.2。

以上为串口线的两种确定方法，在制板时也可以在翻驳线内侧先画出驳头与领子成衣效果图，调整满意后再沿反驳线对称至另一侧。如果为剥样，需仔细测量每个部位的长度、斜度以及弧度效果，完全按原样制板，尽可能与原样衣效果保持一致。

（10）作翻驳线的平行线距离为驳头宽，平行线与串口线交点即为驳角端点，直线连接驳角端点与翻驳点，中间位置参考外凸量：驳头宽×0.08，弧线画顺驳头线完成制板。其中，为防止驳角下垂，驳角端点可上移0.3~0.5cm。

※知识点总结：

（1）为了使人与人正面相对时不看到肩缝线，肩缝位置可作后移设计，从而使后肩斜度大于前肩斜度，俗称“借肩”。因前后肩缝可以互借，这就是为什么企业技术人员在制板时通常采用前后肩斜之和来确定肩斜的原因。

（2）因人体肩部两端向前弯曲且呈弓形造型，理论上前肩斜应大于后肩斜，样板后片肩线作内弧造型，前片肩线作外弧造型，且后肩设定0.8~1.3cm吃量，从而做出肩部弓形造型，并做出肩部厚度效果。

（3）斜口袋款为西装常见款式，制板方法如图2-6所示。斜口袋斜度可适当调整，但必须与工厂勾袋盖模具相匹配。成衣后口袋盖服帖，且应该横平竖直对条对格，避免口袋做上后前甩、后甩或起绺。

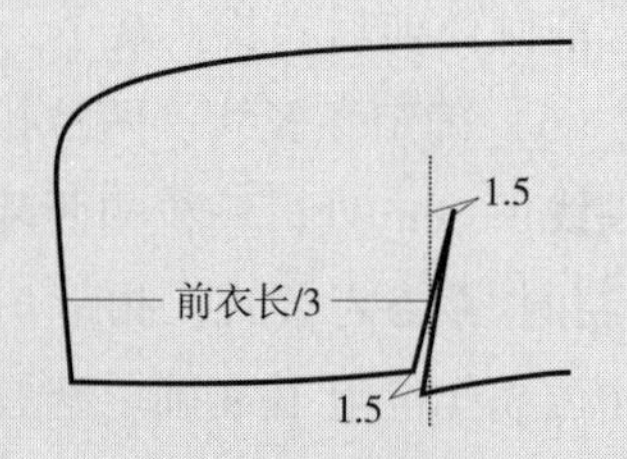

图2-6 西装斜口袋

制板时，有斜度之处均可以中心点为基准，两端上下均分，如手巾袋斜度、裤子斜裤脚等。

（4）贴袋也是西装常见款式，具有休闲风格。贴袋样板制板方法如图2-7所示。

①保证袋口位置不变，肚省下移3~4cm，袋口盖过肚省位，防止开口外露。

②前口必须与纱向平行，下口与前片下摆平行，一般距下摆4~5cm。

③条格面料贴袋与前片需对条对格，袋口侧前片有收省会破坏原有的条或格，因此贴袋上口仅省前对条对格。

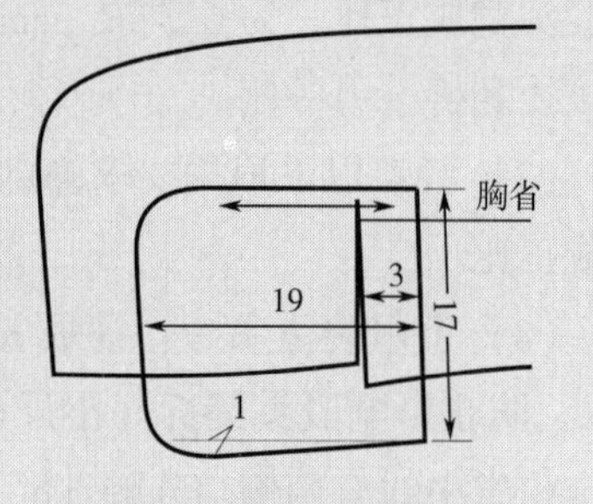

图2-7 贴袋样板制板

④贴袋宽度、高度根据尺码适当调整。

⑤图2-7为成衣后贴袋实际大小，缝制时所需要的贴袋定位板、贴袋面版需根据实际生产方法制板。

⑥如胸口袋为贴袋款制板方法同腰贴袋，上口位置可在标准手巾袋基础上上移1~2cm，前口必须与纱向线平行，且要求对条对格。

3. 侧片制板

单排两粒扣西装侧片净样工业制板具体思路方法，如图2-8所示。

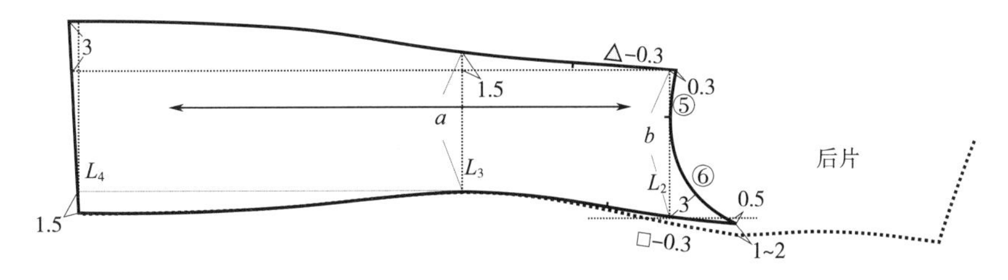

图 2-8　侧片

制板步骤：

（1）围度线沿用后片围度线，作围度线垂线至下摆为侧缝参考线，该参考线与胸围线交点上 0.3cm（与前袖窿底保持一致）为侧缝处胸围起点。

（2）腰围线出 1.5cm，下摆处出 3～3.5cm 弧线连接，量取侧缝线长度短于前片侧缝线 0.3cm 为前片侧缝上 10cm 处吃量，确定侧片底边为准。

（3）胸围、腰围、臀围制板尺寸减去前片、后片所占用的尺寸确定侧片各部位宽度，摆缝处袖窿上提量小于后片 0.3～0.4cm 为后片摆缝上 12cm 处吃量，出 0.5cm 定点，画顺摆缝、侧袖窿弧线。

※知识点总结：

（1）侧片对应人体的厚度，切不可宽度太小，可参考窿门宽度：0.14B（前片、侧片、后片袖窿处对位点对齐后前胸宽线至后胸宽线的距离），宽度过小则侧片袖窿底会出现横绺。

（2）前片—侧片、后片—侧片拼接完成后袖窿弧度圆顺、下摆顺直，不凸起、不凹陷。

（3）后片翻转后与侧片腰围线对齐，侧袖窿小台距后袖窿小台 1～2cm，腰围线以下部分弧度一致。同样，侧片翻转后与前下摆对齐，肚省以下与前片弧度一致。

（4）侧缝胸围处对应腰围的撇出量大小及下摆处外出值（即侧片倾斜度）受体型影响变化较大，关系到衣身的平衡且侧片起着承前启后的作用。如图 2-9 所示，成衣后挂模特或人体穿着时侧片平整无斜绺即为平衡正确，侧片起斜绺即为平衡错误。另外，前倾体侧片应稍直，后仰体侧片斜度应稍加大。侧片制板相对简单，但要求与人体匹配程度高，是上衣是否合身的难点所在。

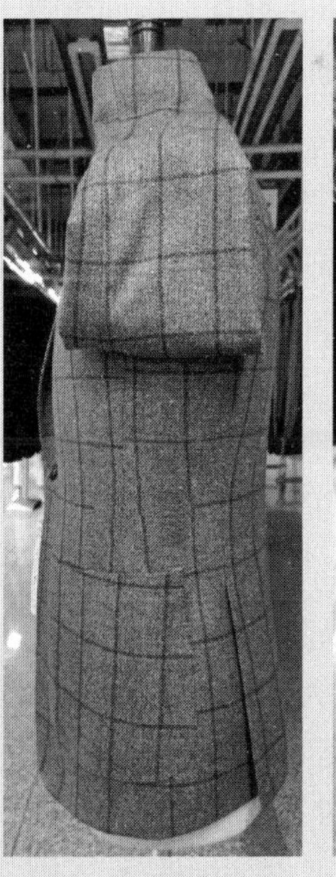
（a）平整

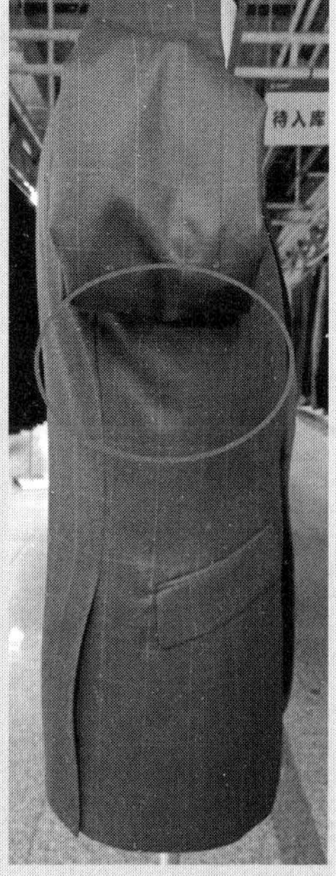

（b）斜绺

图 2-9　西装成衣侧面展示

4. 袖子制板

单排两粒扣西装袖子净样工业制板具体思路方法，如图 2-10 所示。

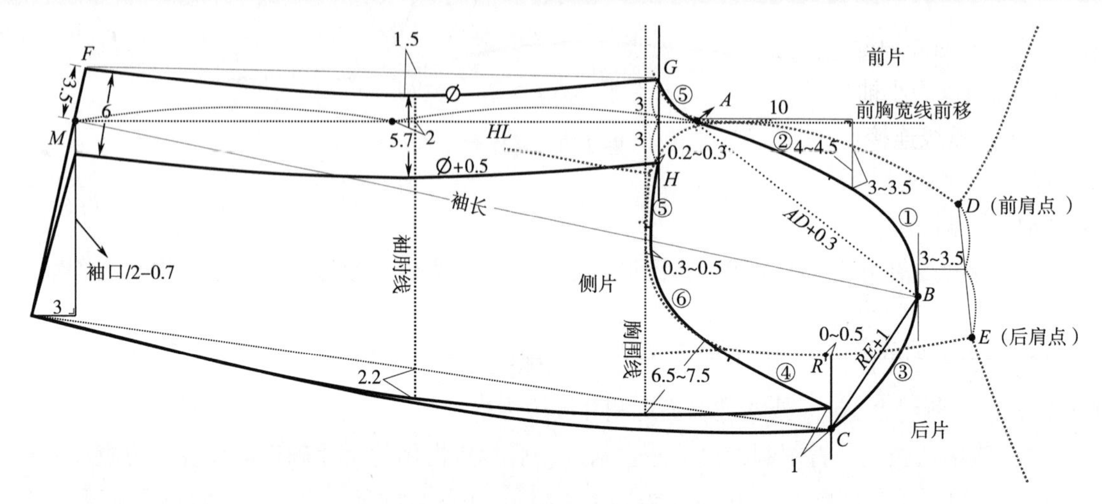

图 2-10　袖子净样制板

制板步骤：

（1）前片、侧片、后片袖窿处对齐，沿用胸围线为袖子袖底线（袖肥线）为袖子纵向基准线。前袖窿弧线沿前胸宽线对称至另一侧，过袖弯处第一剪口作水平线 *HL* 为袖子横向基准线。

（2）直线连接前、后肩点，中间位置下落 3~3.5cm 作竖直线确定袖山高，为常规款西装袖山高。后袖窿处剪口 *R* 上提 0~0.5cm 作竖直线为大小袖拼接位，也为袖后与后片对位点。*R* 上 0~0.5cm 为袖子外袖缝设置的松量，确保外袖缝不起吊。

（3）过 *A* 点作 *AD*+0.3cm（经验值，袖山完成后根据实际吃量调整）与袖山高线交于袖山顶点 *B*，过点 *B* 量取 *RE*+1cm（经验值，袖山完成后根据实际吃量调整）交于 *R* 上 0~0.5cm 竖直线，确定点 *C*，为大、小袖拼接交点，点 *A*、点 *B*、点 *C* 即为袖子重要的三处对位点。

（4）横向基准线前、后各 3cm 作水平线，于前袖窿弧线交点上 0.2~0.3cm 处作竖直线，与上 3cm 水平线交点为大袖弯终点 *G*，使用前片该位置袖窿弯画顺此处大袖袖弯弧线，保证此处弧度与前片一致。与下 3cm 水平线交点为小袖弯终点 *H*。上提 0.2~0.3cm 为袖子内袖缝纵向设定的松量，确保内袖缝处不起吊。

（5）过点 *A* 画顺大袖山。前袖山弧线可参考：过 *A* 点作 10cm 水平线，垂直向下 4~4.5cm，或参考 10cm 处袖山弧线距前袖窿 3~3.5cm，使袖山弧线经过该点。

（6）过袖山顶点 *B* 至横向辅助线上量取袖长尺寸确定点 *M*。由点 *M* 垂直向下袖口/2−0.7cm，再水平量取 3cm 定点与点 *M* 直线连接确定袖口斜线。点 *M* 与点 *A* 中点上 2cm 为袖肘线，延长袖口线出横向辅助线 3.5~4cm（大于上端 0.5~1cm 为前偏量）为大袖内缝终点 *F*，袖肘线处进 1.5cm 弧线连接 *F*、*G*。

（7）直线连接袖口点与大袖外袖顶点 C，袖肘处出 2.2cm，弧线连接三点为大袖外袖缝弧线，完成大袖面制板。需注意袖衩 12cm 处保持直线为袖衩折边。

（8）大袖口处内缝进 6cm，袖肘处进 5.7cm 与点 H 弧线连接为小袖内袖缝。

（9）大袖外袖缝点 C 进 1cm（经验值，具体根据袖底吃量适当调整）为小袖袖山顶点，弧线连至袖口为小袖外袖缝。

（10）弧线连接点 H 与小袖山顶点，交于胸围线上 0.3~0.5cm，量取小袖窿吃量调整小袖山顶点上下位置。需要注意小袖袖底弧线与侧片袖底弧线应一致，确保缝合时自然、平服。参考小袖窿弧线至袖底弧线与外袖缝交点距离为 6~7cm，保证穿着活动量。

※知识点总结：

（1）袖子必须在大身样板基础上制板，这样匹配程度更高。

（2）绱袖时（大身袖窿与袖子拼合）袖子一周均有吃量，但不同位置吃势大小不同。①处前袖山 10cm 长度吃量 1~1.3cm；②处吃量 0.3~0.4cm；③后袖山处吃量比前袖山略小，10cm 长度吃量 0.8~1.2cm；④处吃量约 0.5cm；⑤处吃量约 0.3cm，不可过大；⑥处吃量 0.3~0.5cm。耸肩袖、溜肩袖、衬衫袖、轻薄面料、厚重面料等吃势需适当调整并结合工艺进行处理，如耸肩袖袖山高加大，①、③处袖吃量加大，配合工艺袖压身；溜肩袖袖山高降低，①、③处袖吃量减小并配合薄弹袖衬，整烫压肩；衬衫袖袖山高降低并配合超薄弹袖衬，工艺制作时身压袖；厚重面料袖窿一周吃量、袖山高可适当增大；轻薄面料袖窿一周吃量、袖山高可适当减小。

（3）大小袖内缝、外缝拼接后袖窿顺滑，不起角，外袖缝袖口处顺直，内袖缝处要求可适当降低。

（4）因袖内缝为内弧形状，导致大袖内缝沿前水平辅助线 HL 翻折到对应位置后长度不够，因此大袖内缝需要拔开加长，从而做到内袖缝转折后平服、饱满。

（5）因人体前臂根骨凸起明显，后臂根骨平坦，依据这个原理制板时前袖山应稍鼓，后袖山应稍平，前袖山吃量大于后袖山吃量。

（6）为方便抬臂，袖底处应稍加松量，故袖底处较侧片袖窿底抬高 0.3~0.5cm。

（7）袖山头处对应身体手臂的厚度，不可为了追求干净的效果而把袖山头削尖，否则成衣穿着时袖山处会非常紧，与人体体型不符。袖山下 5cm 处参考袖山头宽 $0.15B$。袖后点 C 同样关系到袖山的厚度并关系到袖山处的立体效果，参考袖后点 C 距后袖窿约 4cm。

（8）袖山头的斜度确定方法因人而异，可参考图 2-9 10：（4~4.5）cm，或总结适合自己的参考方式。除此之外，袖山斜度应与前袖窿弧度存在互补关系。

（9）图 2-10 大小袖内袖缝距离围 6cm 参考值，如果想要拼缝更加靠里，可在横向参考线基础上大袖出 3.5~4cm，小袖内袖缝进 3.5~4cm，此时大小袖内缝距离围 7~8cm。同理可单独调整上部或下部拼缝线位置。

（10）观察人体可以看出，袖肘的位置基本位于人体的腰部，因此在制板时袖肘可参考腰围线定位。

5. 领底制板

人体颈部为上细下粗呈倒梯形，领子覆盖于颈部之上需符合人体颈部结构，因此，如图 2-11 所示，领子翻折后翻折线 L_1（对应下面领底制板中 *rc* 弧线连接线）为成衣后最高处，也应是梯形上沿，即领子最窄处，并向下逐渐加大。因此，翻折线 L_1（*rc*）通过工艺抽量 1～1.5cm 达到缩短的目的。L_2 为大领面与小领面拼接部位，因西装为开门领结构，当从侧面看时领拼缝前端容易外露，因此领拼缝 L_2 前端撇进量应大于后中处撇进量，参考前端距 L_1 约 1.5cm，后中处距 L_1 约 1cm。领子后面：领内口 L_4 与后领窝为拼合线，因此两者长度需一致，领外口 L_3 与领子翻折后对应在衣身位置的长度应一致，确保驳头翻折后翻驳点位置准确，防止翻驳点不到位或翻驳过位。以上为领子制板的基本原理。为使领子与领窝匹配程度更好，领子在前片领窝基础上制板更加科学合理。

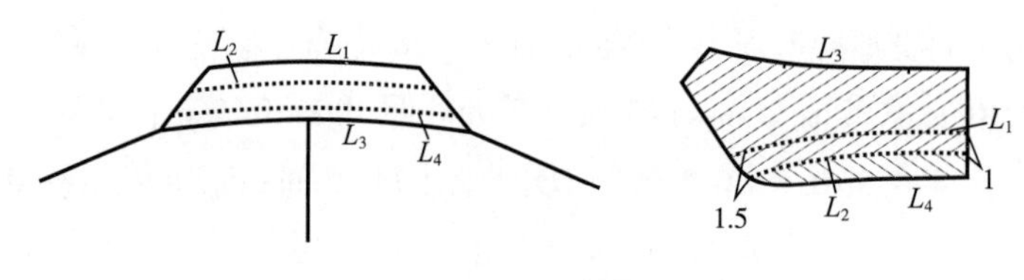

图 2-11　西装领

单排两粒扣西装领子净样工业制板具体思路方法，如图 2-12 所示。

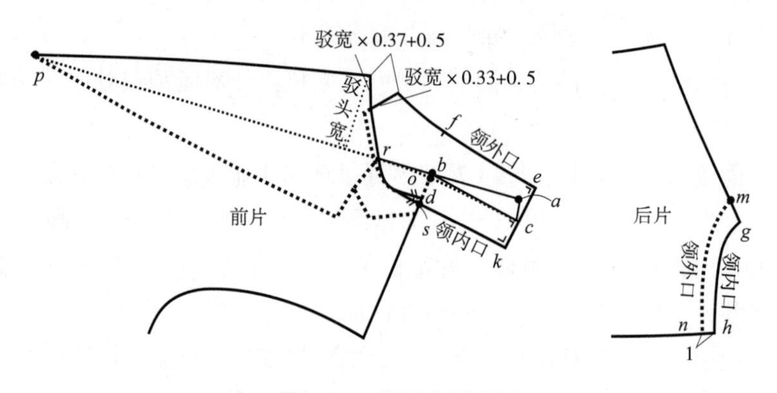

图 2-12　领子净样制板

制板步骤：

（1）延长驳头翻折线，与前肩线延长线交于点 *b*，在翻驳线延长线上取 *ba*=后领窝线 *gh*。

（2）点 *a* 下 2.2cm（经验值，后面根据领外口线长度调整）确定点 *c*，连接 *bc* 为领子翻折线基础线，垂直 *bc* 作垂线，使 *ec* 大于 *ck* 1cm，为领子翻折后盖过领下口即领窝净线 1cm。

（3）驳角至领角的距离参考：等于驳角宽度，取值驳头宽×0.37+0.5cm，领角大参考：驳头宽×0.33+0.5cm 确定领角点位置，弧线连接领内口、领外口，弧线连接领翻折线 *rc*，与前片翻驳线保持顺滑。

（4）检验领子是否合适，关键是检验领内口与领外口长度是否合适：领内口处因领子在前领窝基础上制板，故前领窝弧长无须检验，只需使 *dk*=*gh* 即可。领外口：肩线沿前片翻驳线反向对称至领外口处交于点 f，fo—os 即为肩线处翻领盖过领座的距离，并在后领窝处肩线上量取该距离确定点 m，弧线连接 mn 即为领子外口需要的长度，使领外口 fe 大于后领窝处 mn 0.2cm，为领子覆盖于大身之上并旋转至翻驳点所需的松量（注：后领窝 mn 为领子翻折后领外口对应在后领窝处的位置；领外口 0.2cm 松量为参考值，根据生产制作时领子是否有拔开、拔开量的大小而调整）。

※知识点总结：

（1）为直观了解驳头、领子成衣形态，可先将驳头翻折后的效果画出，在此基础上画出想要的领子效果（如图 2-12 虚线部分），再映射到另一侧。

（2）标准西装领底通常使用专用领呢，特点是厚实，使用斜丝，容易缝制时归量，从而达到平服效果。使用领呢四周无须再加放缝份。如领底使用面料，领底面料上可粘厚的胶衬后同领呢一样正常拉量，也可同大领面、小领面一样，领翻折线下 0.3cm 确定分割线后，样板上去掉领呢拉量（方法见后面大领面、下领面制板）。

（3）转折量 2.2cm 为经验值，最终需要测量领内口与领外口长度是否合适再进一步调整。现阶段工厂都使用计算机制板，如稍有偏差，可通过简单的展开、折叠达到合适长度。展开、折叠法也是现阶段比较好用，并适用于计算机制板的简单方法。

（4）标准西装领子中心均为连折线，不可拼接，影响美观，并保证连折线展开后上下弧线顺畅。

（5）领内口与前领窝设有约 0.5cm 的重叠量，作用是领子与领窝拼合后做出领子的立体效果，符合人体由肩部至颈部的立体转折结构。领底串口处加出 0.5cm，避开并覆盖上领线，防止上领点处剪口毛茬外露。

（6）o 点对应人体肩颈点位置，领底抽量后能使裁片自然向内弯曲符合人体颈部侧面的转折，因此领呢拉量位置设置在 o 点向前 2cm 至距 c 点向前 3.5cm 处。

6. 大领面、小领面制板

大领面、小领面为覆盖领底之上部分，因此，领面、领座结构应与领底匹配且仅需达到领底样板及工艺的制作要求即可，所以说，领面在领底基础上制板匹配程度更高。

单排两粒扣西装领子大、小领面的净样工业制板具体思路方法，如图 2-13 所示。

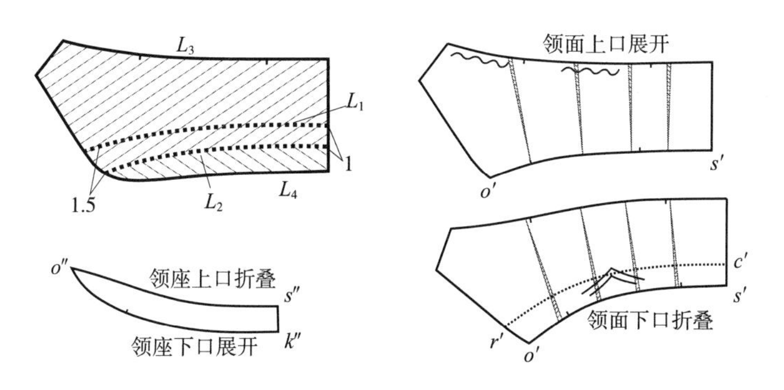

图 2-13　领面制板

制板步骤：

（1）如图 2-13 所示领面样板，L_2 为领面、领脚拼缝线，套取 L_2 以上部分为大领面，均匀展开领面外口 0.6cm 为领面与领底外口拼合时的吃势，做到领子翻折后外口自然内扣，防止领角起翘的目的。折叠领面内口，使领面在翻折线位置短于领底翻折线 0.6cm，达到与领呢翻折线处制作时抽量后两者长度一致的目的。画顺领面外口、内口弧线。

注意：

①领面拼接线位置并非翻折线位置，而是在领翻折线下部。

②领子需产生对称片，此处展开、折叠的 0.6cm 为领子一半的加长、收进量。

③折叠领面内口时领面拼接线也被过度折叠，无法做到梯形结构上窄下宽的效果，因此，工艺制作时领面拼缝需拔开约 0.3cm。

④领面的转折位置应符合人体颈部的转折位，领面的大部分展开、折叠量应处在领底制板的 *fs* 连线附近。

（2）做出眼皮量：领底的领角及领外口平行收进 0.15cm，领面、领角及领外口处平行加大 0.15cm，使成衣后领子大小保持不变。此外，领面还应纵向加宽 0.2～0.3cm 为领面覆盖于领呢之上翻折所需内外圆松量。

（3）套取 L_2 以下部分为小领面，下部 L_4 展开 0.3cm，给予领座内口稍许松量。上部（L_2）折叠，使小领面拼缝长于大领面拼缝下口 0.3cm，为大领面工艺制作时的拔开量，画顺上下弧线。

※知识点总结：

（1）展开折叠法适合于计算机制板，与原始的手工制板相比，制板原理便于理解，制板后检验方便，且效率有效提高，匹配程度好（如大领面与小领面拼合后串口处一定是顺滑且与领底弧度一致，无须检验）。

（2）因人体颈部后中处较为平坦，样板上领呢与大领面对折线左右 3.5～4cm 处无吃量。

7. 缝份加放

以上大身样板为净板制板，完成后需加放缝份，按我国制板师的制板习惯，各部位标准缝份为 1cm；前止口为避免二次修剪，缝份通常做 0.6cm；大领面、小领面内口处为内弧，领面、领角内口弧度较大，为使分缝后平整，缝份通常做小，为 0.6cm；摆缝（后侧缝）1～1.5cm，后背缝 1.5～2cm，方便修改尺寸。下摆及袖口处有折边，通常下摆折边 3.5～4cm，袖口折边 4～5cm，其他部位按 1cm 缝份加放。其他剩余样板在此样板毛板基础上配制即可，无须再加放缝份。缝份加放需注意两个部位：

图 2-14　大袖口缝份加放

（1）前下摆、袖口折边有一定斜度，且折边较大，为使折边后平服，该部位折边处需做对称角处理，如图 2-14 所示，以大袖口为例，内缝 L_2 沿袖口净线做对称线，袖口缝份加放 5cm，两线交点确定对称角位。包括半里下摆的双折边、半里开衩部位等处的缝份加放均为工艺制作的反向操作，作对称线确定位置。

（2）摆缝处袖窿小台：因后片袖窿与侧片袖窿角度互补，且袖窿处斜度较大，侧片、后片缝份如果单独加放误差容易相差较大，为避免误差，侧片、后片摆缝袖窿处缝份加放需把两者拼合到一起后加放比较准确，如图 2-15 所示。

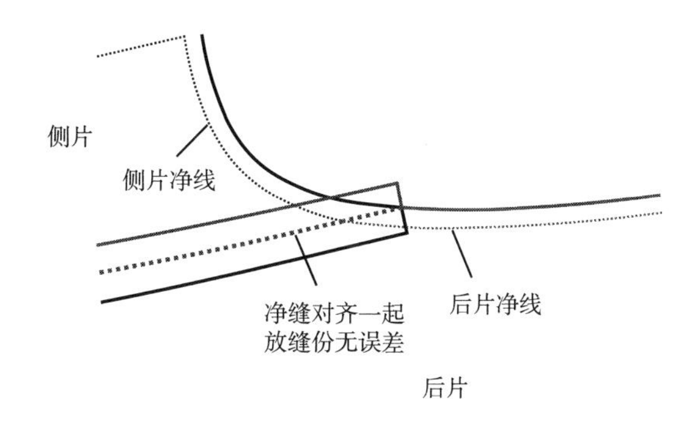

图 2-15　摆缝处袖窿小台处理

另外，大袖衩、后开衩处为使勾角后更薄、更平整，开衩处通常把多余部分的缝份剪掉，如图 2-16 所示。也有时为了能够加放尺寸而不清角。但无论是否清角，勾角净线样板上都要确定，方便缝制时操作。如图 2-17 所示，以大袖衩为例说明勾角净线及清角方法。

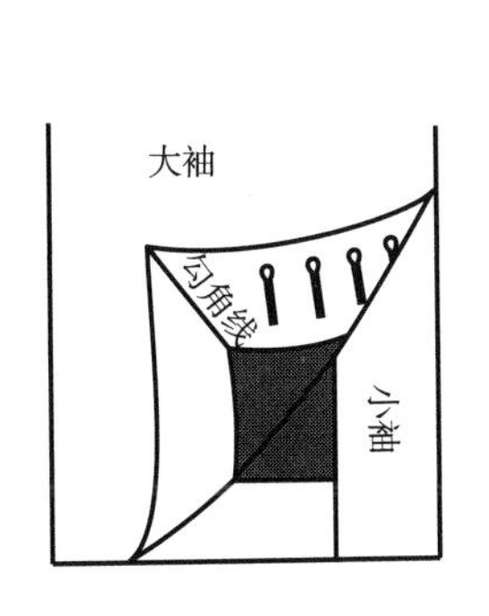

图 2-16　大袖衩勾角处理

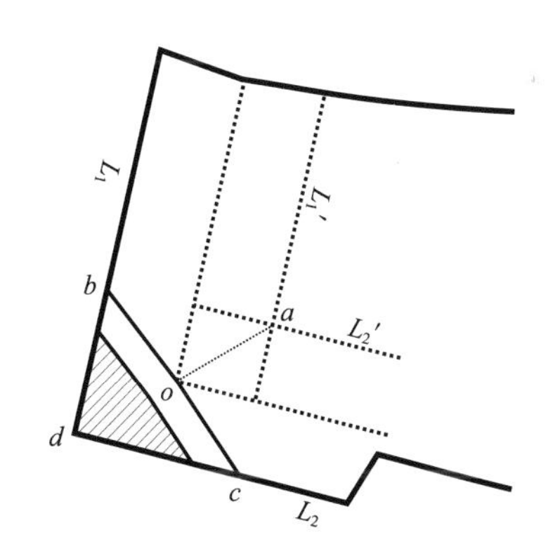

图 2-17　大袖衩勾角净线、清角方法

L_1 沿折边净线对称至 L_1'，L_2 沿开袖衩净线对称至 L_2'，对称后连接两线交点 a 与净线交点 o 为成衣后勾角净线，反向操作将 ao 沿袖口折边对称至袖口毛边处为 ob，ao 沿袖衩净线对称至袖衩毛边处为 oc，连接 boc 即为勾角净线，再在此基础上加放 1.5~2cm 缝份，将多余量剪掉（阴影部分）。或不剪角，套取 $bocd$ 为勾衩净板，缝制时使用该样板画出勾衩净线 boc。

8. 其他面料小料制板

西装手巾袋、手巾袋垫布、大袋盖、省条等样板工业制板方法，如图 2-18~图 2-20 所示。

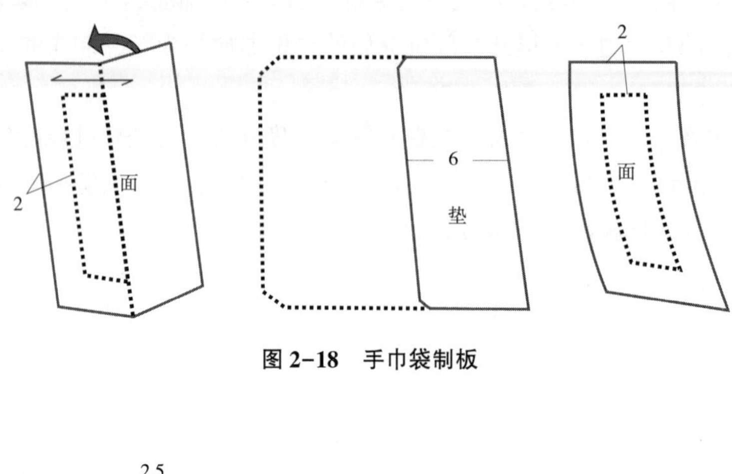

图 2-18　手巾袋制板

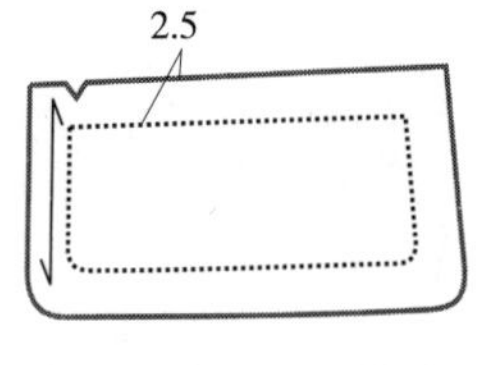

图 2-19　大袋盖样板

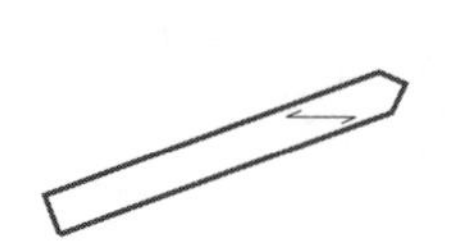

图 2-20　省条样板

（1）手巾袋面：标准手巾袋以上口为翻折线，三边加放 2cm 后沿上口对称，套取样片即可。纱向线与手巾袋前口平行。弧形手巾袋因上口为内弧形，如果沿上口翻折会导致长度不够造成内侧不平，因此上口缝份不能太大，缝份加放 1.5~2cm，缝制时内口拔开烫平。

（2）手巾袋垫布：在手巾袋布基础上套取宽度约 6cm（已包含上下缝份），其中，手巾袋垫布下口因与手巾袋外侧袋布拼接，为互补关系，因此手巾袋垫布下口是否与上口平行不做要求。

（3）大袋开线：宽度为 7~7.5cm，长度为口袋宽度两侧各出 2~2.5cm，如口袋长 16.5cm，开线长度不低于 20.5cm，纱向平行于口袋。双开线直口袋与单开线直口袋大袋开线通用。单开线斜口袋因开线宽度相对较宽，加之口袋是斜的，如果采用正常开线制板方法及纱向，条格面料成衣后条格呈斜向，视觉效果不美观，因此，单开线斜口袋个人建议采用大身纱向，样板同斜口袋大袋垫布（见后面大袋垫制板），缝制时省缝前竖向对条。

（4）大袋盖：在净袋盖基础上四周加放 2.5cm，纱向同前口平行，因口袋稍有斜度，缝制时为方便区分前后，在口袋前上口处打一豁口代表前部。

（5）省条：省条为合胸省时垫于省下起加固与方便分缝的作用，纱向采用 30°斜丝，宽度 2.5cm。如胸省大于 0.7cm×0.7cm，胸省容易分缝，为使胸省处更薄一下，肚省至腰围处不加省条，此时省条长度取 10~12cm。如果胸省小于 0.6cm×0.6cm，胸省不容易分缝，此时省缝自上而下加省条，省条需要长于省缝约 3cm。

（二）里料样板制板

上衣内里根据款式可分为全里款、半里款及无里款，如图 2-21 所示。全里款为标准西装内里结构，内部所有部位均有里绸覆盖，因此无须再想办法掩盖样片毛边，制板及缝制相对简单。半里款及无里款多为春夏休闲款式，相对全里款，半里款及无里款为隐藏缝份毛边及体现设计感，工艺制作更加复杂，内里款式千变万化，因此半里及无里款式工厂加工费相对更高。因半里款及无里款内部变化较多，以下举例其中三种半里款式做参考。

图 2-21　西装内里款式

里绸制板根据工厂工艺操作而定，里绸缩率通常比较大，生产中不好控制，大多数工厂采用保守方法：把里绸样板适当加大，在缝制半成品时根据面板对各部位进行二次修剪，从而能够保证里绸大小合适。而有的工厂技术相对成熟，使用里绸质量较好，性质比较稳定，而把内里各部件做成净板，相应部位根据需要增加松量，从而可节省缝制工序。以下以绝大部分工厂采用的毛板制板为例说明，内里各片在面板毛板基础上制板，无须再单独加放缝份。

1. 挂面制板

如图 2-22 所示，为标准直挂面样板，翻驳点处做 0.5cm 小台，为驳头翻驳时翻驳点处给予的松量，方便自然翻驳。驳头串口处在前片基础上外出 1cm，使用前片驳头重新画顺挂面驳头线，确保挂面与前片驳头弧度一致。缝制时挂面与前片驳头止口对齐，从而将多余量转向挂面内侧胸部，确保挂面有足够松量做出胸部凸起效果。下摆、串口及肩线处适当加大，缝制时根据前片二次修剪，胸围线、口袋位及肩下约 10cm 处打剪口，固定前里吃量大小及位置。翻驳点处挂面净宽约 9cm，毛板宽度即为 10.6cm。

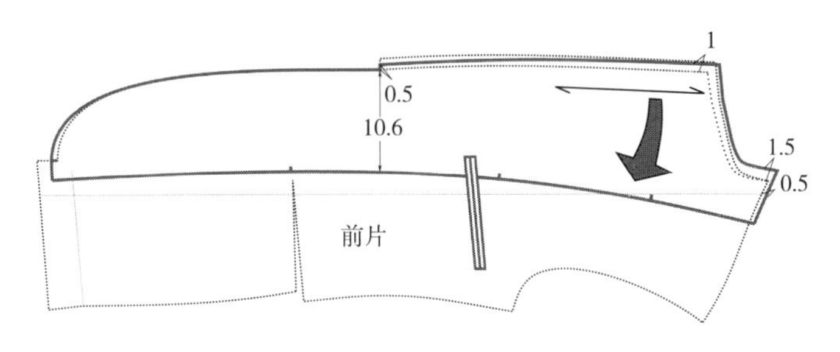

图 2-22　西装挂面制板

图 2-23 为弯挂面制板，可以看作是在直挂面基础上增加耳朵皮，与直挂面内侧弧线画顺，耳朵皮位置以里袋位为基准上下加宽，参考侧缝处耳朵皮宽度为 6cm。有些工厂为节省面料，挂面也会做拼接处理（如图 2-23 所示虚线部分）。挂面形状较常见的还有宝剑头/宝剑头拼接耳朵皮、椭圆形耳朵皮等，但归根到底是在前片基础上制板，挂面与前里互补，只是造型的问题。

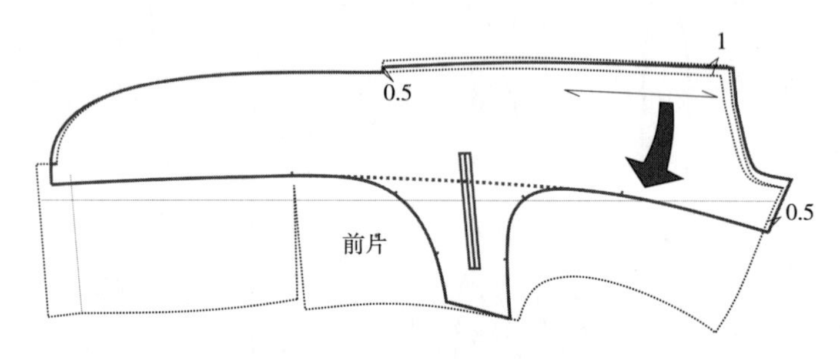

图 2-23　西装弯挂面制板

工厂有一种常见的下摆需要“手牵小角”的挂面款式，此时，挂面下摆加出 1cm 宽小台，长度为下摆净线上 1.5cm，为前里下摆边缘，再上 2cm 为不使毛缝外露加宽部分，制板方法如图 2-24 所示。

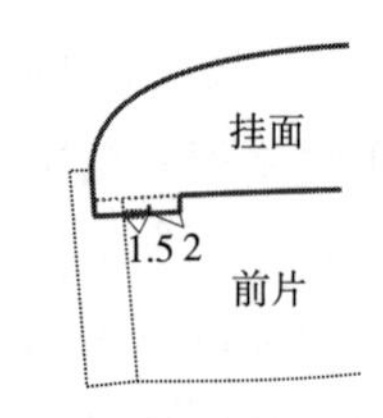

图 2-24　牵角挂面

2. 前里制板

前里在前片与挂面基础上制板，如图 2-25 所示，挂面内口出 2cm（为毛板制板，原理为挂面毛缝进 1cm 为挂面净缝，即前里与挂面缝合线，再在挂面净缝基础上出 1cm 为前里毛缝，后面制板均直接采用此法）为前里内口，内缝肩缝下约 10cm 及口袋至下摆无吃量，中间位置均匀吃量 0.6cm；侧缝袖窿处在前片基础上上抬 1~1.5cm，同前片面一样，侧缝上约 10cm 处设 0.3cm 吃量，下摆处在前片折边净线基础上下落 1.2cm，侧缝处加宽 0.2cm，腰围处把胸省量收掉，画顺侧缝线。其中，为使前里与挂面形状一致，吃量的设定可以中间剪口为基准，向两侧延展；为使下摆处产生向内拉的力，使下摆自然内扣，前里可由下摆处 1.5cm 顺至口袋位 2cm，使挂面净线与前里净线下摆处偏离 0.5cm，侧缝处相应补出。

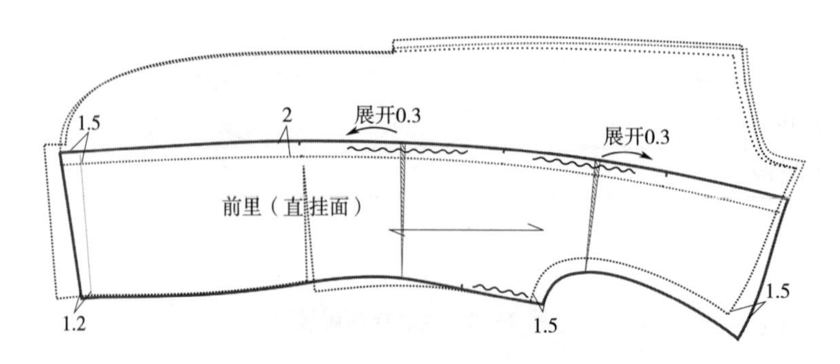

图 2-25　前片里面制板

如图 2-26 所示，弯挂面前里分为前里上与前里下，里绸的吃量设定在弧度的弯曲处。同直挂面一样，吃量的设定可以以弯度中间为基准向两侧延展（其他类型挂面同理）。前里为了使里绸有一定的活动量，通常距肩缝毛缝约 15cm 处设置搭叠量，如图 2-27 所示，搭叠后的形状保持原有的形状不变。

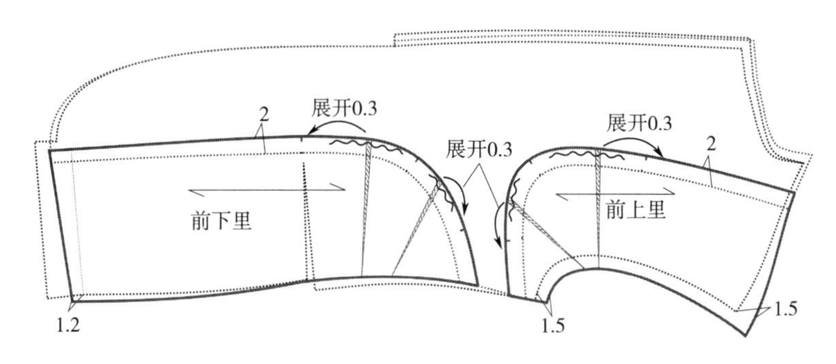

图 2-26　弯挂面里面制板

此外，对于任何形式的宝剑头挂面款式，如图 2-28 所示，前里毛边平行进 0. 8cm 打豁口，剪口深度过浅则前里与挂面拐角拼合时无法转折到位，正面看拐角处呈弧状，不呈角度。剪口深度过深则挂面与前片按 1cm 拼合时无法覆盖过剪口导致豁口外露（具体剪口深度应配合工厂设备而定，因设备用刀及转角或折旧问题，实际裁片剪口深度与样板的设置会有偏差）。

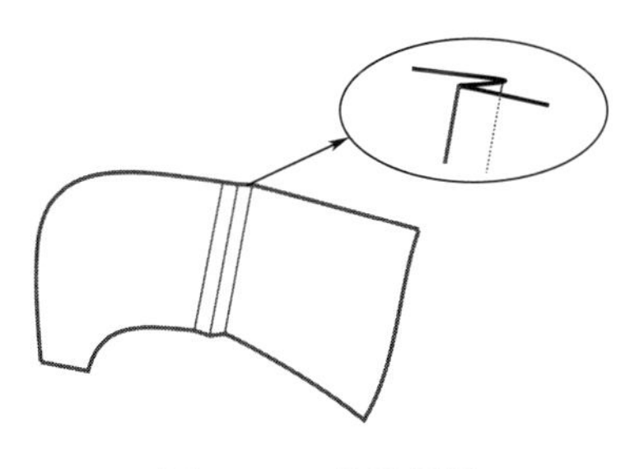

图 2-27　叠量展示

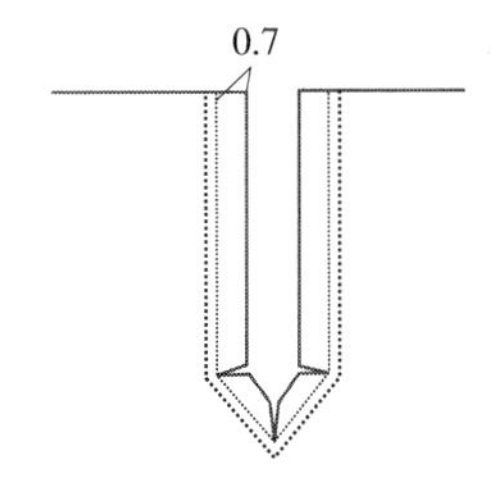

图 2-28　宝剑头挂面

3. 侧里制板

侧里在侧片毛板基础上制板，如图 2-29 所示，为双开衩款式，开衩及袖窿处加放 1cm，腰部上下顺滑连接，余量在半成品时根据前大身修剪。此法制板采用侧里与后背里的互补关系，使成衣后摆里与开衩顺为一条线，也是大部分工厂的工艺方法。另外一种工艺是开衩处按侧片开衩形状制板，后背里在后背面开衩折叠后互补，侧里与后里开衩处为直角拐角造型（同以下大袖真袖衩直角造型制板）。该制板方法成衣后内里开衩处为拐角造型，不美观且工艺复杂，如果里绸配毛板则工人修剪拐角时就很难做到准确，如果配净板无须修剪，但当里绸缩率较大时容易造成里绸紧而无法更改，因此工厂很少采用此制板方法。

如图 2-30 所示，为单开衩及不开衩侧里制板，其他部位同双开衩侧里制板。

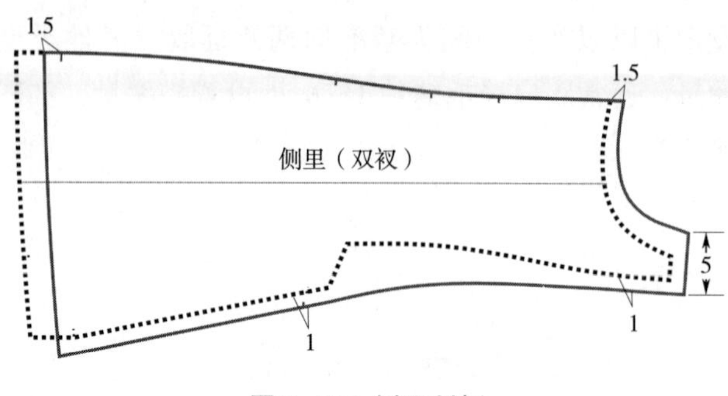

图 2-29　侧里制板

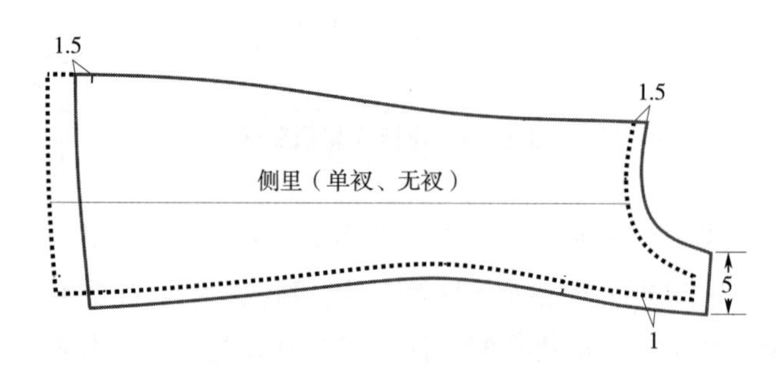

图 2-30　（单衩、无衩）侧里制板

4. 后里制板

如图 2-31 所示，双开衩款式后里制板，开衩毛边沿净线对称至另一侧，再出 2. 2cm 为后背里开衩毛边（毛板制板法：毛缝对称后上 1cm 为后开衩净线，再上 1cm 为后背里毛缝，0. 2cm 为横向设置的松量），后袖窿小台处抬高 0. 7cm，加宽 0. 7cm 为纵向、横向设置的松量，双开衩后里摆缝缝份 1cm 弧线画顺至开衩处（因开衩处缝份为 1cm，上下连为一体，故上下均设置为 1cm）。也可以在开衩处加 0. 5cm 小台，开衩处缝份为 1cm，开衩上部缝份为 1. 5cm（如图 2-31 所示虚线部分）。后中处为使活动方便，通常设有隐折，为活动量，隐折大小通常 2~2. 5cm。其他部位按图 2-3 所示制板。

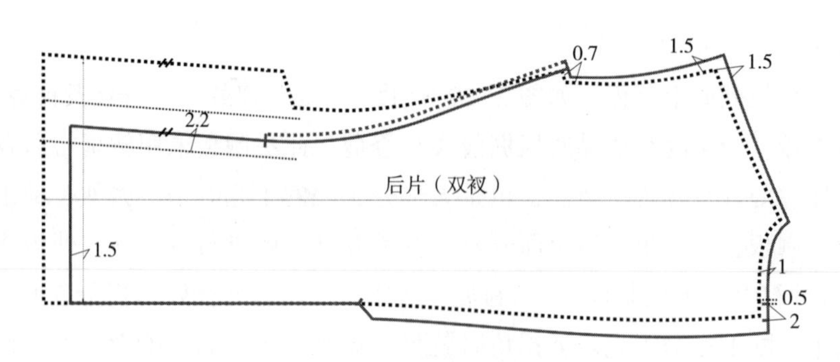

图 2-31　双开衩后里制板

单开衩款式成衣后左侧后背面开衩需沿开衩净线折叠，起到垫布作用，右侧开衩处按样板形状无须折叠，防止开衩分开时内部外露，因此单开衩后背里分左片与右片：左侧后背里绸开衩处需挖掉，与后背面互补，右侧后背里绸即按样板形状，无须挖掉。如图 2-32 所示，开衩线沿净线对称至另一侧，外出 2cm 为做出左侧开衩毛线，开衩上部边缘延开衩净线对称至另一侧后下 2cm（上边缘缝缝为 1cm 时。如果上边缘缝份为 1.5cm，则此处应下 3cm），连接开衩处各线即为左侧后背里。

如图 2-33 所示，为不开衩款式后背里制板方法，其他部位同双开衩后里制板。

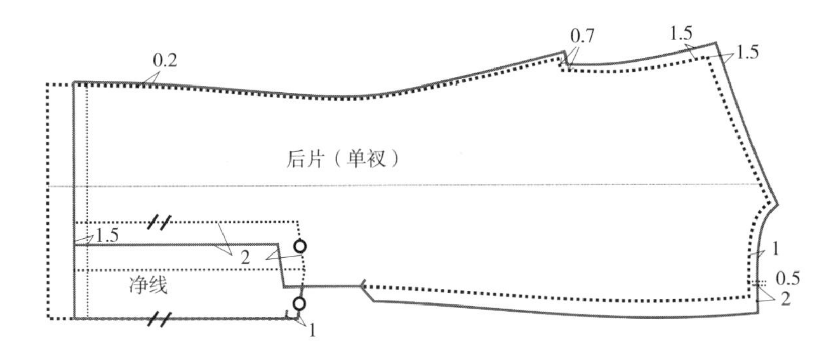

图 2-32　单开衩后里制板

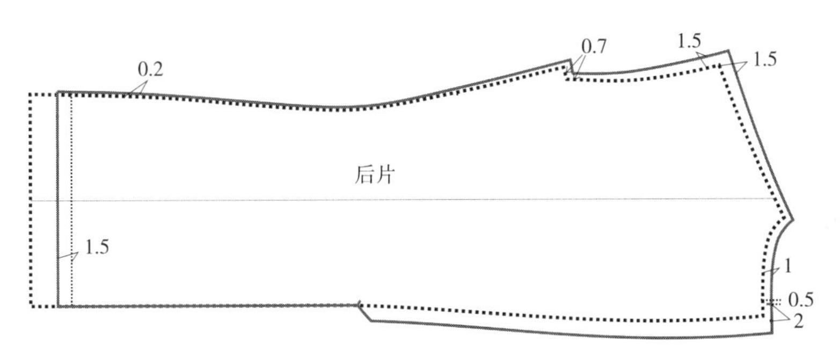

图 2-33　不开衩后里制板

大身里绸下摆工艺分平机勾下摆和撬边机撬下摆，相比而言，撬下摆档次更高一些，但如果操作不当容易造成里绸抽丝而无法修改。如图 2-34 所示，相比撬下摆，平机缉合更加方便、简单一些，相应里绸下摆可稍缩短 0.5cm。

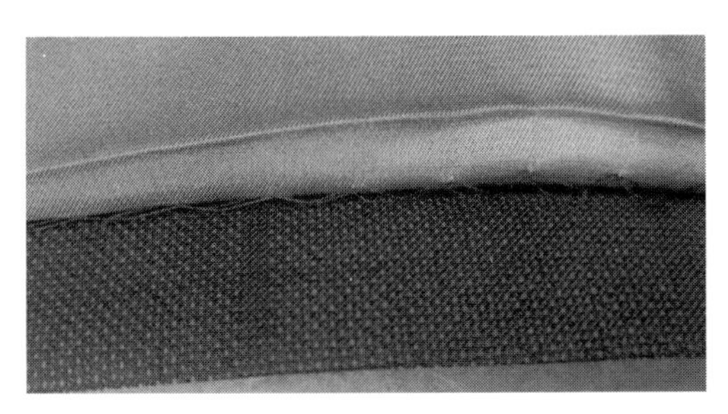

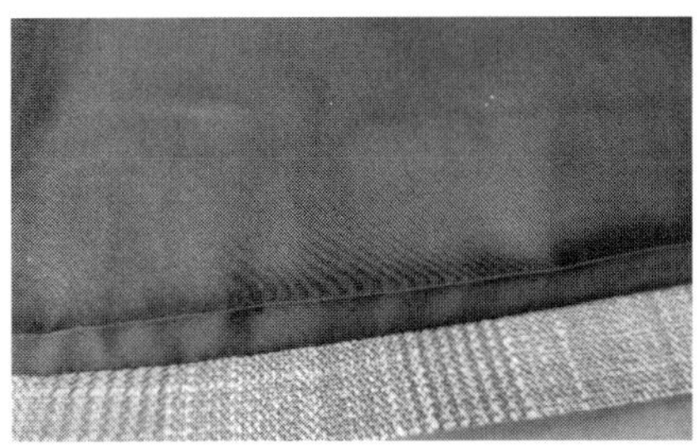

图 2-34　里绸下摆工艺处理

5. 袖里制板

袖衩款式分为真袖衩和假袖衩及无袖衩，真袖衩的袖衩是可以打开的，因此袖衩面与袖衩里为互补关系，袖里需要根据袖面的结构及工艺相应加出或收进。假袖衩开衩是假的，不能打开，因此制板时无须考虑袖衩面里的互补关系。

如图 2-35 所示，为假袖衩袖里制板，因小袖面不做归拔处理，长度容易控制，因此制板时往往以小袖为基准，先做小袖里，后做大袖里。

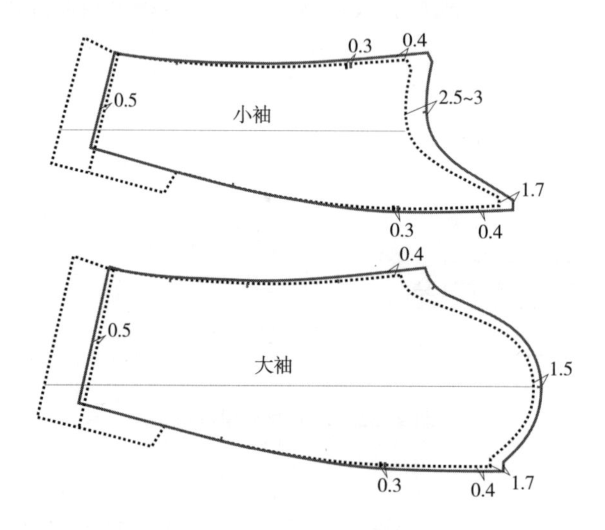

图 2-35 假袖衩袖里制板

如图 2-36 所示，为真袖衩袖里绸制板，其他部位同假袖衩方法，大袖衩开衩处操作方法同单开衩左侧后背里绸。

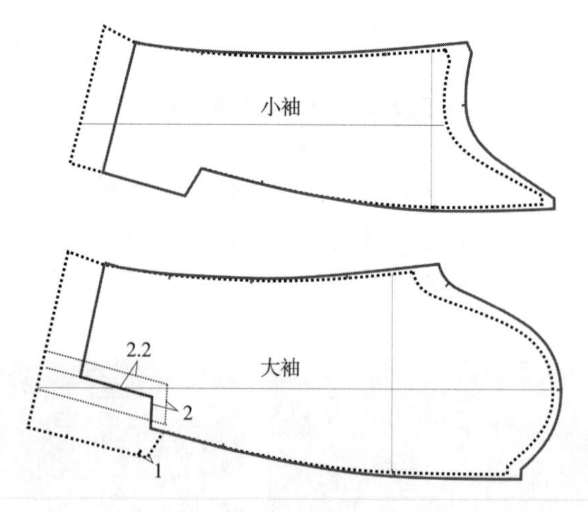

图 2-36 真袖衩袖里制板（一）

如图 2-37 所示，为真开衩的另一种制板方式，开衩处做弧线形式，大小袖里互补，这种形式袖衩处无棱角，方便袖里绸不合适时上下稍错位缝制。也可以互补距离拉长至袖肥处或袖山顶点，使弧度变直，方便缝制。

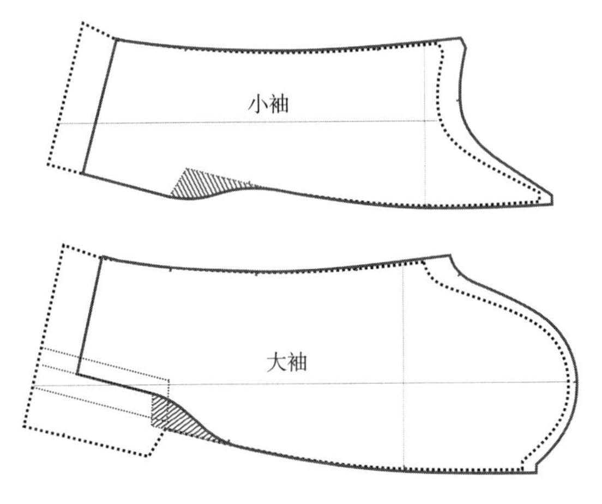

图 2-37 真袖衩袖里制板（二）

真袖衩扣眼为袖子完成后再锁扣眼，锁透袖衩，假袖衩为装饰扣眼，不开刀，锁扣眼为单片时单层锁眼，因此需要注意的是当作真袖衩时，为防止锁扣眼时锁到袖里绸上，开衩宽度需经计算得出。如图 2-38 所示，设定扣眼距开衩净边 1.5cm，袖扣眼大为 2cm，则开衩净宽不低于 3.5cm，一般加大 0.5cm 净宽为 4cm。

如图 2-39 所示，为真袖衩扣眼处理的另一种方法。

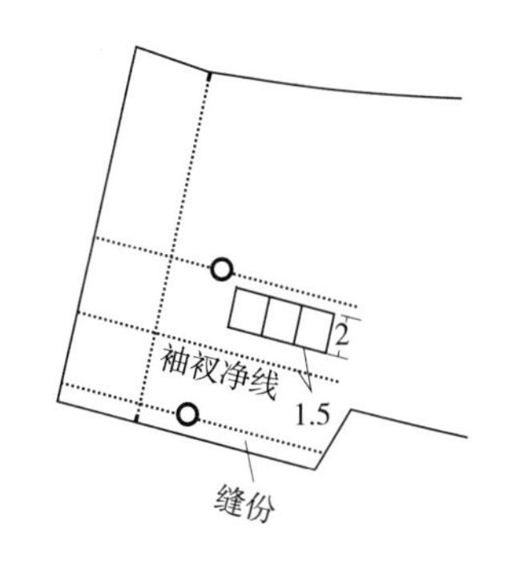

图 2-38 真袖扣眼处理方法（一）

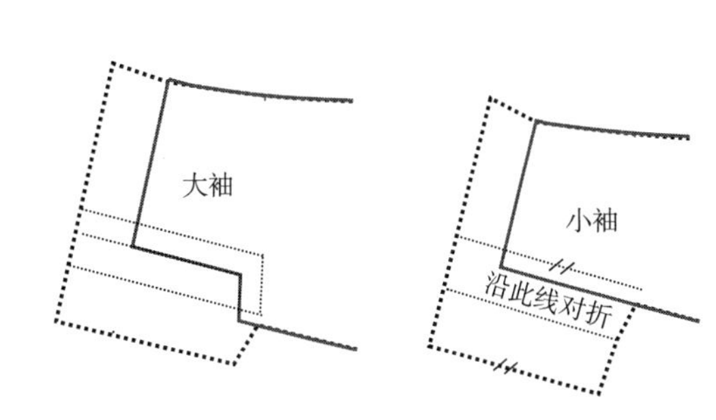

图 2-39 真袖扣眼处理方法（二）

注意大身里绸与袖里绸底边长度确定方法，如图 2-40 所示，以后片下摆为例说明：L_1 为下摆毛线，L_2 为折边净线，底边折边为 4cm，下摆毛边 L_1 沿 L_2 对称至 L_3 处。里绸下摆与面料下摆以 1cm 缝份缝合，L_4 为缝合线，如果下摆里绸要做 1.5cm 虚量（L_4 至 L_5 的距离），则 L_3 至 L_5 为 2.5cm，L_3 沿 L_5 对称至 L_6 处即 L_2 距 L_6 为 1cm 为里绸下摆。如果下摆虚量做 2cm，则同理，L_2 距 L_6 为 2cm。总结：里绸长在 L_3 基础上下落：（褶大+1）×2。

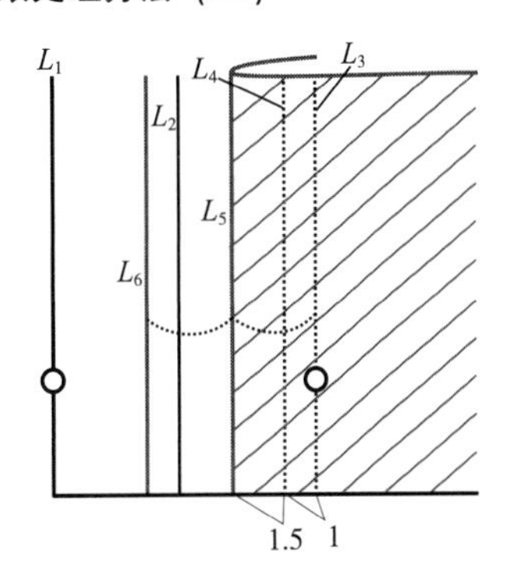

图 2-40 袖里长度确定

6. 其他小料制板

（1）大袋盖里：如图 2-41 所示，形状、大小同袋盖面，纱向采用45°斜丝，或是根据工厂实际生产情况确定，以保证最终的成衣袋盖服帖，不起绺为原则。需要注意的是：对于斜纹里绸，如对折裁剪，袋盖里绸会呈现出一侧斜纹，一侧直纹的效果，这种情况本身裁剪并没有错误，只是视觉不美观，因此对于斜纹明显的里绸如果采用45°裁剪方式可单层铺布裁剪。45°斜丝分正45°与反45°，当袋盖里纱向取45°斜丝时通常取纬向指向前角处，利用的是里绸纬向缩率大，带动外露的前端能够自然内扣。

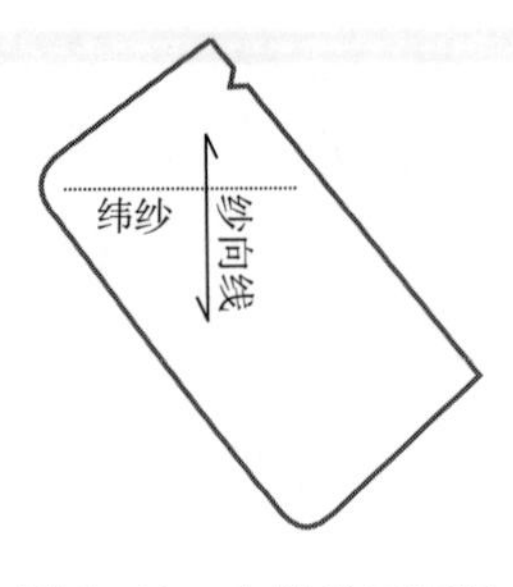

图 2-41　大袋盖里制板

（2）大袋垫：在大袋布基础上取宽度 7.5cm，纱向顺大身。

（3）里袋开线：取宽度 7cm，长度每侧大于里袋 2~2.5cm。纱向可同大袋开线，也可顺大身，不过注意所有的内袋开线纱向一致。

（4）里袋垫：在里袋布基础上取宽度 7.5cm，纱向顺大身。

烟袋开线、烟袋垫宽度同里开、里垫，长度根据烟袋长度每侧加 2~2.5cm。直笔袋开线、袋垫同理。

水滴形笔袋形状如图 2-42 所示。制板时开线为 T 形，缝制时用两侧凸出部分烫出笔袋两侧的小耳朵造型，内侧用里绸作为袋布的另一片，在开线基础上去掉两侧的凸出部分即可，如图 2-43 所示。

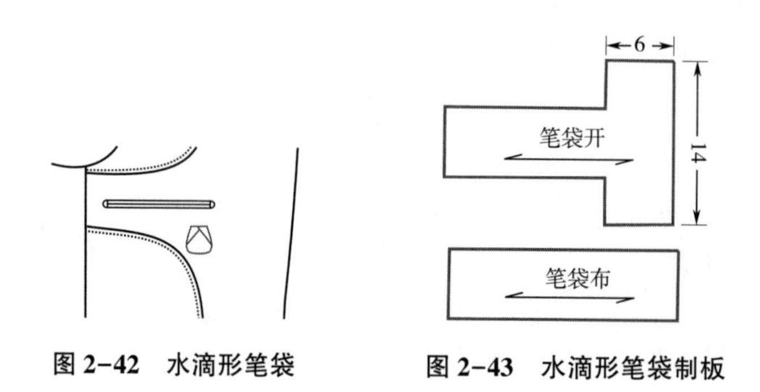

图 2-42　水滴形笔袋　　图 2-43　水滴形笔袋制板

（三）辅料样板制板

西装之所以能够造型挺括，内部的辅料起了重要的作用。西装除了前身粘有纺衬、挂面粘衬、各下摆处粘无纺衬外，胸部有胸衬、袖山处有袖棉条，肩部加有垫肩，从而使关键部位挺括、饱满、干净利索。为了辅料能够达到理想效果，除了材料因素外，制板时与大身的匹配程度也起到很大作用，因此，为了使各部位辅料与大身匹配程度更高，工厂中所有辅料的配制都是在相应的大身样板基础上进行的。

1. 胸衬

标准西装胸部内侧均有胸衬，常规胸衬共四层，成衣后由外到内顺序依次为黑炭衬、挺肩衬、挺胸衬、胸棉（材质图片见辅料讲解）。也有的款式为追求轻薄效果而取消挺胸衬，或取消挺胸衬与挺肩衬，甚至仅使用一层黑炭或两层黑炭，但层数的减少也表示支撑效果的减弱，缝制难度加大，成衣效果也不如标准胸衬挺括，但在穿着时会更加舒适，这种轻薄款多为休闲风格。

胸衬在前片样板基础上制板，如图 2-44 所示，以半麻衬为例，袖窿处加大 1.5cm，缝制时根据前片二次修剪；肩点处过肩缝 2.5cm，使胸衬一部分延伸至后片，防止肩缝处断层；挺胸衬距翻驳线 1.5cm（因驳头牵条宽度 2cm，按挺胸边缘居中固定占据 1cm，剩余 0.5cm 方便撬驳头与驳头翻驳）；胸绒、挺肩衬依次往里错层 0.5cm 以减小该部位厚度；胸绒驳点处距驳点应大于 4.6cm（4.6cm=0.6cm 缝份+1.5cm 搭门+2.5cm 扣眼），防止门襟扣眼锁到胸绒上。黑炭衬与挺胸衬纱向顺大身，挺肩衬因中间加有马尾，特点是有较好的硬挺效果，能够对肩部起到有效支撑作用。挺肩衬弹力方向垂直布边，因此，为使挺肩衬弹力方向指向肩点，纱向线为弹力线的垂线。

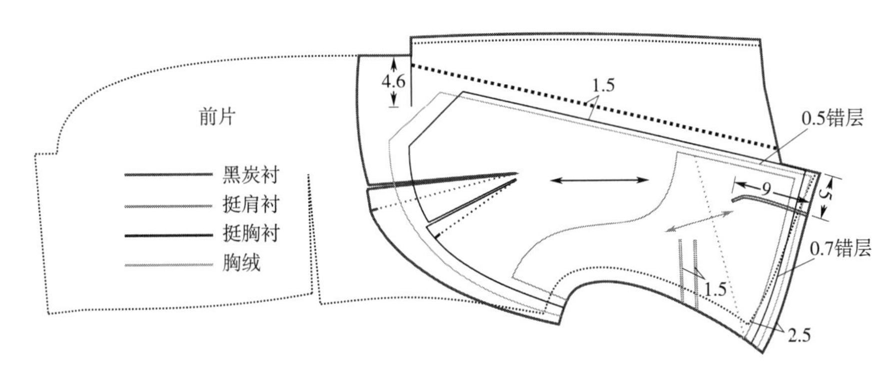

图 2-44　半麻胸衬制板

如图 2-45 所示，为全麻衬胸衬制板，除黑炭衬至下摆外，全麻衬为追求穿着的舒适性而全身不粘衬，包括下摆可使用袋布等其他材质替代带胶衬，增加一点挺括感的同时又不破坏面料的柔软性。前身仅靠胸衬支撑做出立体造型，对缝制及面料的要求较高。

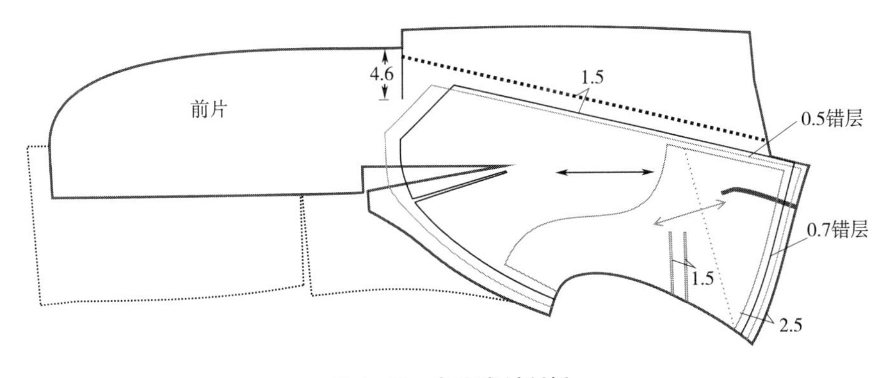

图 2-45　全麻胸衬制板

2. 袖棉条

袖棉条处于袖子袖山处，使用专用弹袖衬或弹袖棉对袖山处做出挺括效果。袖棉条的组成形式受袖山类型影响，形式多种多样。如标准袖棉条由弹袖衬前大、前小、后大、后小 、过桥衬 5 片组成；耸肩袖为更好地做出耸肩效果需在此基础上再加一层弹袖棉，共 6 片组成；溜肩袖袖山吃量小，棉条也要相应薄一些，拿波里（Napoli）衬衣袖仅一片弹袖棉或无袖棉条，追求袖山压下后有一点泡泡的感觉。使用轻薄袖棉条结构多为休闲风格，其挺括支撑力度也相应减弱。

如图 2-46 所示，为在袖山基础上配制标准袖棉条的方法，袖山处前后各展开约 2. 5cm 重新画顺前后袖山，长度参考前端在袖第一对位点基础上加长 2. 5cm，后端过大小袖缝合线 8cm。大袖对位点下弯度较大，缝制容易出现弊病，因此袖棉条前端 1. 5cm 处一般做豁口处理，不与袖子缝合。袖棉条上下两层之间错层 1cm，以减小边缘处厚度。袖山处袖棉条为达到支撑力度，前后袖山处在大袖基础上外弧 0. 3cm。

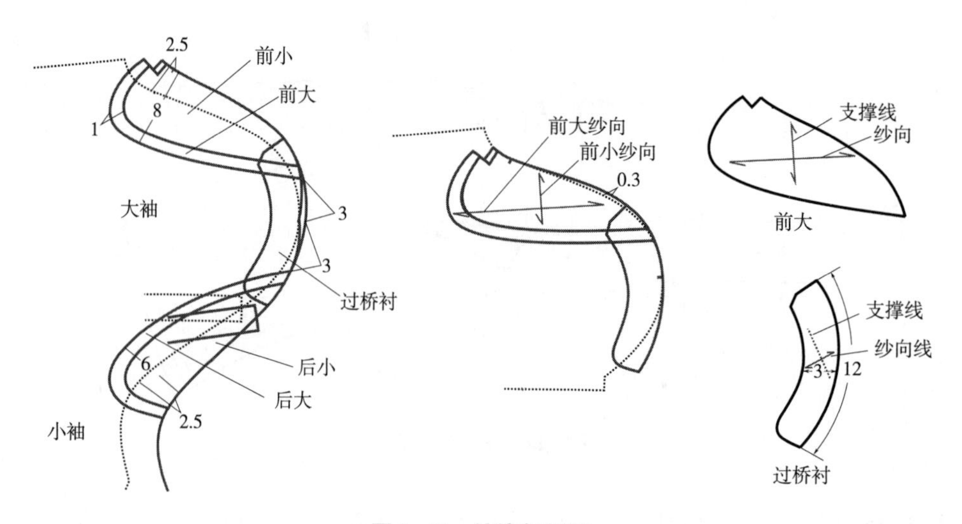

图 2-46　袖棉条制板

需要注意的袖棉条纱向：弹袖衬同胸衬中的挺肩衬，力度支撑方向垂直于布边，如需要力度方向指向某处，则纱向线需垂直于力度支撑线。如图 2-46 所示，弹袖衬前大、后大力度方向指向斜上方，这样能够较好地支撑袖山，因此纱向线应垂直于力度方向斜向下；弹袖衬前小、后小纱向线垂直于前大、后大，这种纱向的垂直互补能起到力度最大化；过桥衬为防止抽量后打折，方便归烫，力度线不能做水平或垂直向，而是采用斜丝纱向；弹袖棉材质没有经纬筋骨，纱向没有要求。

袖棉条组成形式多种多样，变化灵活，图 2-47 为几种非常规袖棉条形式可作为参考。

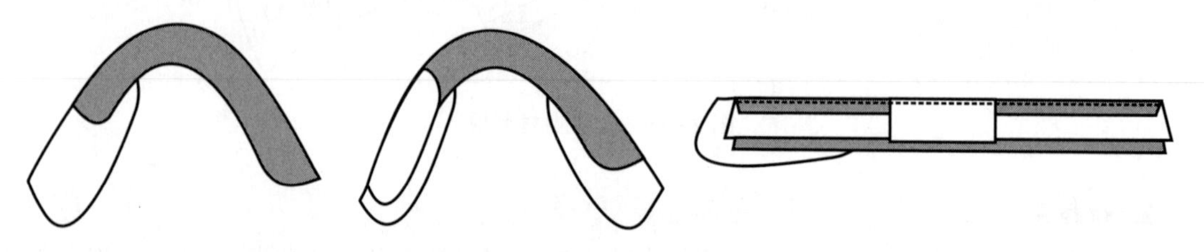

图 2-47　非常规袖棉条

胸衬、弹袖衬、垫肩为西装辅料的重要组成部分，对前身胸部、袖山及肩部起到很好的支撑作用，并决定了西装的风格及穿着效果。为获得理想的西装风格，所有部位的辅料应匹配，避免出现有的辅料薄、有的辅料厚的情况。

3. 黏合衬

标准西装关键部位均粘有带胶黏合衬，常用的黏合衬包括有纺衬、薄有纺衬、无纺衬及经编衬，根据各自不同的性质用于不同的部位，主要起到硬挺、保持造型、易于缝制，且成衣后干净利索、防止拉伸的作用。如图 2-48 所示为常规西装粘衬部位及制板方法。

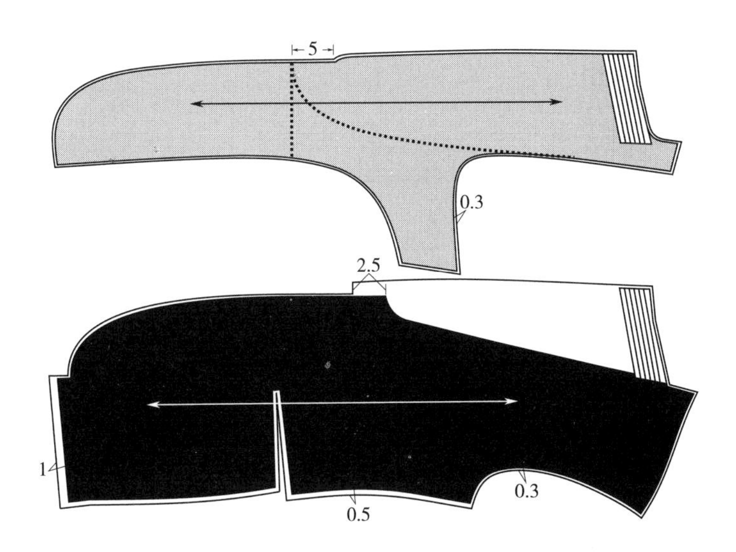

图 2-48 常规西装粘衬部位及制板

挂面粘薄有纺衬或无纺衬以减小前身及驳头处的厚度；周圈小于挂面 0.3cm 的满衬造型或仅粘驳头处或驳头+耳朵皮的半衬造型（如图 2-48 虚线部分所示）；挂面串口处粘宽 5cm 的经编衬，防止绱领时串口拉伸。挂面衬纱向同挂面纱向一致，为与驳头上 15cm 线段平行，防止面与衬的经纬纱向不一致造成的缩率力度不统一。

前片粘有纺衬，半麻衬款式驳头处不粘衬，对应胸衬驳头处加出驳头部分，缝制时驳头直接与胸衬缲缝固定，缲缝时胸衬横向给予松量，做到驳头处自然外翻的效果，这种工艺能够使驳头处更加饱满，同时使驳头自然翻转；侧缝处小于前片 0.5cm，方便分缝后拉伸烫平（内弧造型分缝后长度不够）；肚省处小于前片 0.5cm，减小口袋处厚度；下摆处通常距底边 1cm，其他部位在前片基础上进 0.3cm。

黏合衬款式前片衬包含驳头处，对应胸衬取消驳头部分，因此驳头处只有前片与挂面的两层面料，驳头相对比较单薄。前片衬其他部分同半麻衬一样。

黏合衬档次低于半麻衬，价格较低，除了上面样板上的区别外，黏合衬所用的辅料档次也低于半麻衬，因此舒适性也会差一些。

如图 2-49 所示，侧下摆、后下摆、侧袖窿、后袖窿、后肩缝及领窝处粘无纺衬，起到下摆、袖窿及肩部硬挺的作用；开衩处粘经编衬，防止开衩拉伸；侧袖窿衬取袖窿转弯处为纱向，防止转弯处拉伸。侧袖窿、后袖窿及后肩部不粘衬也是正常工艺，如果不粘衬则缝制难度相对加大。制板时各部位在面板基础上进 0.3cm，下摆处上 1cm 即可。

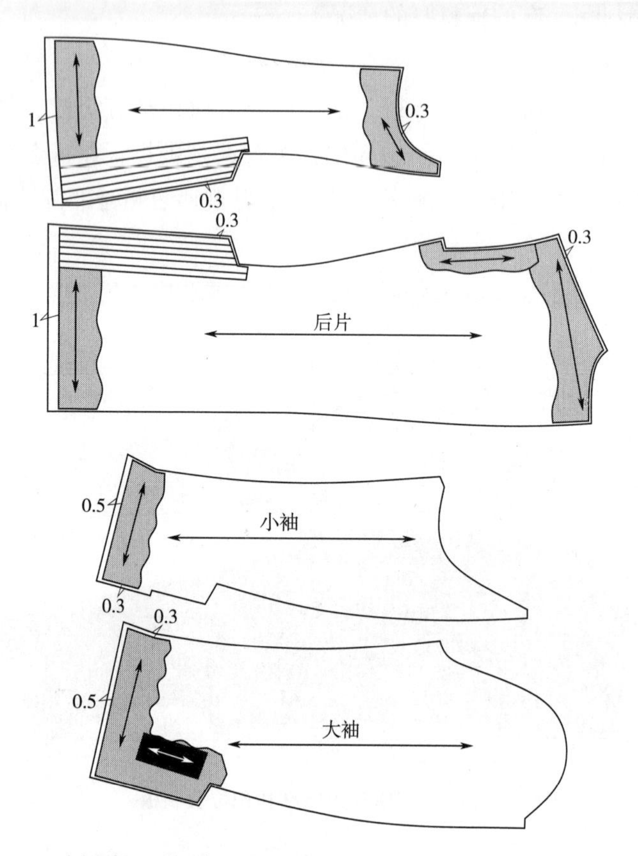

图 2-49　侧下摆、后下摆、侧袖窿、后袖窿、后肩缝及领窝处无纺衬

大袖、小袖袖口处粘无纺衬，使袖口处硬挺。大袖开衩处为了使锁袖扣眼后仍能保持平整（尤其是使用锁眼线密度比较大的扣眼或有弹力的面料），通常在锁扣眼的位置粘有纺衬；大小袖山处可粘衬也可不粘衬。当袖山吃量偏大，或面料偏薄时袖山粘衬有利于绱袖，当袖山吃量不大或采用常规面料时袖山建议不粘衬。

大领面、小领面通常粘有纺衬或无纺衬，造型上可粘满衬，此时纱向同相应面板一致；也可大领面仅粘领头部分的半衬（图 2-50 为仅领头处粘衬），此时纱向应平行于串口线，防止领子串口拉伸。

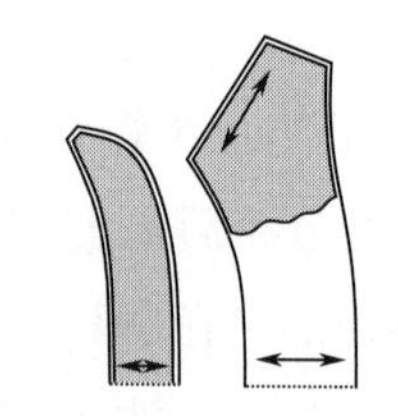

图 2-50　大领面、小领面粘衬

其他如大袋盖、耳朵皮、袖襻等小部件通常粘无纺衬，增加硬挺度即可。

4. 口袋布

西装标准口袋包括外部的腰口袋、手巾袋及内部的里袋、烟袋、笔袋等。相对来说，西装口袋现在更多的是一种装饰和历史文化的沉淀，实用功能相对较弱。

为保证前身的平整，腰口袋一般不装任何东西，最好是不拆封口线，防止时间长了后口袋下开线部分下垂；手巾袋仅在社交舞会上用于收纳手帕，用作装饰物品；里袋、烟袋只可用来收纳少许轻薄物品；笔袋可以用于收纳钢笔。

如图2-51所示，分别为里袋布、烟袋布、笔袋布及外面的腰袋布制板方法，这几种口袋布制板方式相同，只是口袋深度及长度根据各自对应的口袋而不同。内里口袋袋布可做连折造型，方便工艺操作。工艺制作时稍大一侧与上开线缉缝，稍小一侧与下开线缉缝，因此连折线左右对称。里袋布上挂面侧加2.5cm宽小台，为袋布分烫后与前身缲缝固定，通过里袋布连接前身与挂面，使之成为一体。大袋布同样加一小台，为大袋布与前身缲缝固定，不过因大袋布与前身贴合，连折造型因连折部位偏厚，有些面料在正面容易有印痕，此时大袋布可不做连折造型，通过分片错层减小边缘的厚度。

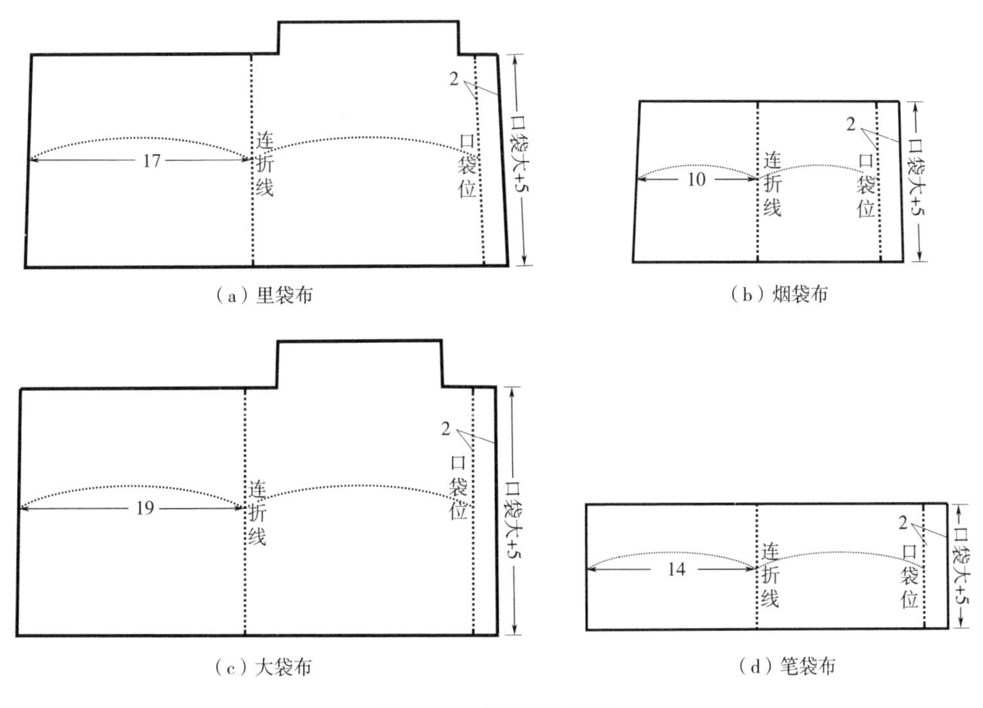

图2-51　各口袋布制板

如口袋布不做连折处理，此时分别套取连折线上、下部分，连折线处加放1~1.5cm缝份，且上下两层错层即可。

手巾袋布需要在完全理解手巾袋的缝制工艺基础上制板。如图2-52所示，手巾袋布（小）与手巾袋下口处拼接，手巾袋布（大）与下口线上1cm线拼接，因此袋布大、小毛板在拼接线基础上各加放1cm缝份。拼接完成后两线中间豁开，两端打剪口为口袋开口，口袋布外从开口处翻过，要求手巾袋翻过后盖过剪口（打斜剪口时距缉缝线端点0.1cm）防止毛边外露，袋布上下三周缉缝，手巾袋两侧Z字机固定完成手巾袋制作。

手巾袋袋布通常使用专用口袋布，此时手巾袋布（大）分割为袋布（使用口袋布）和垫布（使用面料），缝制时两者拼合。也可袋布（大）直接使用面料从而省去垫布与拼接工序。现阶段很多客户要求手巾袋布使用里绸，手巾袋布翻出后充当手帕用于装饰，这种情况手巾袋布（大）、手巾袋布（小）使用里绸，同样无须垫布。

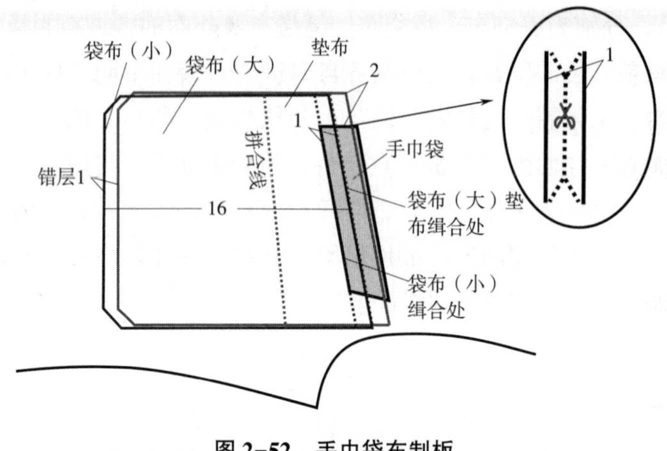

图 2-52　手巾袋布制板

二、生产操作板制板

生产操作板区别于裁剪样板，是在缝制过程中使用的定位板，以确保各部位定位及形状准确、左右对称。操作板的制板应根据生产制作的先后顺序配制及核对，防止落片。

1. 开胸省、定手巾袋位

为保证条格面料开省位刚好位于条子上或条子中间位置，保证省缝左右对称，省缝需要裁剪后手工开刀。如图 2-53 所示，胸省开至距省尖 4cm 处，防止合省时毛茬外露；腰部打剪口，表示胸省由肚省平行收至该剪口处，再顺直省尖；手巾袋位上提 0. 2cm 画线，两侧各进 0. 5cm，缝制时盖过定位线/点，防止定位痕迹外露。肚省省尖距胸省开刀位 1~1. 5cm，如果过大，口袋不能覆盖肚省开口，如果太小，则无法合省；因该定位是在裁剪完成后，缝制前使用，因此袖窿、侧缝处包含缝份。

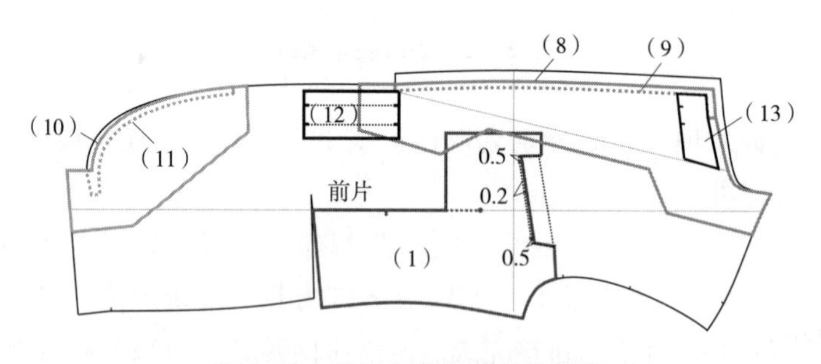

图 2-53　前片各部位生产操作板

2. 里袋位

在挂面与前片基础上制板，因里袋位是在缉止口前、拼合挂面与前里后使用，因此制板时将挂面与前片按位置放好，止口处采用含缝份的毛线，内侧采用挂面净线。如图 2-54 所示，里袋位参考在胸围线基础上下 2～3cm，过高则不方便掏口袋，过低则比例不协调；烟袋位参考肚省（腰袋位）下 2～3cm，与腰口袋错层防止口袋处过厚。为方便掏口袋及视觉美观，里袋前低后高，差值 0.3～0.5cm，商标平行于里袋比较美观，如果里袋斜度过大，商标水平钉则与里袋不平行，如与里袋平行钉则商标斜度较大且与挂面缉线不平行，影响美观。其他口袋与里袋平行。当衣服尺码较大时，里袋不宜过于偏后，过大则不方便掏口袋，尺码较小时，保证里袋距翻驳线不小于 4.5cm，防止里袋外露及影响驳头翻驳。如图 2-55 所示为圆笔袋款操作板，笔袋勾缝后四周需打剪口，使成品后四周圆顺，因此圆笔袋款多与弯挂面搭配，方便操作，不易脱丝。如在里绸上制作圆笔袋，笔袋厚、里绸薄，容易不平整，且在里绸上打剪口容易脱丝。直笔袋款则对挂面形式没有要求。

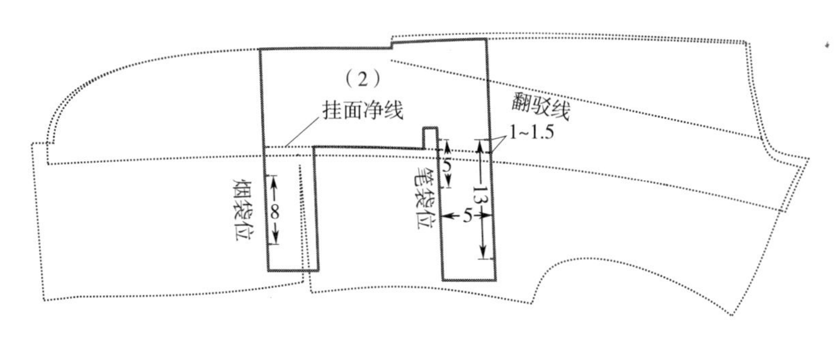

图 2-54　内袋位操作板

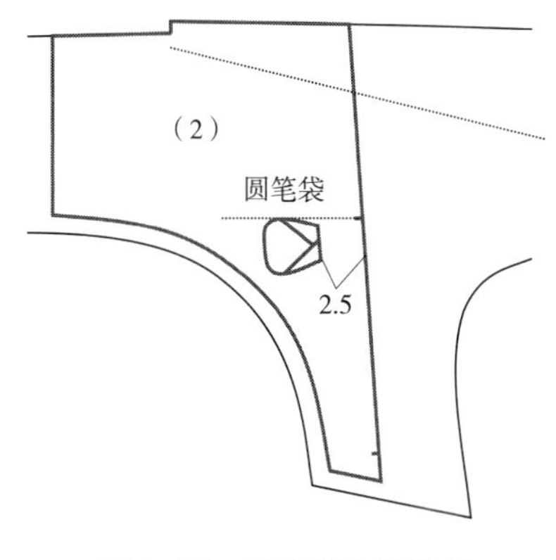

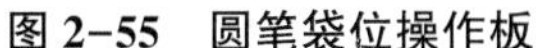

图 2-55　圆笔袋位操作板

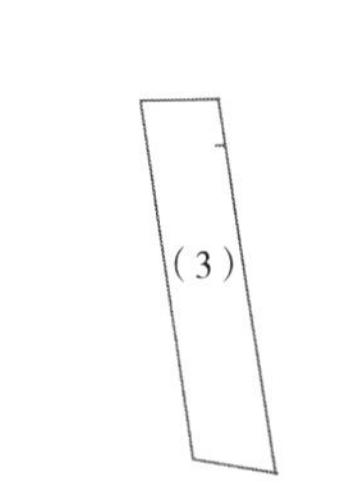

图 2-56　手巾袋操作板

3. 手巾袋

如图 2-56 所示，套取前片制板中的手巾袋样板宽度减小 0.1cm（因制作时面料厚度转折时会稍偏大）即为操作净板，用于按样板形状剪出专用手巾袋衬，前上部位打剪口表示此处为前端。

4. 袖锁眼位

袖衩分真袖衩、假袖衩，两者袖锁眼定位板不同。如图 2-57 所示，真袖衩为功能性扣眼，袖子完成后锁扣眼，因此袖锁眼位需在袖口、袖衩净线基础上制板；如图 2-58 所示，假袖衩为装饰性扣眼，袖子在缝制前锁眼，因此袖锁眼位需在毛板基础上制板。袖扣分平扣、叠扣，因袖口直径通常为 1.5cm（24L），因此平扣扣眼间距为 1.5~1.6cm，叠扣扣眼间距为 1.1~1.2cm，扣眼长度大于扣子直径 0.3cm，为 1.8cm。

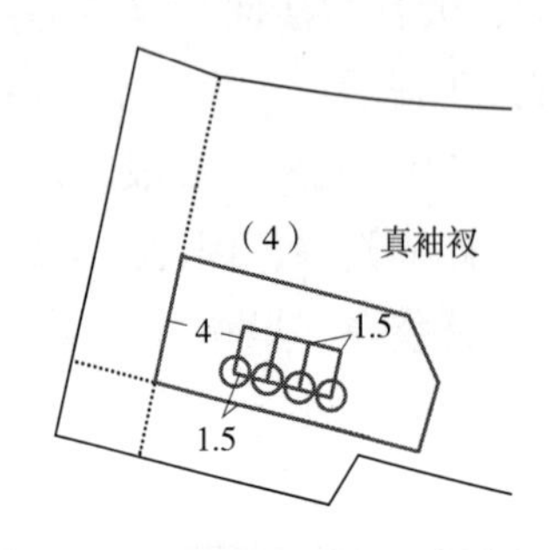

图 2-57　真袖衩袖扣位操作板

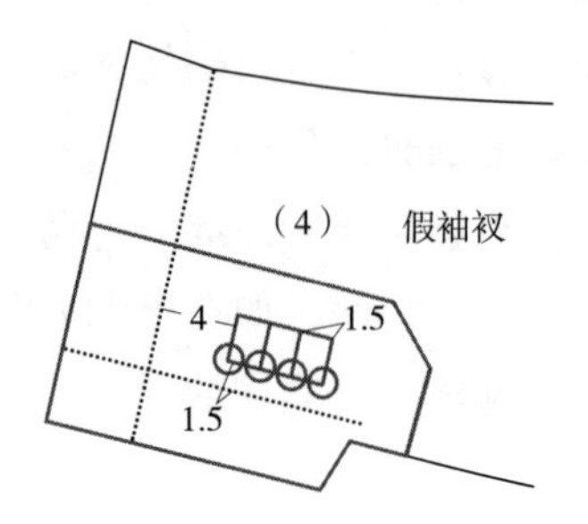

图 2-58　假袖衩袖扣位操作板

如图 2-59 所示，为领子的画领角、领子翻折线、净领面的工业生产操作板。

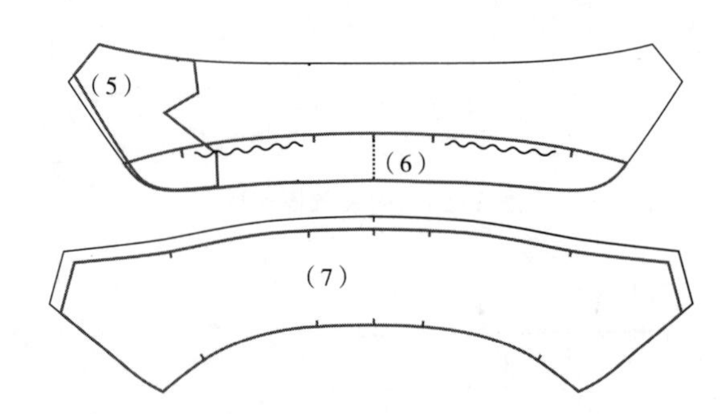

图 2-59　画领角、领子翻折线、净领面操作板

5. 划领角

领子完成后画出领串口线，保证领角大小无偏差，左右一致，绱领准确。

6. 领子翻折线

确定领子翻折线位置及抽量位置，使用专用牵条抽量，确保领子翻折后领外口盖过领内口 1cm。

7. 净领面

画出领面三边净线位置及吃量分配，确保领面与领呢拼接缝份及吃量位置及大小准确。

8. 驳头修样

前片因粘衬及缝制过程中推门、附胸衬等工序的影响，驳头处会偏离原来的形状，故工厂在大货生产时驳头处通常做毛板处理，通过缝制时使用操作板二次修剪，确保驳头形状不变、左右对称。

9. 驳头划样

驳头清剪后画出净线位置，缝制时按净线缉缝，确保驳头形状及驳角大小不变，左右对称。

10. 下摆修样

为保证下摆形状不变，下摆处通常也做毛板处理，缝制时按修样二次修剪，确保形状不变，左右对称。

11. 下摆画样

修剪后画出净线位置，缝制时按净线缉缝。

12. 门襟锁眼位

确定扣眼距离、扣眼大小及距止口的距离。需要注意的是双排扣款式增加门襟钉扣位，如图2-60所示，以双排六粒扣扣两扣为例，锁眼位按前中线对称至另一侧为钉扣位，钉扣位确保在挂面之上，确保内里侧的钉扣牢固，防止系扣后面、里错层。

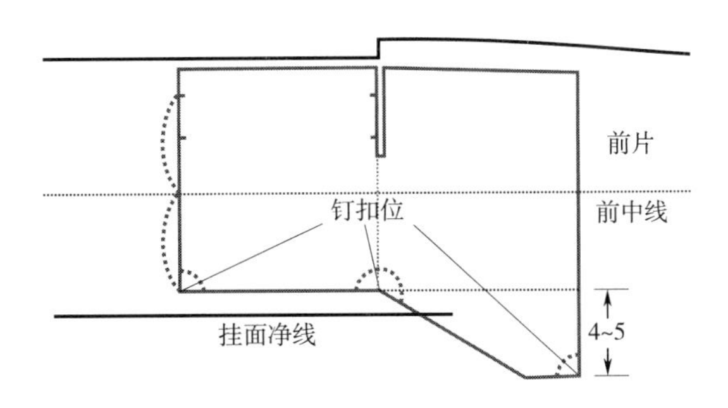

图 2-60　双排扣锁眼钉扣位

13. 驳头眼定位

确定驳头眼的位置及大小。

三、上衣样板检验

样板完成后需对样板进行检验，确保准确无误。主要检验内容包括：样板各部位尺寸是否合适、各样片比例是否正确，平衡是否准确、各部位吃量分配是否合适、松量是否合适、样片间弧度是否匹配、各部位弧线形状是否顺滑、样板与样板拼合后是否顺滑。图2-61为各部位拼合后形状要求。

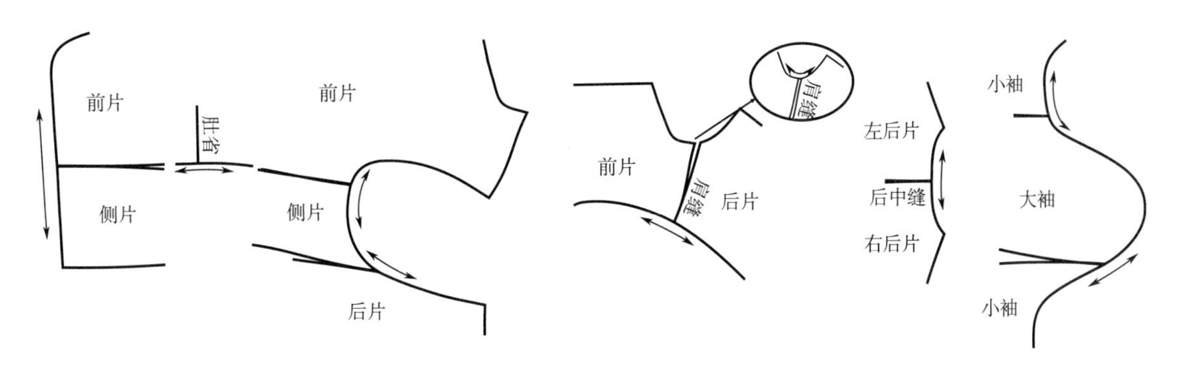

图 2-61　各部位拼合要求示意图

以上为标准西装上衣所有样片制板方法及流程（不含非常规款式），需要指出的是，制板师工作并非仅仅是制板，而是从制板到制作工艺、生产流程、质量要求、弊病出现的原因及修改方法，甚至是可能会影响衣服外观效果及尺寸的任何技术内容都要掌握。相对设计师，制板师更多的是一种经验的积累，经验越丰富，越能更好地控制生产中存在的风险。以上制板方法及公式仅为作者制板方法，读者可参考其中方法进一步消化吸收，理解后通过实验、总结、变通，寻找更加科学、更适合自己的制板方法。切不可“拿来主义”，千篇一律。

四、西装毛板工业制板

所谓毛板制板是指直接画出样片的最终裁剪用样板，无须再单独加放缝份的制板方法，相比净板制板，毛板制板操作方便、样板整洁、省力，且大幅提高了制板速度。毛板制板与净板制板原理相同，只是在制板时提前计算出各部位缝份、公式、转折角处净板跟毛板的差值及缝份差值，熟练后甚至比净板制板简单，是制板师技术能力及熟练程度的体现，现已成为企业制板师最常用的制板方法之一。

在实际工厂样板处理上，不管是新样板制板、调整款式甚至是剥样都是在毛板而非净板的基础上调整、改正。因此，为适用企业工作，在充分熟悉制板方法后应逐渐抛弃对净板的依赖，熟悉毛板制板。也基于此考虑，在后面的讲解中我们都以毛板为基准进行讲述。

以下毛板制板缝份以后中缝 1.5cm，摆缝 1.5cm，前止口 0.6cm，下摆折边 4cm，袖口折边 5cm，其他部位 1cm 为例说明。各部位尺寸见表 2-9。

表 2-9 各部位尺寸　　单位：cm

部位	胸围	腰围	肩宽	袖长	后衣长	袖口
尺寸	106	95	45	61	73	26

1. 后片制板

西装后片毛板工业制板具体思路方法，如图 2-62 所示。

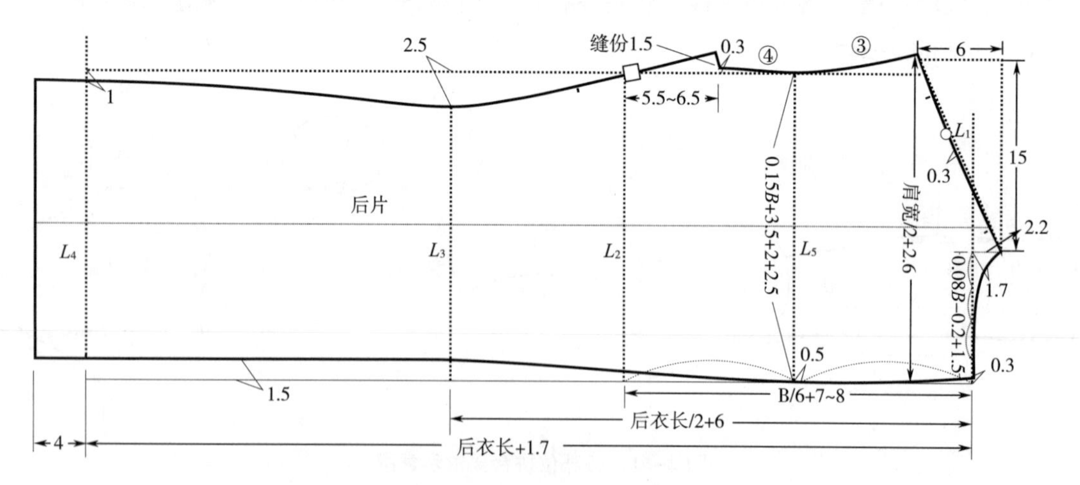

图 2-62 后片毛板工业制板

（1）画 L_1 上平线。

（2）垂直 L_1 作垂线，量取后衣长+1.7cm（后领窝处 1cm 缝份+0.7cm 面料缩率）确定下摆净线，再向下取 4cm 为折边量。

（3）上平线下 $B/6+7\sim8$cm 确定胸围线 L_2，上平线下后衣长/2+6cm 确定腰围线。

注意：为方便制板，该胸围线为毛板袖窿底位置，实际胸围线为该线下 1cm 处，在实际测量胸围尺寸时同样下 1cm 处测量。

（4）胸围线与上平线中点下 0.5cm 确定 L_5 为横背宽线，量取后背宽 $0.15B+3.5$cm+2cm+2.5cm（后中缝缝份 1.5cm+后袖窿 1cm 缝份）确定后背宽线，上至上平线，下至底摆处为后序参考线使用。

（5）后中处后领窝进 0.3cm，量取 $0.08B-0.2$cm+1.5cm 为后领窝宽，上 2.2cm 确定后领窝深，该点即为后片肩颈点。

（6）通过肩颈点使用比例法确定后片肩线斜度，由后中线在肩斜线上垂直量取肩宽/2+2.6cm（后中缝份 1.5cm+后袖窿 1cm 缝份+0.1cm 角度差）确定肩端点。

（7）后中线腰围线以下平行收进 1.5cm，经后背宽点与后领窝点弧线连接。

（8）摆缝侧以背宽线为基准，下摆处进 1cm，腰围处进 2.5cm 与胸围线上 5.5~6.5cm，出后背宽线 0.3~0.5cm 小台弧线连接为后背摆缝线。此处需保证摆缝上 13cm 处保持直线，切不可呈内弧形。

（9）过横背宽线弧线连接肩点与后袖窿小台为后袖窿弧线（弧线最凹处约为背宽点与后袖窿底点中间位置后背宽线进约 0.1cm）。

（10）开衩款式确定出开衩长度、宽度后加出相应缝份即可。

2. 前片制板

西装前片毛板工业制板具体思路方法，如图 2-63 所示。

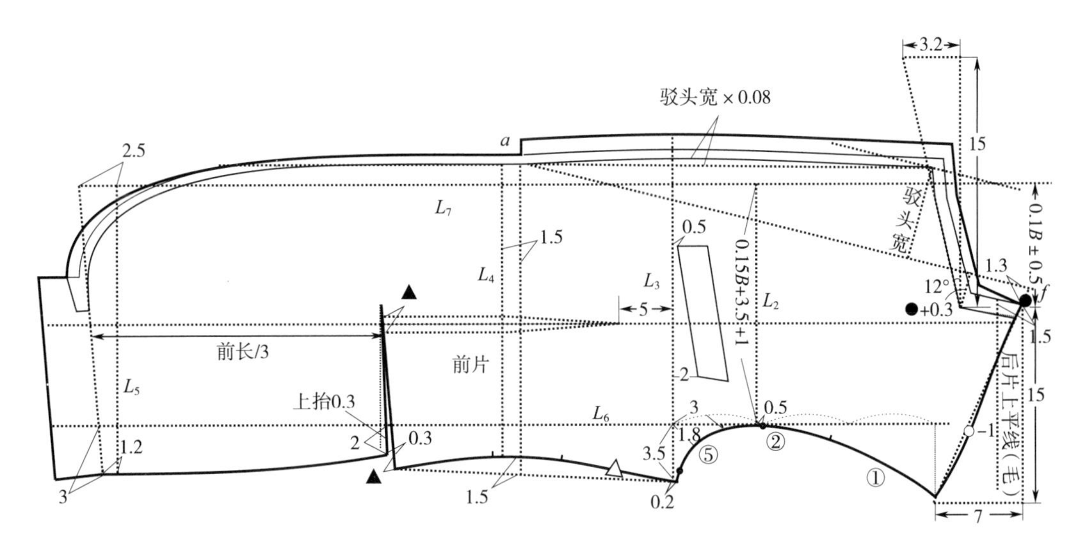

图 2-63　前片毛板工业制板

（1）围度线沿用后片围度线，腰围线上提 1.2~2cm。垂直围度线作前中线 L_7，平行前中线出 1.5cm 为止口线，距前中线 0.15B+3.5+1cm 作平行线 L_6 为前胸宽线，上下分别通至肩缝线、下摆线为后序参考线。

（2）前片肩颈点在上平线基础上上移 1.5~2cm，前领窝宽=后领窝宽+2~3cm（后领窝宽去掉后中缝处的缝份）。

注：因驳头、下摆处后序还需按净线制作操作板，此处前片驳头、下摆处还是按净线制图，再放缝份。因此前片肩颈点处进 1cm 确定前领窝净线后按净板制图方法确定驳头形状。

（3）使用比例法确定前肩斜度，取前肩毛缝长度小于后片肩线毛缝长度 0.2cm（净线约为 1cm）为肩缝吃量，且确保肩点距前胸宽线不小于 5cm，为前冲肩量。

（4）如图 2-63 所示各部位尺寸确定前片侧缝线、前袖窿线弧线。其中肚省位（即腰口袋位）通常取前衣长/3。袖底在胸围线上 0.2cm，使净线位置在胸围线上约 0.3cm，保证与侧片拼接后袖窿圆顺。

（5）前下摆净线沿用后片下摆净线，前中处下落 2.5cm，侧缝处下落 1.2cm 为前下摆折边线，下 4cm 画出折边量，做出对称角。

（6）同净板制图法确定翻驳点、画出翻驳线、驳头及下摆形状后加放缝份及二次修剪量。

（7）其他部位制板参考图 2-63。

3. 侧片制板

西装侧片毛板工业制板具体思路方法，如图 2-64 所示。

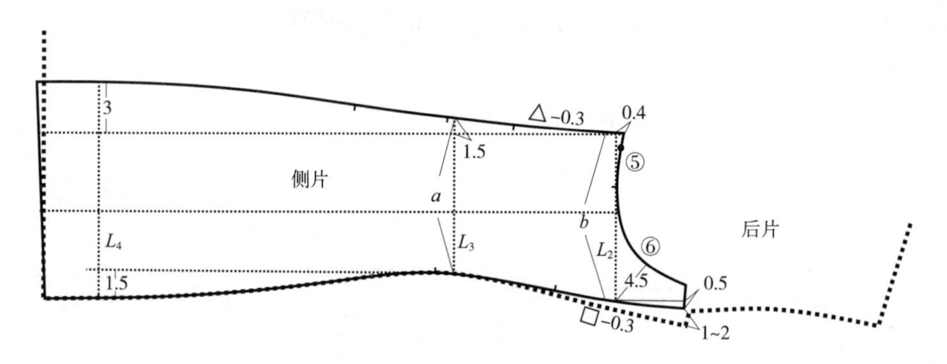

图 2-64　侧片毛板工业制板

（1）围度线沿用后片围度线，作围度线垂线为参考线。该参考线与胸围线交点上 0.4cm 为侧缝线胸围起点（净线位置约为 0.3cm，同前片净线位置高度一致）。

（2）腰围线出 1.5cm，下摆处出 3cm 弧线连接为侧缝线，其中，侧缝线长度短于前片侧缝线 0.3cm 为前片侧缝上 10cm 处吃量。

（3）胸围、腰围、臀围使用成衣尺寸减去前片、后片各部位所占用尺寸确定剩余尺寸加 2.5cm（缝份）为侧片胸、腰、臀围尺寸，参考侧片胸围宽度为 0.1B+0.3cm+2.5cm。

（4）摆缝袖窿高点在后袖窿上提量基础上下落 0.3~0.4cm 为后侧缝上 12cm 吃量，出

0.5cm 定点后画顺摆缝、侧袖窿弧线。后片翻转后与侧片腰围处对齐，腰围线以下弧度两者一致，侧袖窿小台距后袖窿小台 1~2cm。

注：前片、侧片、后片样板完成后所有拼接部位净线对齐，检验拼合后弧线是否圆顺，直线是否顺直，如有不合适之处及时修改。在手工制板时拼合部位可暂不剪切，待检验修正、无误后剪切。

4. 大袖、小袖制板

西装大袖、小袖毛板工业制板具体思路方法，如图 2-65 所示。

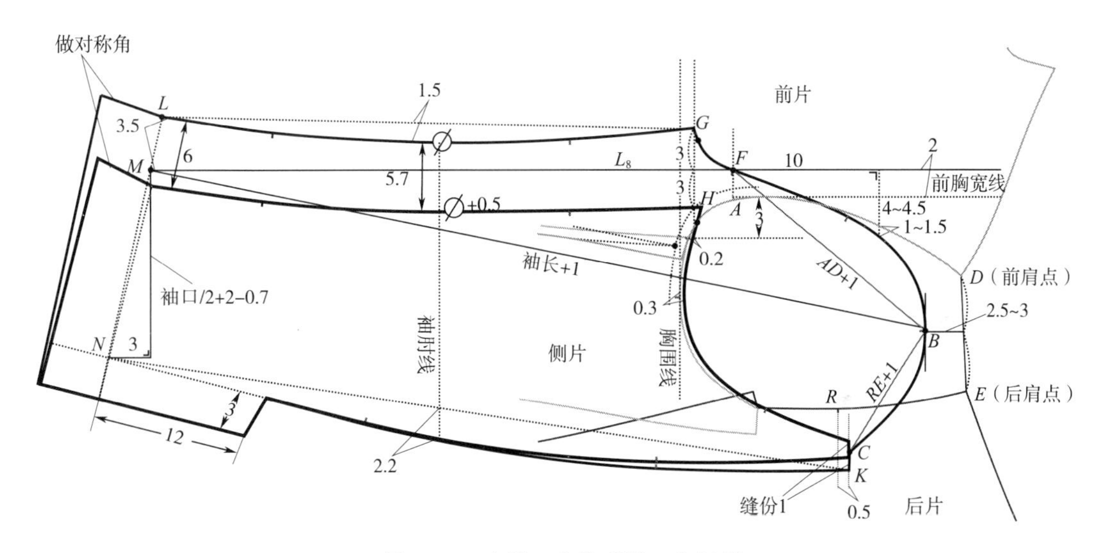

图 2-65　大袖、小袖毛板工业制板

（1）前片、侧片、后片袖窿净线处对齐，沿用原胸围线为袖底线，前胸宽线前移 2cm 确定 L_8 为袖子毛板前宽基准线，由前片对位点 A 作竖直线与 L_8 交点 F 为大袖第一对位点。直线连接前、后肩点，中间位置下落 2.5~3cm 确定袖山高为常规款西装袖山高。

（2）后袖窿点 R 上提 0~0.5cm 作竖直线，为大小袖外袖缝拼合点，过 F 点量取长度 AD+1cm（经验值，袖山完成后根据实际吃量调整）交于袖山高线确定袖山顶点 B，过点 B 作 RE+1cm（经验值，袖山完成后根据实际吃量调整）交于 R 上 0.5cm 竖直线上。其中，R 上 0~0.5cm 为外袖缝与袖窿拼合时纵向设置的松量。

（3）L_8 上、下各 3cm 作水平线为大小袖横向互补线，与袖窿弯交点上提 0.2cm 作竖直线为大小袖纵向互补线，0.2cm 为袖内缝纵向设定的松量，该线与大小袖横向互补线交点（G、H）为大小袖袖窿起点。对位点 A、F 对齐，使用前片袖弯画顺大袖袖弯，保证此处弧度一致。

（4）过点 F、B、C 画顺大袖山。前袖山弧线可参考：过 A 点作 10cm 水平线，垂直向下 4~4.5cm，或参考 10cm 距前袖窿线 1~1.5cm。后袖山弧度可参考 BC 两点连线凸起 1.2cm，且前袖山凸起度稍大于后袖山凸起度。

（5）过袖山顶点 B 在前胸宽参考线 L_8 上量取袖长+1cm 确定点 M。垂直向下量取袖口/2+2−0.7 后水平量取 3cm 确定点 N，直线连接 NM 并延长 3.5cm 确定袖口斜线与大袖口内缝点 F，点 M、F 中点上 2cm 为袖肘线，LG 连线袖肘线处内弧 1.5cm 弧线连接 LG 为大袖内袖缝。

（6）直线连接外袖缝处袖口与大袖点 K，袖肘处出 2.2cm，弧线连接三点为大袖外袖缝弧线。

（7）加放袖口折边量 5cm，画出袖开衩，做出袖口对称角，完成大袖面制板。

（8）大袖口处内缝进 6cm，袖肘处进 5.7cm 与点 H 弧线连接。因大袖工艺内袖缝拔开后会变直，因此小袖稍直，大袖稍弯。也因大袖内缝拔开，样板上小袖内缝长于大袖内缝约 0.5cm。

（9）大袖外袖缝点 K 进 1cm（经验值，具体需根据袖底吃量适当调整）为小袖袖山顶点，弧线连至袖口为小袖面外袖缝。

（10）小袖顶点往里 1.1cm 为小袖外袖缝缝份，弧线连接该点与内袖缝起点 H，交于袖底线上 0.3cm 处。量取小袖窿吃量调整小袖山顶点上下位置。此处需确保袖底处侧片与小袖弧线一致。

（11）小袖口袖衩同大袖衩，袖口加放 5cm 折边量，做出对称角，完成小袖制板。

需注意，小袖衩净线应短于大袖衩 0.1~0.2cm，防止成衣后内侧小袖衩倒吐。另外，前片与侧片袖窿拼接点、大袖与小袖内袖缝拼接点净点与缝份有上升弧与下降弧之分，需保证拼接样片净点位置高度一致。

以上袖子毛板制板所采用调整量为作者总结的经验值，因斜角角度及弧线影响导致毛板各部位净线的长度存在差异，从而毛板制板的调节量与净板制板就产生了差异（如图 2−66 所示以毛板与净板的袖山高差异为例说明）。另外，袖子一周吃量是否合适以净线为基准，毛板制板法检验袖山吃量时还是需要画出净线，因此袖山处制板也可先画净线，待检验无误后再放缝份，其他部位可直接按毛板制板。

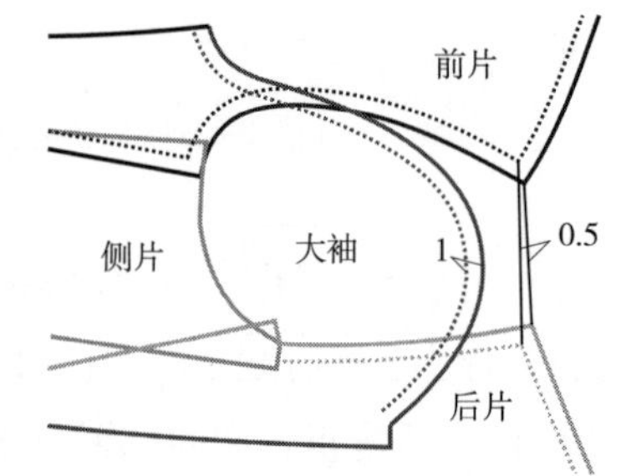

图 2−66 大袖、小袖毛缝处理

如图 2−66 所示，前、后肩点虽然都有 1cm 缝份，但因角度问题，前、后肩点连线中间位置差值并非同步为 1cm，而是约为 0.5cm，而袖山顶点处的净缝与毛缝差值为 1cm。另外，前后袖窿及大袖山因弧度造型原因造成净线长度的差异，前、后袖窿净线长度大于毛线长度，而大袖山净线长度小于毛线长度，且缝份越大两者相差越大……通过以上部位论证可以看出，毛板制板与净板制板所采用的调节数值是有差别的。

需要指出的是，毛板制板来源于净板制板，是在净板制板不断熟练的基础上总结后得出的方法，其原理相同。为使各部位数值容易记忆及某些部位因角度及斜度的不同不可避免地会造成一定偏差，因此毛板制板在精确度上会稍逊于净板制板，这是毛板制板的缺点，读者可通过不断练习与经验总结来减小制板的误差。其他样板制板在毛板基础上配制，同净板制板中的制板方法相同，在此不再讲述。

还有一种利用放码尺上的刻度采用净板与毛板相结合的制板方法：定净点，画毛线。这种方法既避免了毛板制板的误差及毛净转换时对记忆的考验与风险，又提高了制板速度，集两者优点于一体，是一种不错的制板方法，读者可尝试、练习采用此方法制板。

五、西装常见款式制板

1. 戗驳头制板方法

戗驳头也是一种常规的驳头类型，与平驳头只是驳头处造型的差异，如图 2-67 所示。戗驳头相对平驳头而言更时尚，多适合年轻人，款式特点既有平驳头的稳重、经典，又具礼服款的精致与优雅。戗驳头款式西装正式程度要高于平驳头，适合在年会、酒会、婚礼等重要场合穿着。燕尾服、晨礼服、晚礼服等所有标准款礼服通常都是戗驳头造型。

图 2-67　戗驳头西装

戗驳头款除了大身驳头、领子相关样板外其他样片同平驳头制板，戗驳头款为使视觉美观，串口线斜度通常大于平驳头。驳头制板方法如图 2-68 所示。

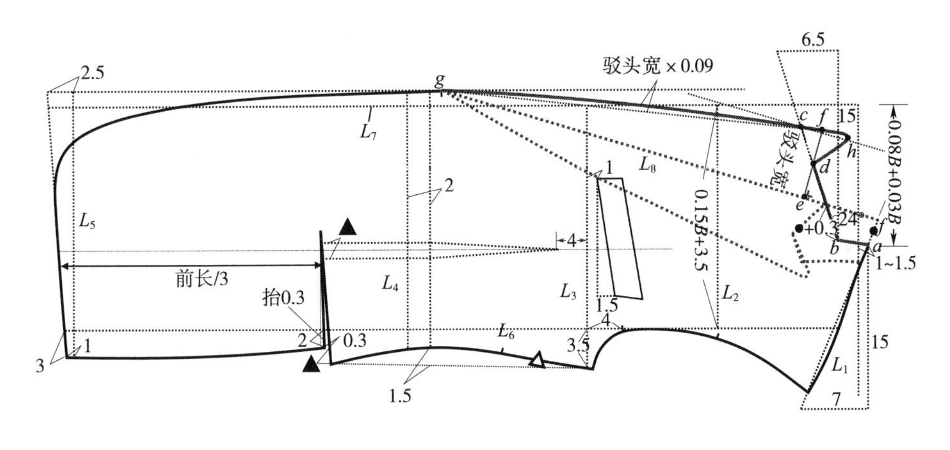

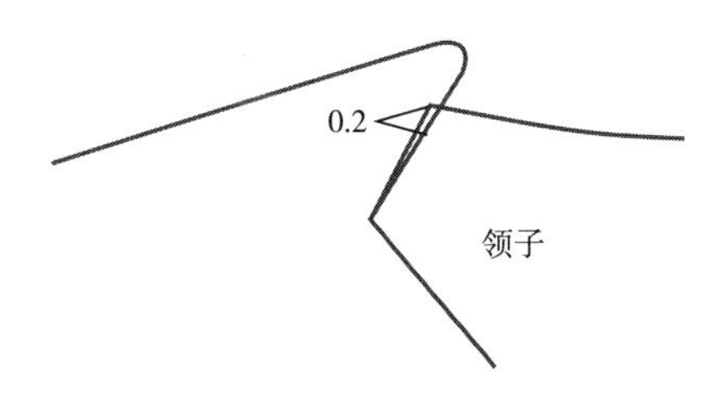

图 2-68　西装驳头制板

前肩点 a 下 3cm 定点 b 确定前领窝深，使 b 至翻驳线的距离大于 a 至翻驳点的距离 0. 3cm，方便肩缝拼合后领窝圆顺。由 b 点作竖直辅助线，过点 b 作斜线，使斜线与竖直辅助线的角度为 24°，为串口线。作翻驳线的平行线，取两线距离为驳头宽度，与串口线交点为 c；点 c 沿串口线进：驳头宽×0. 5+0. 3 定点 d 为上领点，也为戗驳头款驳头宽测量时经过点。

过点 d 作翻驳线的垂线定点 e，并延长至翻驳线的平行线上定点 f，ef 即为驳头宽，直线连接翻驳点 g 与点 f，中间位置外弧：驳头宽×0.09，画顺驳头弧线；延长驳头弧线确定点 h，使 dh=0.6×驳头宽，小圆角画顺驳头小角，完成驳头制板。将驳头按翻驳线对称至另一侧，可以看一下驳头成衣后的效果确定造型是否达到要求。在制板时也可先画出驳头与领子成衣效果图，调整满意后再沿翻驳线对称至另一侧。

对于戗驳头款式，为使成衣后领角与驳角自然拼合，不张口，戗驳头款式在制板时需使领角、驳角搭叠 0.2cm，领角大参考：驳头宽×0.37，领子其他部位制板同平驳头款式。

2. 青果领制板方法

青果领西装是礼服的一种，正式程度较高，适用于正式场合穿着。驳头处没有领角和驳角，也没有串口线，驳头、腰口袋开线、手巾袋使用黑色缎面，扣子使用黑色缎面包扣，是青果领的标配。制板时，为方便理解与制板，青果领可以看作是平驳头款式取消领角与驳角，驳头与领子连为一体的一种变异形式。

如图 2-69 所示，为在平驳头款式基础上修改为青果领。领底与前身按对应位置放好，驳头处按驳头宽及造型要求画顺，串口线以下即为修改后的青果领前身样板，串口线以上即为修改后青果领领底。也可按平驳头制板方法确定出串口线（因青果领款式挂面串口处为一体结构，串口线正面不外露，因此串口斜度、高低不做严格要求）及驳头宽后配制领子，经领后中、驳宽点、翻驳点按图 2-69 形状画顺驳头与领外口即可，需要注意的是领青果领驳头处造型不一、变化丰富，制板时需按要求形状制板。

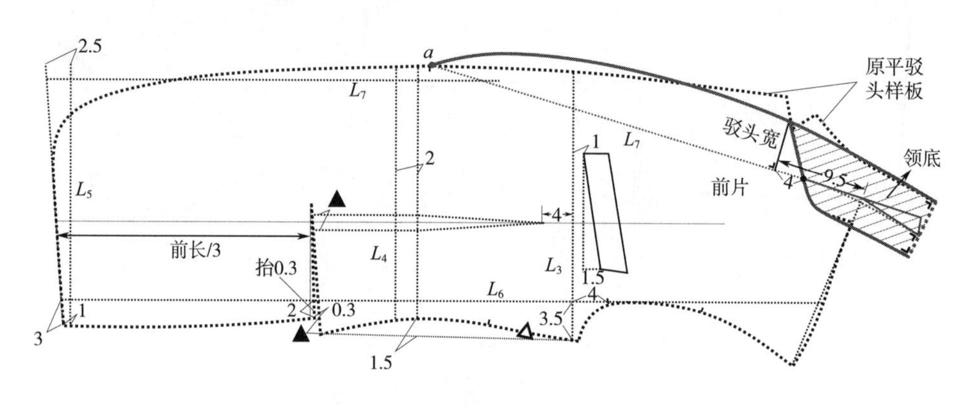

图 2-69 西装青果领制板法（一）

青果领款式挂面与领面为一体而无串口线，且标准青果领领后中处左右不做拼接，串口以下部分按正常方法制板如图 2-70 所示，领子翻折线后中处下 1cm，串口处下 2cm 顺至挂面确定领子拼接线（注：因领子、挂面、前里为互补关系，所以领拼接线与挂面内口线交点不要求一定在串口线上），套取领拼接线以上部分为挂面（含领面），使用领面制板法延展领外口，使其长度大于领呢 0.6~0.7cm 为领面吃量。折叠领内口使其在翻折线处短于领底翻折线 0.6cm，与领底缝制拉量后长度一致。驳点上在前片基础上出 0.5cm 为驳点翻驳量；领子部分上提 0.8cm，使挂面止口与前片止口拼接后给予胸部一定松量。套取领子拼接线以下部分为小领面部分，修改方法同平驳头领脚。

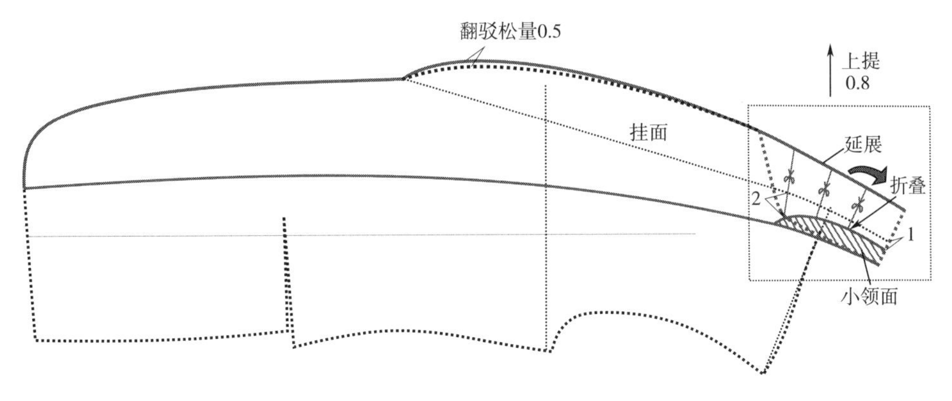

图 2-70　西装青果领制板法（二）

另外，青果领驳头处挂面与领面是连为一体的，正面无串口线，驳头宽度测量位置一般为领底与前片止口拼接处，也有的青果领为驳头下部呈“大肚”造型，驳头宽测量位置一般为驳头最宽处。图 2-71 为两种驳头造型的青果领款式。

图 2-71　驳头造型青果领款西装

3. 半里款西装制板方法

半里款与无里款内里变化较多，为休闲款或偏休闲款。半里款与无里款因内侧没有或没有全部使用里绸覆盖，因此该款式的关键在于如何掩盖面、里外露缝份的毛边，这也是该款式制板、缝制的难点之处，制板时需仔细“算计”，并要在完全熟悉工艺缝制方法后才能进行制板。通常缝份毛边的处理方法有包边工艺、来去缝工艺及卷边工艺，如图 2-72 所示。来去缝为样片反反相对，以 0.6cm 缝份缉合后翻折，再以正常缝份缉合，这样样片毛边就包在了缝份内侧。卷边为把缝份先折 0.6cm 后使用缲边机缲缝固定，再以正常缝份缉合后分缝，这样缝份经过两次转折后就隐藏在了缝份内侧，且毛边缲缝后不脱丝。包边是直接在样片毛边处使用里绸做0.5cm宽包边，把毛缝包在包边条内侧，从而做到掩盖毛边的目的。

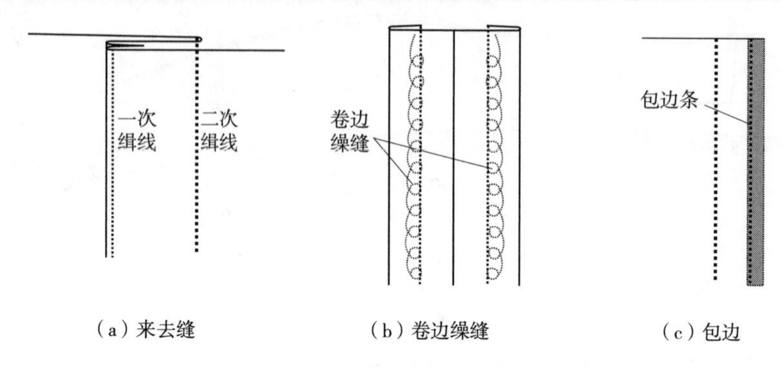

（a）来去缝　（b）卷边缲缝　（c）包边

图 2-72　缝份毛边处理法

需要说明的是无里款为内部无大身里绸，但这并不是说口袋开线等小部位也不用里绸。半里款与无里款内部设计丰富，款式上千变万化，时尚感较强，以下以常见的两款半里款式加以说明。

款式一：图2-73为来去缝半里款式工艺图（大挂面），后里左右拼接直半里，内里所有毛缝采用来去缝工艺，下摆双折1.5cm×3.5cm，相应样板调整方法如下（图2-74）。

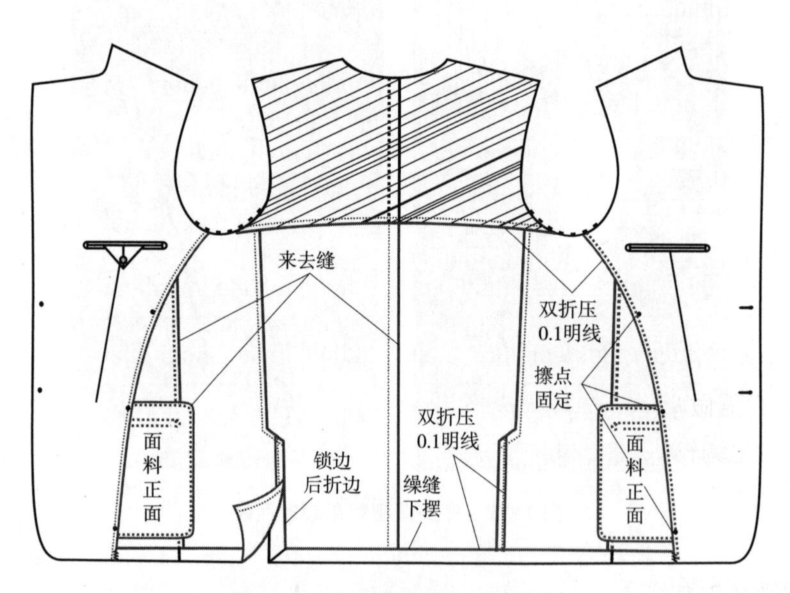

图 2-73　来去缝半里款式工艺图

（1）挂面上部盖过前袖窿，相当于弯挂面+前上里部分，下摆处过前下摆小台9cm。因挂面较宽，为达到与前身造型一致，挂面腰部需要同前片同步做收省处理，挂面省平行于挂面纱向线，使条、格面料收省后美观，高低位置同前片胸省。挂面内缝如采用折边工艺，弧度不宜太大，防止折边后长度不够造成内部不平服。

（2）侧缝、后侧缝、后中缝因采用来去缝工艺，样板在原缝份基础上再加放0.7cm缝

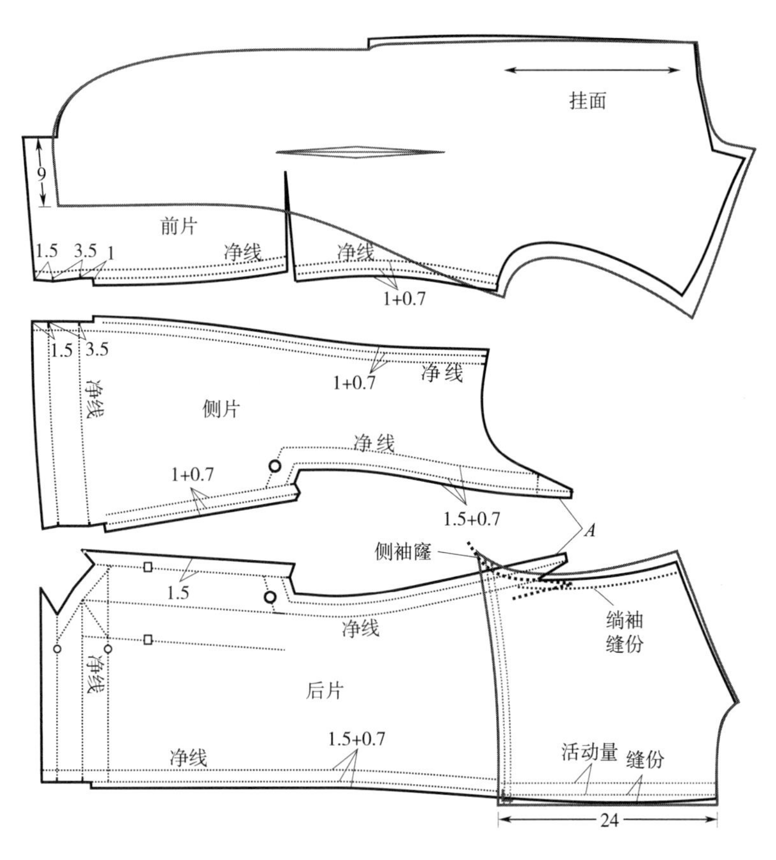

图 2-74　来去缝半里款式样板

份，缝制时先缉合 0.7cm 缝份，翻折后包住毛边再缉合 1~1.5cm 缝份，这样毛边就完全缉合在里面了。

（3）下摆处加放 3.5cm 缝份再加放 1.5cm 缝份，缝制时折烫两遍，边角处做出对称角。

（4）侧片开衩在边缝净线基础上加放 1cm 缝份后再加放 0.7cm，缝制时同样折烫两次后压明线固定。后片开衩在边缝基础上加放 1.5cm 缝份，缝制时折烫一次（因后片开衩本身就需折烫）。后开衩需做两次对折角，做法如图 2-73 所示。

（5）如后背里绸较短，为防止后侧缝缝份端点处毛缝外露，侧片、后片袖窿小台延长缝份，这样后侧缝缝份上端点处沿净线折烫至后片上与袖窿基本平齐，绱袖时绱袖缝份能够完全把后侧缝端点毛茬缉合在缝份里。

需要注意的是下摆处来去缝 0.7cm 小台，应距下摆净线 0.5~1cm，做到下摆折边处能够更薄一些，同时保证下摆折边后上部不能外露。

款式二：如图 2-75 所示，为包边工艺半里款式工艺图（前里、侧里为全里），后背采用蝴蝶后背半里，其他外露缝份采用包边工艺。

样板处理方式如下：

（1）因采用包边工艺，毛边已经被包边条覆盖，因此该款式无须再额外加放缝份，后片开衩处弧线处理，使包边条能够自上而下完整包合。为方便缝制，开衩弧度不宜太大。包边

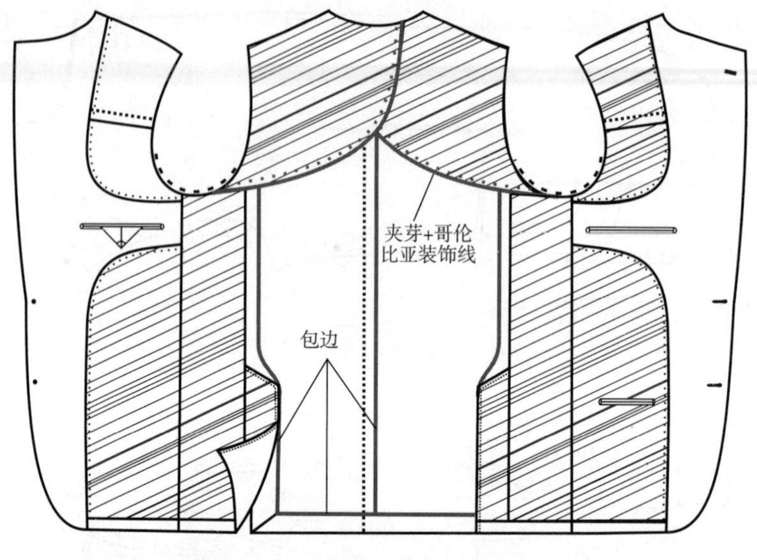

图 2-75　包边工艺半里款式工艺图

条采用 45°斜丝，可塑性强。

（2）侧里采用单开衩侧里形式，另加一块开衩贴样板，使侧片后侧缝缝份分缝后与开衩贴毛边顺齐，侧里与侧面缝份、开衩贴一道线拼合。因侧开衩需要与开衩小料拼接，后开衩包边，无须合缝，故侧片开衩较后开衩宽 1cm 为缝份量。

（3）后背里内外两层，制板方式按图 2-76 所示进行，内侧后背里袖窿处做小台处理，方便袖山缝份分烫。也可做单层，下边缘采用双折边工艺或锁边单折处理。

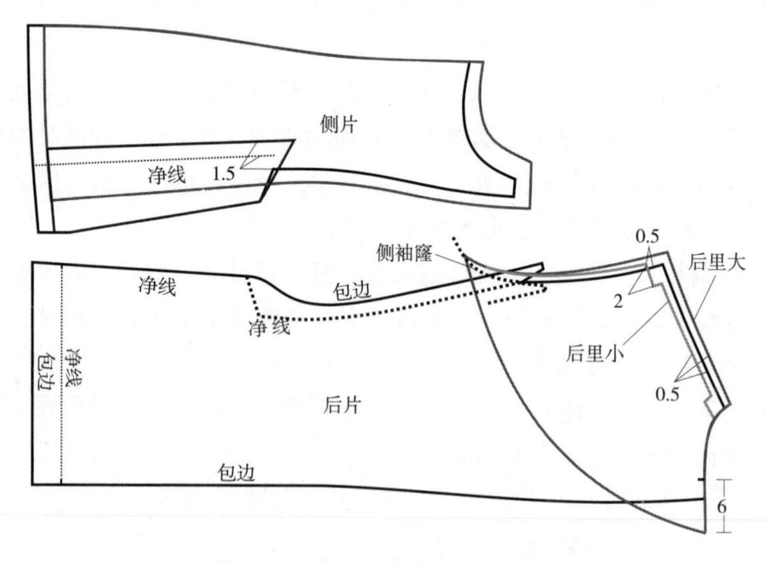

图 2-76　包边工艺半里款式样板

图 2-77 为另外两种半里形式，读者可研究样板、工艺如何处理。

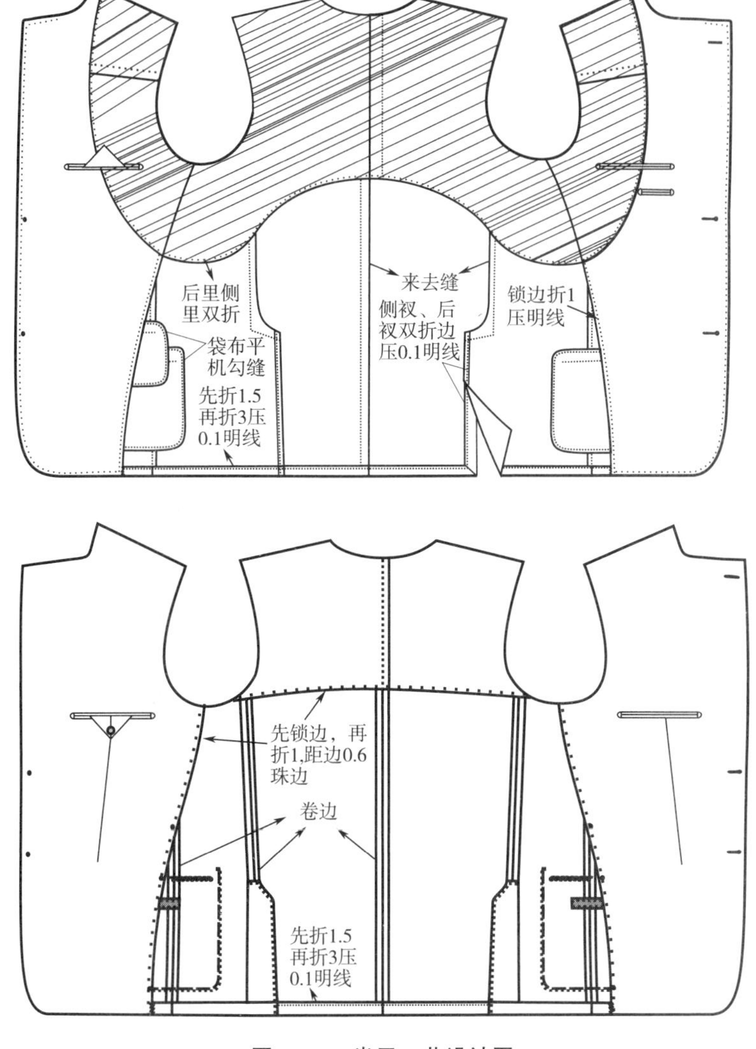

图 2-77　半里工艺设计图

4. 双排扣制板方法

双排扣西装源自英国海军的双排短呢外套，可以根据海风方向调节系纽扣的方向，从而做到无论海风从哪个方向吹来都能够有效保暖。如图 2-78 所示，双排扣西装多在仪式、会议等正式场合穿着，给人感觉端庄、正式、严谨，这也决定了双排扣西装只能作为套装而不能是单上衣形式存在。现阶段常见双排扣款式有双排六粒扣扣两扣（上面两粒为装饰扣）、双排四粒扣扣两扣（无装饰扣）。穿着上与单排扣不同的是双排扣西装上下两扣都要系扣穿着。因双排扣造型为纵向两排扣子，所以搭门量加大（在单排扣基础上加

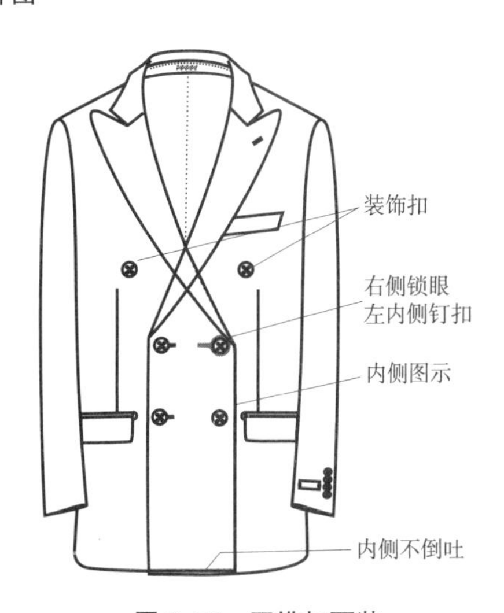

图 2-78　双排扣西装

5~6cm 搭门量），也因搭门量较大，视觉上围度较为肥大，因此双排扣西装对穿着者的身高有一定要求。双排扣西装比较正式，多搭配戗驳头，下摆采用直角下摆。因此，制板时，除前片、领子相关样板外其他部位制板同标准款式制板。

双排扣西装因搭门较宽，为使比例协调，驳头宽通常比单排扣稍宽，如图 2-79 所示，以标准驳头宽 8.5cm 双排六粒扣扣两扣戗驳头为例加以说明。

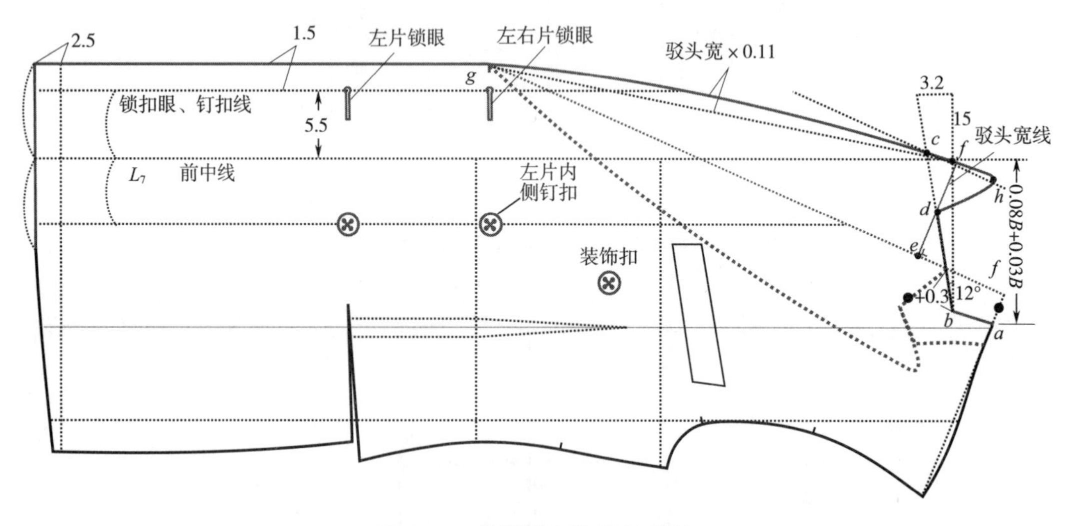

图 2-79　双排扣西装驳头制板

（1）原前中线不变，在前中线基础上出 5.5cm 确定门襟锁眼、钉扣线，再平行外出 1.5cm 确定前止口线，即成衣系扣后左右门襟搭门距离为 14cm。

（2）驳点上下位置同单排两粒扣，连接 gf 为双排扣款翻驳线。因双排扣驳头翻驳线长度长于单排扣且斜度增加、搭门加大，因重力原因等使驳头在制作及整烫过程中特别容易拉长，因此为保证驳头效果，在制作时双排扣驳头拉量需要加大约 0.5cm，同时各工序要注意驳头归烫。

（3）前肩点 a 下 3cm 定点 b 确定前领窝深，使 b 至翻驳线的距离大于 a 至翻驳点的距离 0.3cm，方便肩缝拼合后领窝圆顺。

（4）由 b 点作竖直辅助线，过点 b 作斜线，使斜线与竖直辅助线的角度为 12°，为串口线。

（5）作翻驳线的平行线，取两线距离为驳头宽度，与串口线交点为 c；点 c 沿串口线进：驳头宽×0.5+0.3 定点 d 为上领点，也为戗驳头款驳头宽测量时经过点。

（6）过点 d 作翻驳线的垂线确定点 e，延长至翻驳线的平行线上 f，ef 即为驳头宽，直线连接翻驳点 g 与点 f，中间位置外弧：驳头宽×0.1，画顺驳头弧线。

（7）延长驳头弧线确定点 h，使 dh=0.6×驳头宽，小圆角画顺驳头小角，完成驳头制板。将驳头按翻驳线对称至另一侧可以看一下驳头成衣后的效果确定造型是否达到要求。在制板时也可先画出驳头与领子成衣效果图，调整满意后再沿翻驳线对称至另一侧。

（8）下摆处保持搭门部分为竖直状态，顺至侧缝，确保成衣系扣后内侧（右侧）下摆底边不外露。

（9）生产操作时需要锁扣眼位及钉扣位两个操作样板。双排扣因搭门较宽，为使系扣后左右门襟不向两侧豁口，右侧第一扣位（仅第一扣位）锁扣眼，左侧对应内侧位置（左侧扣子正内侧位置）钉扣，系扣使用防止左右搭门豁口。

图 2-80~图 2-85 为双排扣不同门襟扣数款式图。

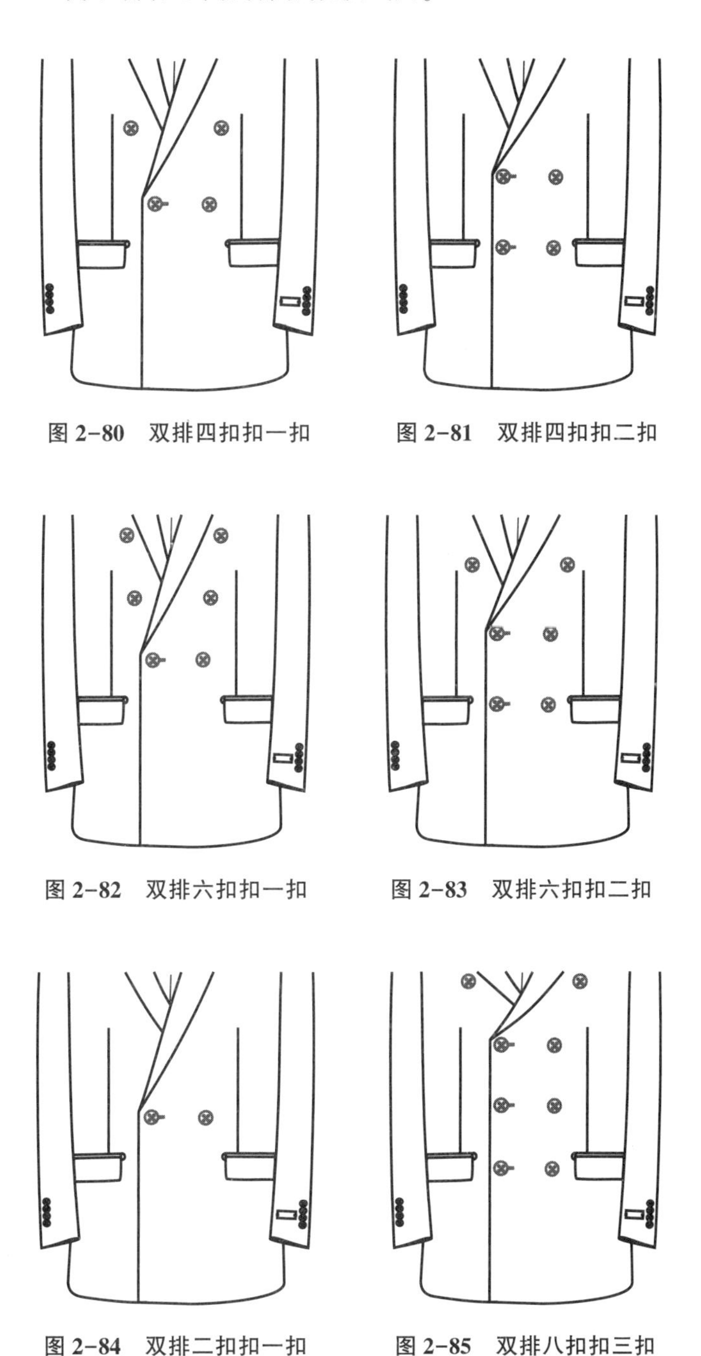

图 2-80　双排四扣扣一扣

图 2-81　双排四扣扣二扣

图 2-82　双排六扣扣一扣

图 2-83　双排六扣扣二扣

图 2-84　双排二扣扣一扣

图 2-85　双排八扣扣三扣

第三节　西裤工业制板技法

一、西裤净板工业制板

裤子制板比上衣相对简单，但要做出一条非常合体的西裤其难度并不亚于西装上衣，难点主要在于裆部以上部分是否合体、前后平衡是否合理。常规西裤分无褶裤、单褶裤及双褶裤，其中现阶段无褶裤占较大比例，为合体款式。单褶裤、双褶裤在无褶裤基础上增加活褶，因此属于宽松裤范畴。西裤通常采用前斜口袋，左右双开线后口袋，门襟使用拉链，单独腰头，裤脚为折裤脚。如图 2-86 所示，为裤子净板制板法，其中各部位制板尺寸需在成衣尺寸基础上加减相应影响值得出。如成衣尺寸（单位：cm）腰围 86，臀围 104，横裆 66，膝围 46，脚口 40，总裆 67，裤长 104。各部位制板尺寸对应为腰围 89.7，臀围 106，横裆 67.5，膝围 46.5，脚口 40.5，总裆 66，裤长 105。

（一）前片净板制板

（1）横向画 L_1 为上平线，作上平线垂线为侧缝辅助线，由上平线向下量取长度 = 裤长 - 腰宽 + 1cm（缩率），过该点作上平线的平行线 L_2 为脚口线。

（2）作上平线 L_1 的平行线，距 L_1：前浪 - 腰宽 - 0.5cm 为立裆深线，即横裆线、大腿围线。如提供立裆尺寸，可直接使用立裆深尺寸 - 腰面宽确定立裆深线，如尺寸提供总裆/总浪尺寸，可参考前浪 = 总裆/3 + 3.2cm，再使用前浪尺寸确定立裆深线，样板完成后再修正前后浪尺寸是否合理，总浪尺寸是否合适。

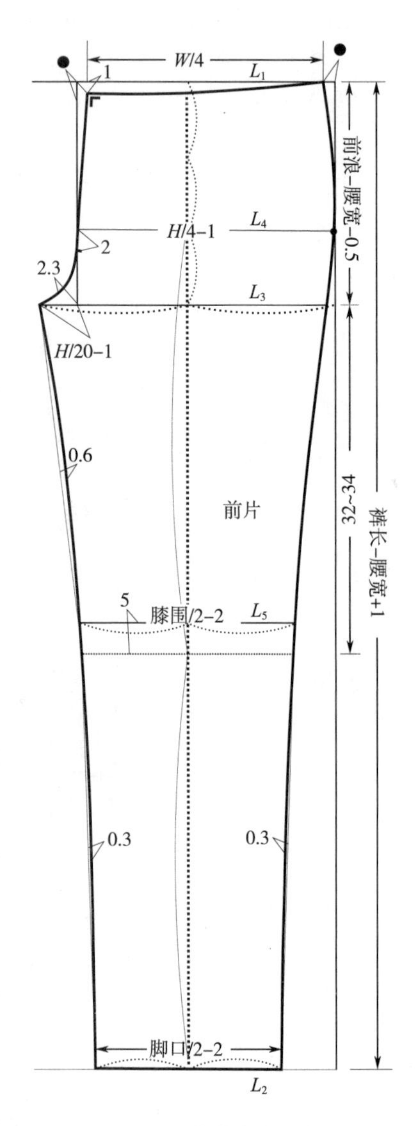

图 2-86　前片净板制板

（3）取 L_3 到 L_1 的三等分点作水平线为臀围线 L_4，量取宽度 $H/4-1\sim1.5$cm 为前片臀围大，上下分别通至上平线、立裆深线。

（4）取臀围线至脚口线中点上 5cm 确定膝围线（有经验的制板师根据裤长尺寸直接在横裆线基础上下 32~35cm 确定膝围线）。

（5）横裆线与臀围宽线交点延长 $H/20-1$ 确定前裆弯宽，取前裆宽点与侧缝辅助线中点作竖直线通至上平线与脚口线为前裤中线，即为前烫迹线，又称前挺缝线。

（6）裤中线两侧平分取：前膝围 = 膝围/2-2，前脚口 = 脚口/2-2。取前腰围 = $W/4$，前腰围侧缝与前中辅助线处平均收进。

（7）其他部位按图 2-86 所示进行，弧线连接各点完成前片制板，再按要求加放缝份。

※**知识点总结：**

（1）腰围处收腰大小受臀围与腰围的差值影响，臀腰差越大，两侧收腰越大，臀腰越差小，两侧收腰越小。但如果收腰尺寸过大，侧缝处容易鼓包，前中不平。因此前中、侧缝处收腰不宜过大，可参考最大尺寸 1.6cm。如果臀腰差过大可稍加大前腰围，减小后腰围甚至采用前裤片加省处理。因此对于无褶裤，臀腰差最好控制在 20cm 以内。工厂中大货生产臀腰差都会比较合理，而单体定制体型千变万化，尺寸变化范围也会比较大，不易把控。量体时可适当调整腰围、臀围尺寸加放量，如确实过大则建议做单省裤、单褶裤或双褶裤，保证样板造型。

（2）人体，尤其是男士臀围侧面处较平，因此样板上臀围至横裆侧缝处的弧线应稍平，防止此处多量。

（3）常规体型可参考无褶裤前落腰 1~1.5cm；单褶裤前落腰 0.5~1cm；双褶裤前落腰 0~0.5cm；后腰抬 3.5~4.5cm。量体定制时需要根据客人体型相应调整，如翘臀体、平臀体、大肚体、挺胸体等。

（4）前裆弯处设有剪口，为绱拉链时拉链起点位置标记，该剪口可参考臀围线下约 2cm，起到便于穿脱的作用。

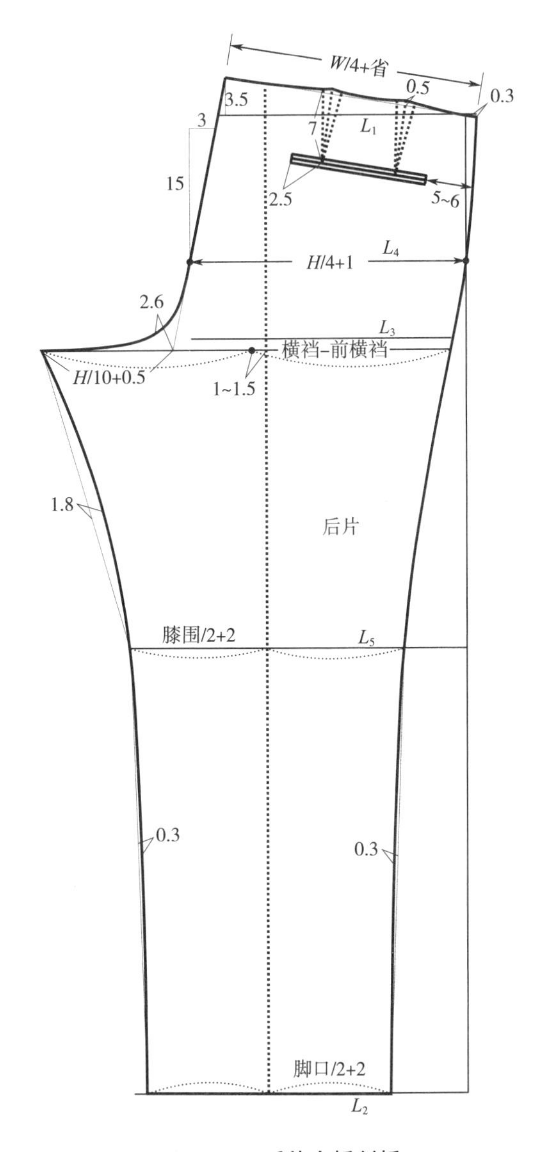

图 2-87　后片净板制板

（二）后片净板制板（图 2-87）

（1）上平线、臀围线、膝围线、脚口线沿用前片对应辅助线，横裆线在前片横裆线基础上下落 1~1.5cm，重新确定后片横裆线。

（2）作以上各辅助线垂线为后片侧缝辅助线，在后臀围线上取 $H/4+1$~1.5cm，确定后片臀围大。

（3）比例法确定后裆斜度：由臀围大点向腰口方向做竖直线，取 15∶3 定点，连接臀围大点确定后裆斜线。向上延长至上平线，向下延长至后片横裆线。

（4）横裆线与后裆斜线交点延长 $H/10+0.5\sim1.5$cm 确定后片横裆大，在横档线上取：后片横裆＝横裆－前横裆。

（5）取后片横档大中点向侧缝偏移 1～1.5cm 作竖直线为后片裤中线，即后片烫迹线。裤中线两侧平分取：后膝围＝膝围/2+2，后脚口＝脚口/2+2。

（6）后裆斜线与上平线交点延长 3.5～4cm 确定后翘量，由该点至上平线下 0.3cm 处量取 $W/4$+省量为后片腰围大。

（7）后省处抬高 0.5cm，保证收省后弧线顺滑，不起角。后口袋距腰口 7cm，距侧缝 5～6cm 确定后口袋位置。其他部位弧线连接，完成后片制板。

※知识点总结：

（1）制板方式根据人体不同而变化，如臀围、腰围值在前后片的分配，因为人体臀部凸起，所有后片臀围加 1cm，前片臀围减 1cm，臀部凸起越大，分配给后片的比例也越大。标准人体腰围处前后无明显凸起，因此腰围尺寸前后片平分，如凸肚体，分配给前腰围的比例相应加大。后裆斜度、后翘量根据臀部的起翘程度相应调整，臀部越翘，后裆斜度越大，后翘越大；臀部越平，后裆斜度越小，后翘越小。

（2）后口袋位置参考侧缝线，且不宜变化太大，方便手臂转到后身掏口袋，而不应以后裆缝为依据。

（3）侧缝处腰口下 0.3cm 适用于素色面料与条子面料，当面料为格子面料时，因后片侧缝斜度大，前片侧缝斜度小，为拼合时横向对格，后片侧缝必然需要吃量，从而造成后片侧缝短。因此，对于格子面料，后片侧缝腰口应在上平线基础上上抬 0.3～0.5cm 确保前后片拼缝后长度一致。

（4）后片完成后需检验与前片各拼接处是否顺滑，保证不起角、不鼓包；尺寸是否合适；比例是否协调。确定无误后再按要求加放缝份，而后再进行其他样片制板。

（三）常规面料小料制板

1. 侧垫、侧芽

为侧口袋处口袋垫布及口袋内侧芽子，其作用是防止口袋布外露，影响美观。常规西裤口袋有直口袋与斜口袋之分，其前裤片、侧垫、侧芽的制板方式也有所区别。如图 2-88 所示，为常规斜口袋款侧垫、侧芽制板方法。

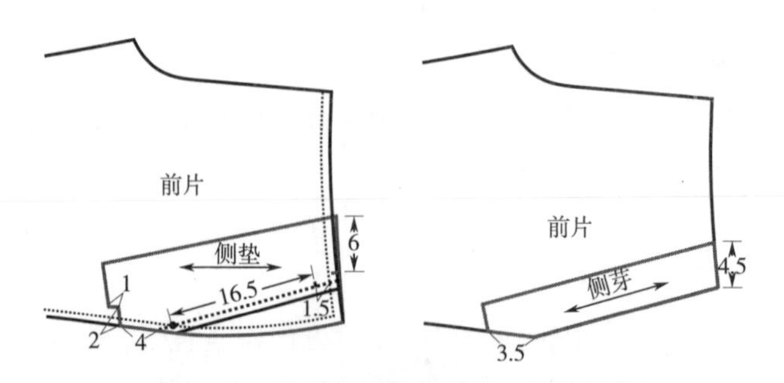

图 2-88　常规斜口袋款侧垫、侧芽制板

（1）重新分割前片样板：在原完整前片净线基础上以斜袋口为分界线重新划分前片与侧垫，缝制时侧垫与前片再重新组合成完整前片，从而做出斜袋口款式。袋口大及袋口斜度参考：口袋腰口处距侧缝 2.5~4cm，腰下 1~2cm 确定打套结位，用于固定口袋两端；侧口袋大 16~17cm。另外，为防止斜插袋款式侧袋张口（斜插袋西裤常见弊病），斜口袋线可做外弧 0.5cm，缝制时将弧线向里推直，从而将前片做出人体的外弧转折量。

（2）斜口袋前片外侧缺失部分由侧垫补充，内侧延伸至口袋下 5~6cm，确保在掏口袋时袋布不外露。其他部位按上图尺寸完成制板。其中，侧垫下 1cm 小台为侧垫折边，缝制时折边压明线固定（也可不做折边，缝制时锁边后压明线固定）。2cm 小台为缝份+侧缝分缝量，过小会妨碍侧缝分缝，过大则该处露口。

（3）侧芽为口袋开口内侧部分，因此宽度可稍窄，为 4.5~5cm，纱向通常平行于开口，使内侧美观，防止拉伸。

图 2-89 为顺侧缝直口袋款样板制板方法，在前片侧缝上取腰下 1~2cm 为口袋打结位置，用于固定口袋两端；沿侧缝量取 16~17cm 为口袋长度；因口袋位于侧缝上，故前片为完整原始样板，无须重新分割。侧垫形状同前片，也无须充当“补足缺失”部分，仅起防止口袋布外露作用。因口袋斜度不像斜口袋那么大，侧芽纱向同前片纱向即可。

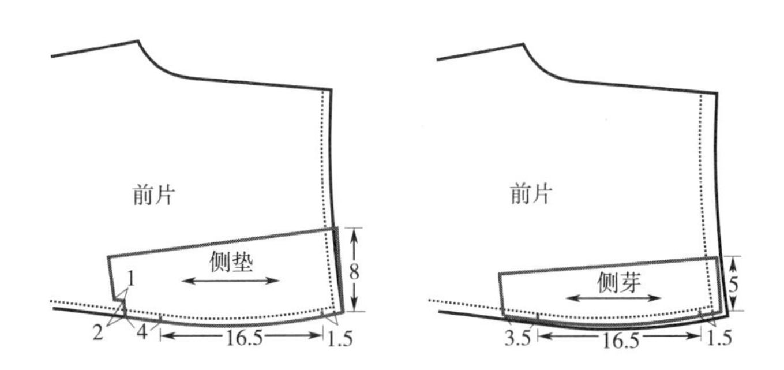

图 2-89　侧缝口袋款侧垫、侧芽制板

图 2-90 为另外三种侧口袋款式，可参考研究制板与工艺制作方法。

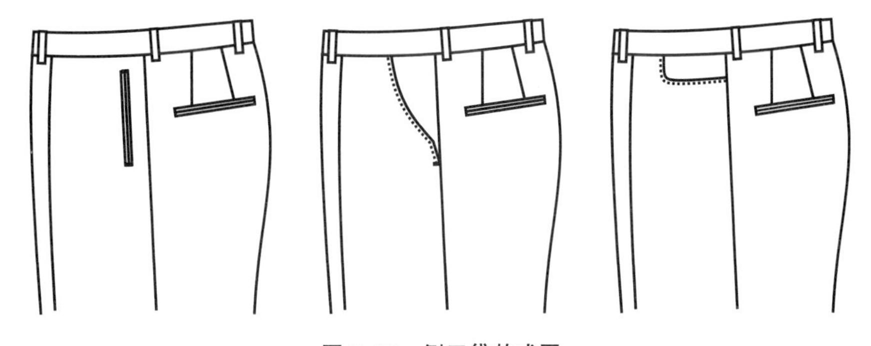

图 2-90　侧口袋款式图

2. 门襟、里襟

如图 2-91 所示，门襟、里襟分别与前片左、右前中部位拼接，固定拉链，补足开裆时空白部分，防止走光。门襟宽度根据门襟明线而定，确保门襟明线能够固定住门襟。常规门襟明线净宽为3~3.5cm，则门襟毛板宽度一般为5~5.5cm（1cm缝份+盖过明线1cm）。里襟净宽需大于门襟净宽，保证拉链闭合后内侧翻看时里襟盖过门襟（如图2-92所示，门里襟宽度差距0.8cm，0.5cm为里襟与里襟布缉合缝份，剩余0.3cm为里襟盖过门襟部分），里襟上部宽度及造型根据腰里款式做相应调整。

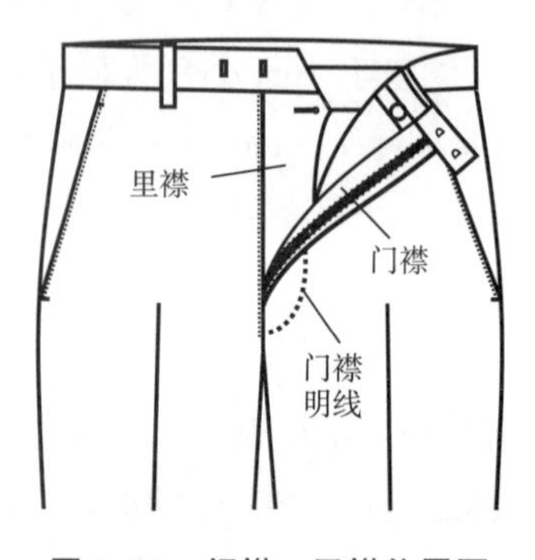

图2-91 门襟、里襟位置图

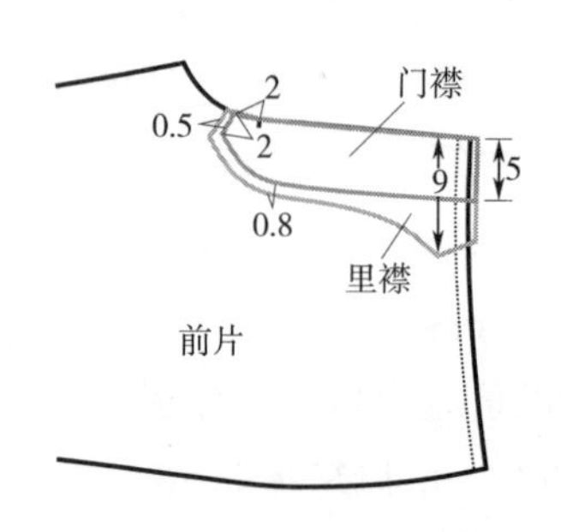

图2-92 门襟、里襟结构图

如图2-93所示，几种门襟、里襟形状可参考研究制板与工艺制作方法。

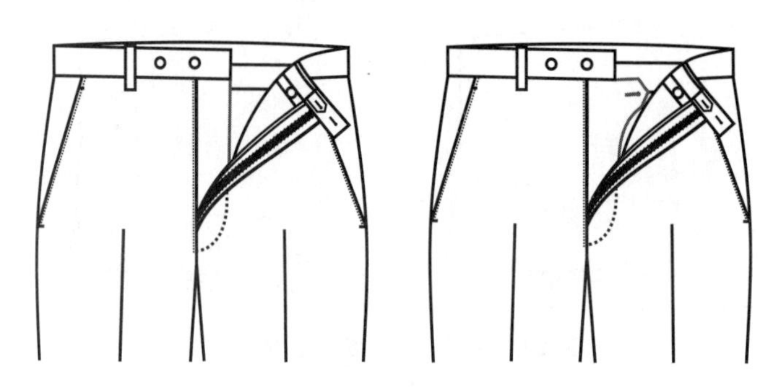

图2-93 门襟、里襟款式

3. 后开、后垫

因裤子后口袋开袋后下开线需折边后压明线与袋布固定，所以裤子开线宽度大于上衣开线宽度，通常裤子后开宽度为8cm，长度为后口袋大加5cm，约18cm，纱向通常取直丝。后袋垫宽度8.5cm，长度同开线，纱向顺后片纱向。

4. 裤襻

标准西裤裤襻通常为6根或8根，每根裤襻长10cm，对折裁剪样板裤襻长度原理为30~40cm，加上损耗，长度一般为50cm，宽度为3cm，纱向为直丝。

5. 腰面

腰面宽度原理为：腰净宽+2cm（上下缝份）+0.5cm（过缝量），例如成衣腰面宽3.5cm，对应样板为6cm，长度大于腰净板3~5cm即可，纱向同裤襻一样取直丝。

（四）常规辅料样板制板

1. 侧袋布

图 2-94 为常规斜口袋侧袋布款式。袋布由内外两层组成，工艺上可采取对折处理，也可内外两层拼合制作。如图 2-95 所示，为对折款式，内侧部分取侧袋口毛缝，与前片袋口、侧芽拼合，外侧部分在侧缝线基础上平行外出 2cm，缝制时毛边内折后与裤片缝份压明线固定。上、下层袋布沿对折线展开组成完整侧袋布样板，其他部位按图 2-94 和图 2-95 操作。对折款式操作相对简单，是工厂大货生产时最常规的操作工艺之一。

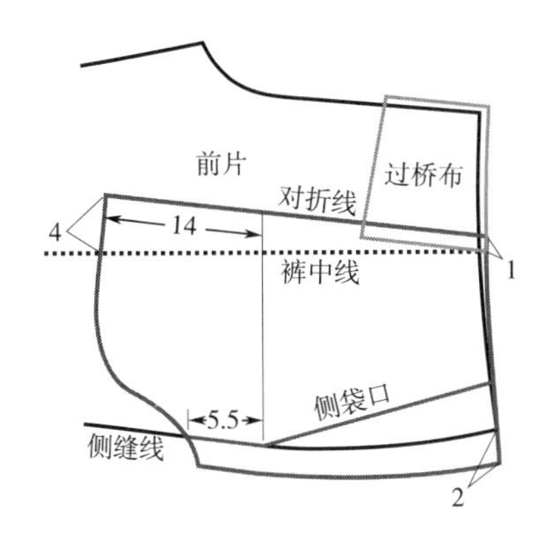

图 2-94　常规斜口袋侧袋布结构制图

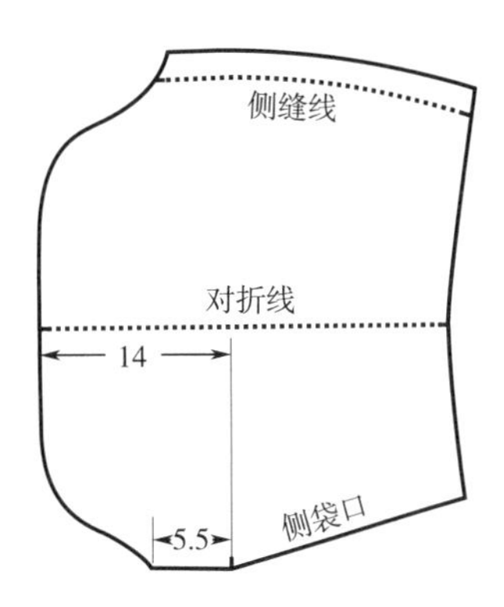

图 2-95　斜口袋侧袋布

图 2-96、图 2-97 为内外两层拼接工艺样板制板，套取侧袋口部分为侧口袋内层，套取侧缝外 2cm 部分为侧口袋外层。通常拼接工艺多为圆角袋布，因中间无法对折而采用的工艺方式。

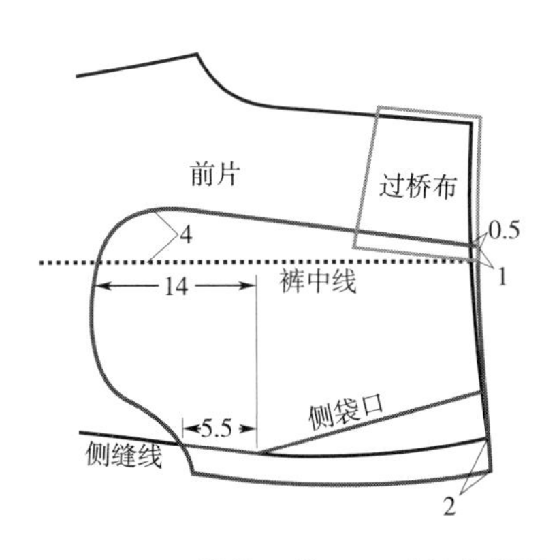

图 2-96　两层拼接工艺（无过桥布样板）

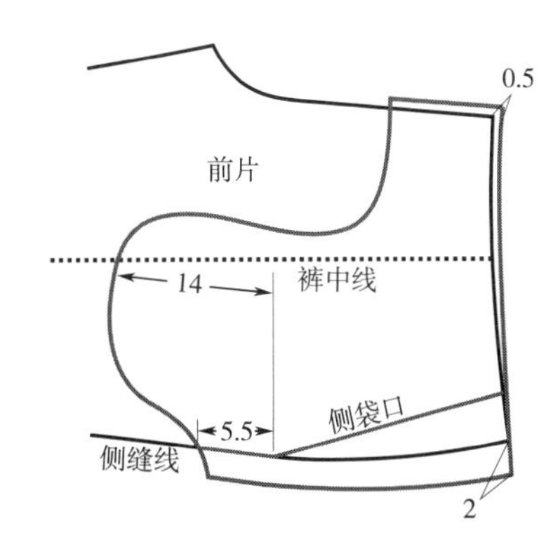

图 2-97　两层拼接工艺（含过桥布样板）

顺侧缝直口袋款袋布仅内层袋布与斜口袋不同，内层袋布改为顺侧缝，缝制时内层袋布、前片、侧芽拼接，其他部位不变。

2. 过桥布

过桥布又称侧袋连接布，可有可无，非西裤标配部件。过桥布的工艺处理方式多种多样，形状也各式各样。制板时可单独制板（图 2-98），也可与侧袋布连为一体（图 2-99）。用在西裤上连接侧袋布与裤片前中位置，起到固定侧袋布的作用，使袋布平整。另外，当口袋内装重物时也能够起到加固袋布的作用。需要注意的是单褶裤、双褶裤通常不设过桥布，防止前片活褶被固定住而起不到活褶的作用。

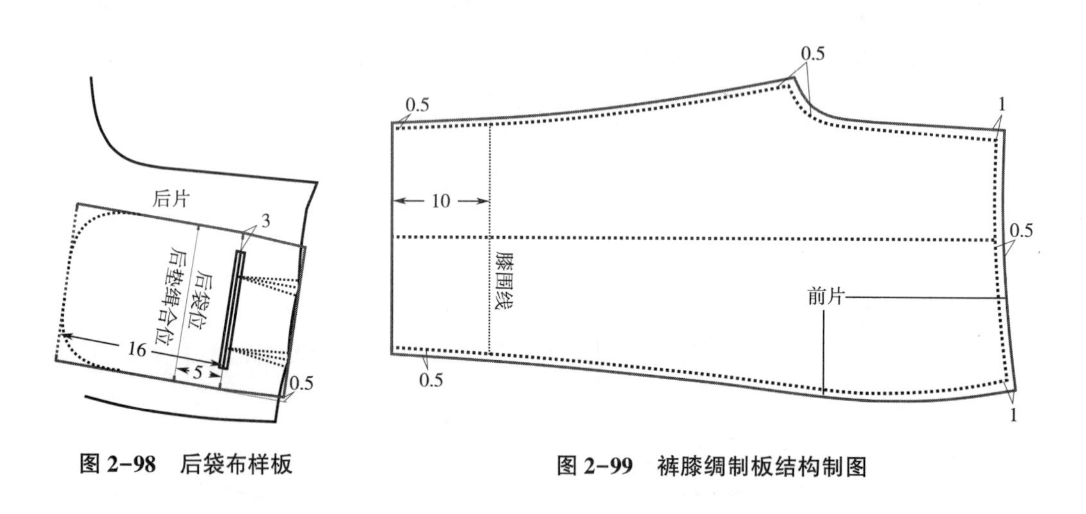

图 2-98　后袋布样板

图 2-99　裤膝绸制板结构制图

3. 后袋布

样板款式相对固定，但也有对折工艺与拼接工艺之分。如图 2-98 所示，为方便理解，后口袋布在后片口袋位基础上制板，剪口标记出口袋位及垫带位置，完成后沿底边对折线产生对称片即可。拼接工艺袋布底边通常为圆弧造型，如图 2-98 中黑色虚线部分。

4. 裤膝绸制板

裤膝绸通常使用专用里膝绸，可有可无，位于前裤片上部，起穿脱方便及防静电的作用。裤膝绸在裤子内侧，制板时需考虑裤膝绸缩率并给予一定松量，切不可过紧，其制板方法如图 2-99 所示。制作时下口可采用压花剪处理，也可采用烫边及双折边工艺，防止脱丝，其他三边与裤前片锁边固定处理。

5. 裆布

裆布位于裤子内侧裆底十字裆缝处，起加固裆底的作用。裆布形状多种多样，制作工艺也各不相同，以下介绍两种常见裆布形式。

如图 2-100 所示为常规椭圆形裆布，前片、后片裆底净线对齐，里襟、里襟布按位置放置在前片样板上，裆布按前后片裆底弧线，前部与里襟布拼接，净线位置放出 0.6cm 缝份，裆底过前后十字裆 7～8cm 与后裆缝滴针固定，内侧缝宽度 6cm 与内侧缝缝份滴针固定。裆布外侧可加放 0.5cm 缝份，缝制时四片辑合，也可不加放缝份，缝制时外侧包边处理。

如图 2-101 所示，为常规菱形裆布，与椭圆形裆布不同的是菱形裆布需要注意处侧尖角需要对应在侧缝上，确保缝制滴针固定时能够与缝份对齐。裆布外侧可加放 1～1.5cm 缝份为内折边。

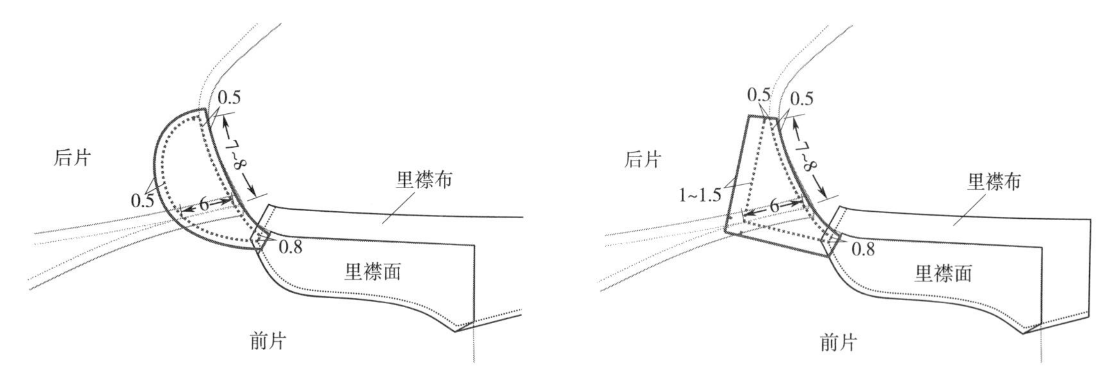

图 2-100　椭圆形裆布结构制图　　图 2-101　菱形裆布结构制图

（五）粘衬部位及制板方式

裤子粘衬部位相对较少，常规裤子粘衬部位有侧口袋口、后口袋位及门襟、里襟处，如图 2-102 所示。侧口袋位置粘经编衬，起到反复掏口袋时防止拉伸及使侧袋口硬挺的作用。如侧袋口使用无纺衬，即便成品后平整，长时间穿着后侧口袋口也极容易拉长，而经编衬在防止拉伸方面有很好的效果。后口袋位粘无纺衬，起固定省尖、使后口袋处硬挺，加固锁眼位的作用。门襟、里襟小料处粘无纺衬。此外，腰面处粘有专用树脂衬，起到腰头硬挺的作用，防止变形。裤子其他部位通常不粘衬。

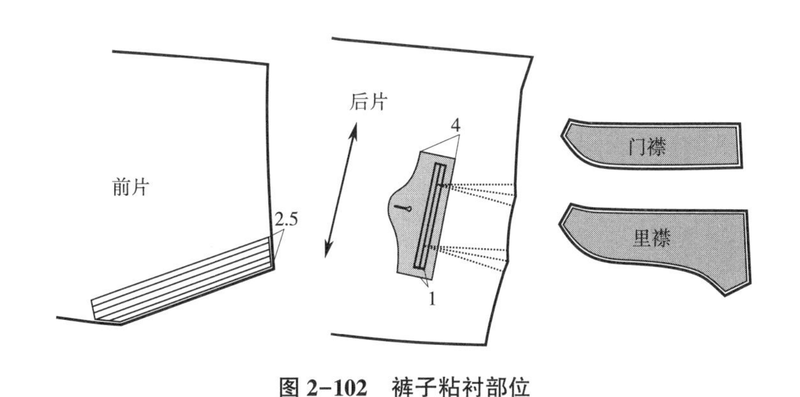

图 2-102　裤子粘衬部位

二、生产操作样板制板

1. 腰净板

因前中处左右造型不同，故腰净板根据左右腰头的区别分为左腰净板与右腰净板。且腰头造型随款式而变化，通常有直腰头（图 2-103）、圆腰头、宝剑头腰头及无探头款。西裤后中处为左右拼接处理，方便体型发生变化时修改尺寸，休闲裤通常为连腰形式，这是西裤与休闲裤的区别之一。腰上的裤襻数量随着腰围尺寸的变化而变化，通常情况下分 6 根裤襻与 8 根裤襻（可设定腰围尺寸 86cm 上下分档），不管其数量多少，裤襻之间距离原则上要相等。

生产时按腰净板剪切专用树脂衬粘在腰面上，起到腰面硬挺及防止变形的作用。腰净板上剪口位起到标注作用，是绱腰及确定裤襻位置、探头长和商标位的依据。需要注意的是第一根裤襻需在裤中线或第一褶位上，使裤中线向上提起，保证造型。西裤腰宽通常为 3~4cm，裤襻宽度 1cm，长度 4.3~5cm。腰净板确定了前后裤片腰口吃量及腰围尺寸，是裤子制板必不可少的操作板。

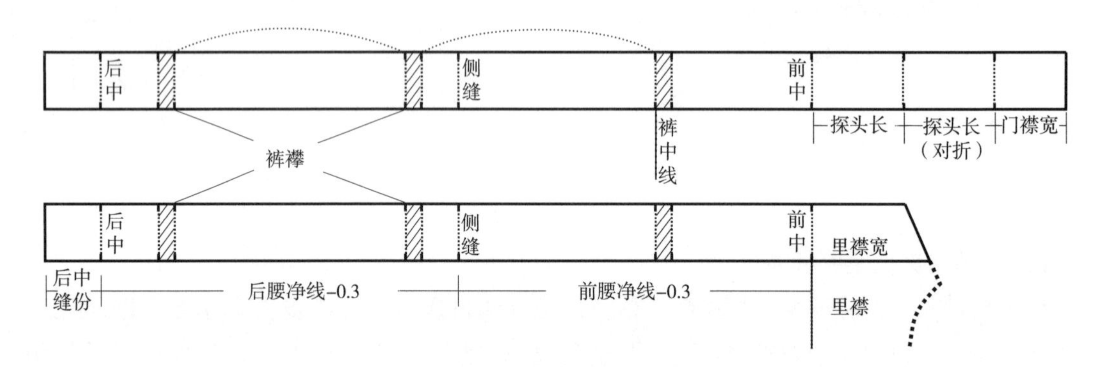

图 2-103 直腰头结构制图

腰面宽度大于 4.5cm 时可采用上下双锁眼/挂钩形式确保牢固度。除了上面三种常规的西裤腰头外，还有一些偏休闲款式的款式，如图 2-104 所示。

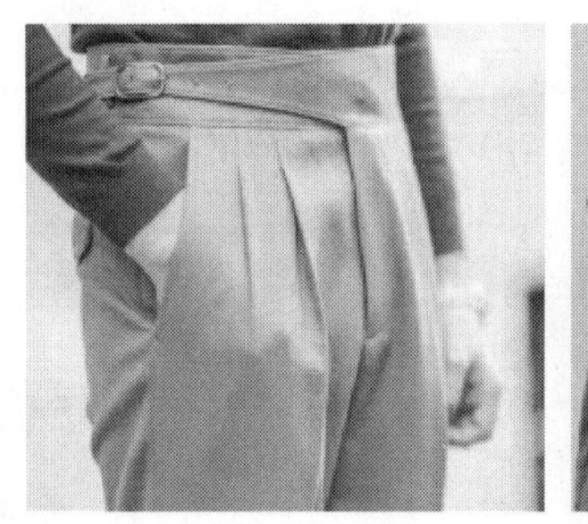

图 2-104 特殊的腰头样式

2. 侧袋位

斜口袋侧袋位操作板即为前片与侧垫的拼合线，完整的前片以侧袋口线分割为侧垫与斜口袋前片。如图 2-105 所示，在净线基础上以倾斜 3cm，口袋大 16.5cm，腰下 1.5cm 打结固定为例，确定斜口袋位置。腰上口、侧缝按毛缝套取样片完成斜口袋定位板。顺侧缝直口袋可直接在裤片上设置剪口，表示口袋大及打结位置，无须再单独做定位样板。

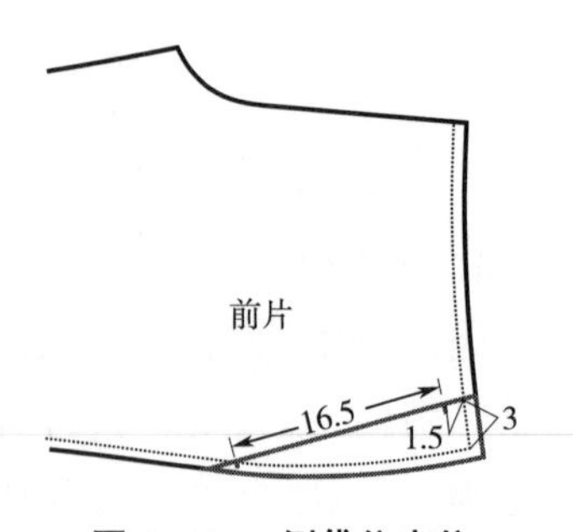

图 2-105 侧袋位定位

3. 后袋位

用以确定后口袋的上下、左右位置及口袋大。如图 2-106 所示，后口袋中间位置（省尖位置）距毛缝腰口一般为 7.5~8cm（即口袋中间距绱腰净线

6.5~7cm)。不管是单省还是双省，后口袋左右端点距省缝左右对称。打剪口标记出省缝位置，防止左右偏离。也有后双省两省长不一样的款式，通常后中缝侧省长于侧缝侧省长约2.5cm，但口袋要保持和腰口平行。

4. 后裆缝

后裆缝因弧度较大，且上下分大小缝份，对合体度起了重要作用，也是裤子质量问题的频发位置，因此后裆缝是裤子要求比较严格的缉合线，故后裆缝在生产时需要按操作净板画出缉合净线，确保缝线位置准确，缝线顺滑。

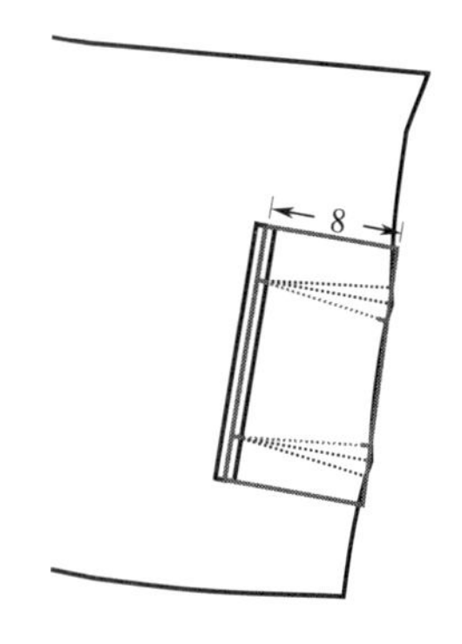

图 2-106　后袋位定位

三、裤子样板检验

裤子制板完成后，需要对样板各部位进行检验，除了确保各部位尺寸无误外，重点是保证各部位拼缝缝合后顺滑，不凹陷、不鼓包。如图 2-107 所示，要求裤子成品拉链合上后前中腰口、前后片侧缝腰口、后中拼合后腰口、前后片内缝拼合后裆底、后省拼合后腰口处自然顺滑。

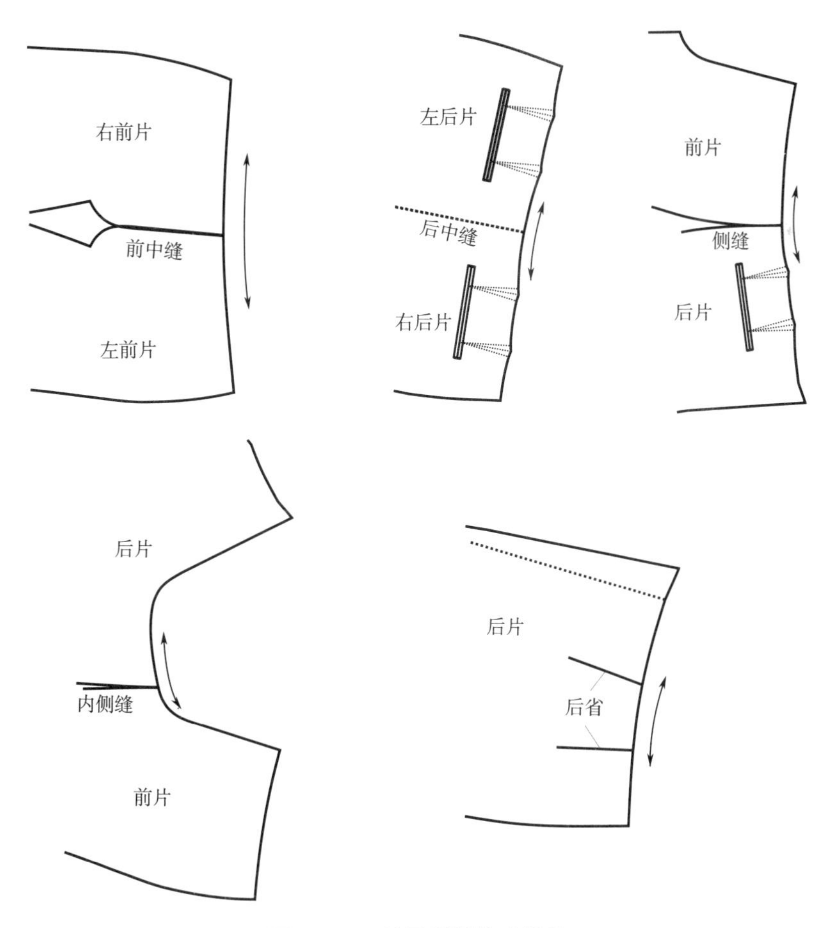

图 2-107　裤子样板检验部位

（一）常见款式制板

1. 单褶裤

单褶裤与双褶裤因前裤片增加前活褶，故臀围、横裆加放量也需要相应加大以保证褶量自然不被撑开，因此单褶裤、双褶裤属于宽松裤的范畴，通常臀腰差较大。在制板上，单褶裤、双褶裤与无褶裤最大的区别是前后片腰围、臀围的比例分配。单褶裤因前片左右各增加约4cm大的褶量，导致前片样板裤腰宽度整体加大，前褶自然顺下，使前片有效臀围尺寸减小，因此，单褶裤制板时臀围尺寸需加大，取 $H/4-0.5$cm，腰围尺寸适当减小，取 $W/4+$褶量-1cm，使前片臀围至腰围能够顺滑收进。前中困势减小，前落腰也要相应减小，为0.5~1cm，使成衣后前中处腰口顺滑。后片臀围取 $H/4+0.5$cm，与前片有效臀围大相比，前后臀围差值并未减小。单褶裤制板如图2-108所示。

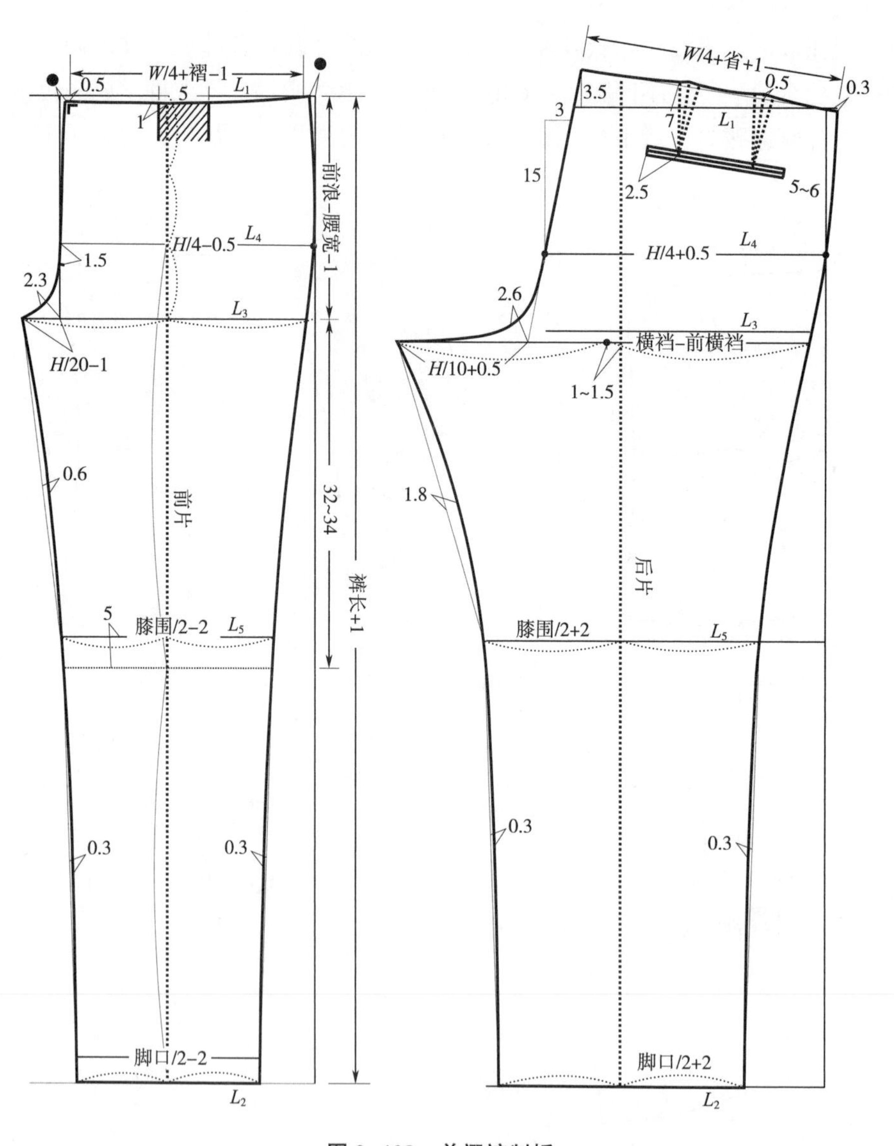

图2-108 单褶裤制板

需要注意的是后裆斜度与起翘量仅受人体臀部形态影响，单褶裤虽然臀腰差加大，但后裆缝的形态不应该变化。

2. 双褶裤

双褶裤左右前片各设有两个活褶，因此臀围、横裆加放量继续增大，宽松程度更大。此时，在制板比例分配上，前片臀围取 $H/4+0\sim0.5$cm，加大样板上前片臀围宽度，前片腰围取 $W/4$+褶量-1.5cm，减小前片腰围尺寸，保证前片臀围至腰围顺滑收进。前中困势进一步减小，前落腰相应减小，为 0~0.5cm，保证前中处左右腰头顺滑。

需要注意的是双褶位置的要求，第一褶位必须位于裤中线处，斜口袋款第二褶位位于口袋位与第一褶位中间，顺侧缝直口袋第二褶位位于侧缝与第一褶位中间，保证视觉效果美观。

如果按无褶裤的臀围加放量做有褶裤，因臀围加放量较少，不能满足臀部的活褶量，导致腰部有收褶，而臀部位置活褶量被打开，活褶不能自然顺下，造型则非常难看。双褶裤制板如图 2-109 所示。

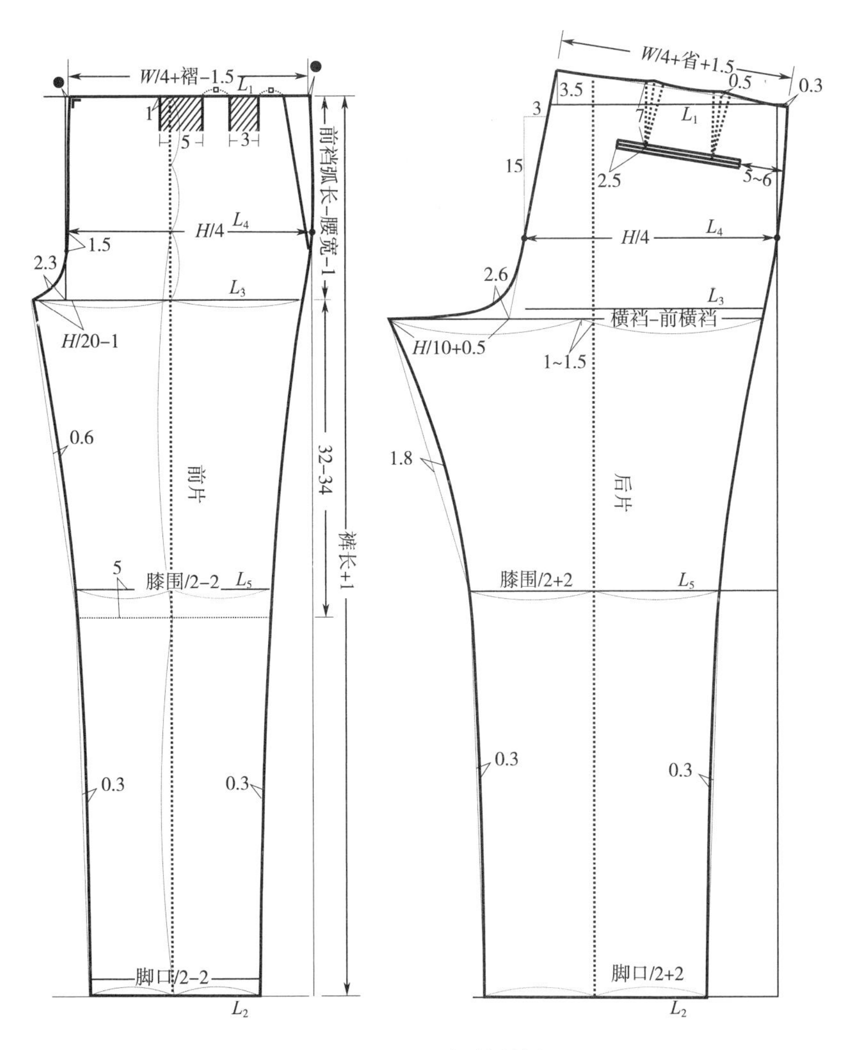

图 2-109　双褶裤制板

（二）常见裤脚口类型

1. 折脚口

折脚口是标准西裤脚口类型，样板上脚口处加放4~7cm折边量，脚口净位设置剪口标记，缝制时沿剪口位向内侧折叠，边缘位置缲缝固定。

2. 散脚口

散脚口为半成品状态，作用是方便修改裤长。样板上通常额外加长裤长，脚口处锁边但不向内侧折边固定，待确定好实际裤长后修剪掉多余长度再完成折边、缲缝固定。因此该款式脚口上15~20cm处通常设置为垂直状态，防止修剪后脚口尺寸变大及因对称角问题而产生的折叠后对应围度不等长的问题而造成不平服的弊病。

3. 外翻边脚口

外翻边脚口如图2-110所示，外翻边脚口是比较复古的英伦风格，其设计源自英国国王爱德华七世，他在观看赛马时突然下起雨，为了不让裤脚被雨水沾湿而将裤脚卷起，后来被追求时尚的贵族纷纷效仿而沿袭至今。翻边脚口是一种休闲西裤风格，外翻边宽度通常为3~5cm，如图2-111所示，以脚口外翻边3.5cm为例制板说明。在脚口净线基础上外放3.5cm为沿脚口净线向上翻折量，再加放3.5cm为二次向下翻折量，该线翻折后与脚口净线重合，再往下2.5~3cm为向内折叠量，该宽度需小于折边宽度约1cm与翻折上口错位，防止断层处厚度太大影响缲缝及缲缝线外露。

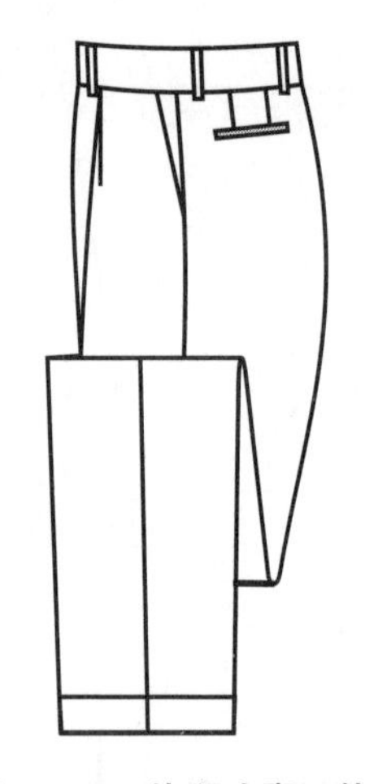

图2-110 外翻边脚口款式

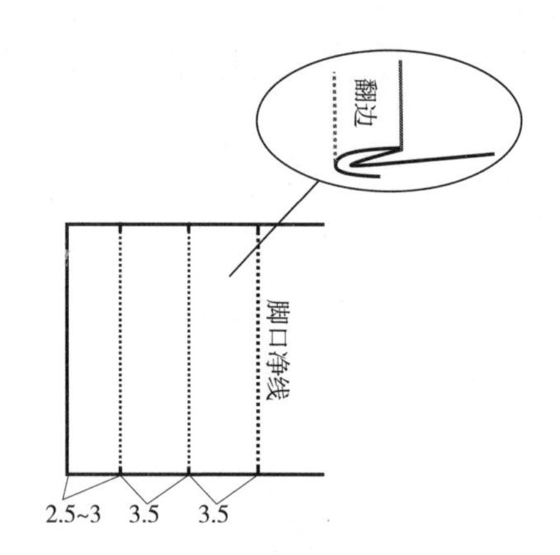

图2-111 外翻边脚口结构制板

4. 斜脚口

斜脚口有别于常规西裤款式，是指脚口前后不呈水平状态，而是前短后长做出一定斜度。这样的作用是能够减少因前脚背较高造成的前裤脚口褶皱量。如图2-112所示，制板时前片、后片侧缝处对齐，前裤中线处上提0.5~1cm，后裤中线处同步下落0.5~1cm，从而做出脚口斜线造型。需要注意的是前片脚口斜度因为是内弧造型，造成折边折进后长度不够，因此前片脚口折边需要拔开；后片脚口斜度因为是外弧造型，造成折边折进后长度过大，因此后片脚口折边需要归量。脚口斜度越大、折边宽度越大，需要拔开、归进的量就越大，但受面料拔开、归进量的限制，脚口斜度不能设置太大，否则会造成脚口处不平服或转折不自然，因此斜脚口款式脚口折边宜小不宜大。如果一定要追求斜度大的脚口造型，可考虑脚口折边采用拼接工艺，但对应的缺点是裤长不能做加长修改。

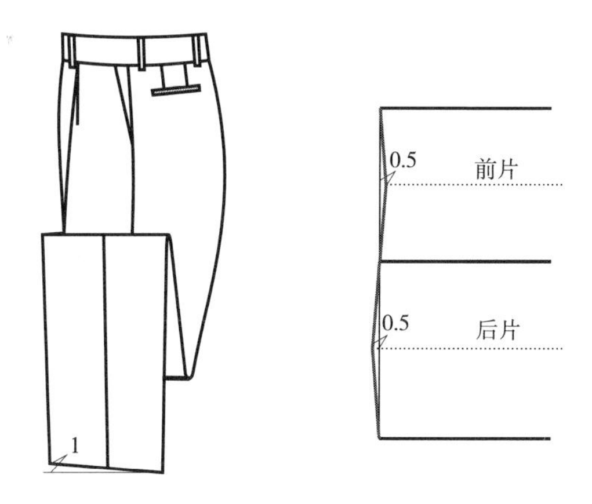

图 2-112　斜脚口西裤款式与结构制图

(三) 常见调节腰款式

1. 松紧带调节腰

图 2-113 为松紧带调节腰款式，腰面与腰里内侧固定松紧带，向两侧拉伸时松紧带打开从而起到增大腰围尺寸的目的。制板时仅腰面与侧口袋布有所变化，其他不变：以侧袋口为分割点（也可以侧缝为分割点），前腰由侧袋口向后逐渐变窄，与后腰处设置的松紧带缉合固定，后腰在侧袋口处做内折边，做出分割线，侧袋布上口 8cm 处增加豁口，使袋布随松紧带拉伸时能够同步展开，内侧袋口分割处与侧袋布豁口外内侧松紧带连接，从而使腰面受力时前后两根松紧带能够同时展开，起到调节作用。前腰底部增加一片腰面小料与后腰缉缝固定，起到覆盖内侧松紧带的作用。需要注意的是，该款式只能起到增大腰围尺寸的作用，无法调小腰围尺寸，制作工艺相对复杂，如图 2-114 所示。

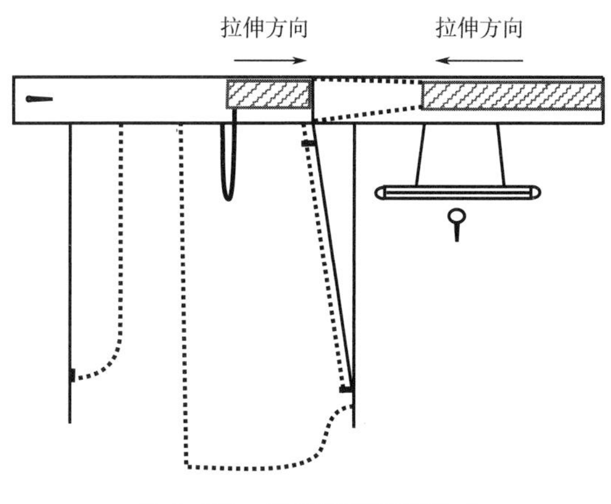

图 2-113　松紧带调节腰款式

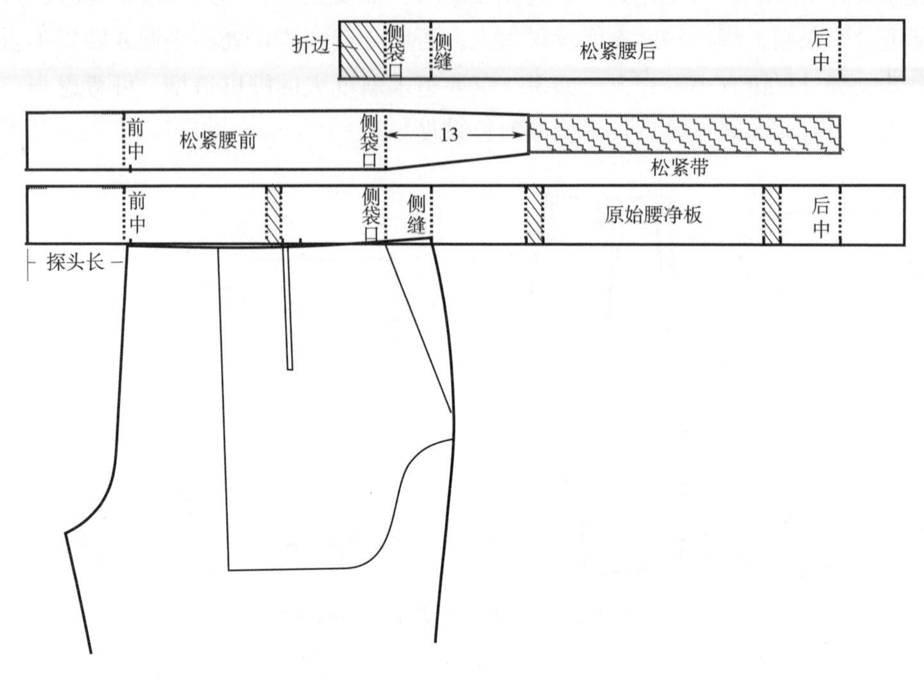

图 2-114　松紧带调节腰款制板

2. 侧腰调节襻款式

如图 2-115 所示，该款式在正常腰面基础上侧缝前后分别固定调节襻，中间由钎子固定，从而起到能够减小腰围的作用，与松紧带相反，改款式仅起到减小腰围尺寸的作用，而不能增大腰围尺寸。样板上在常规款式基础上增加侧腰襻即可，其他不变。

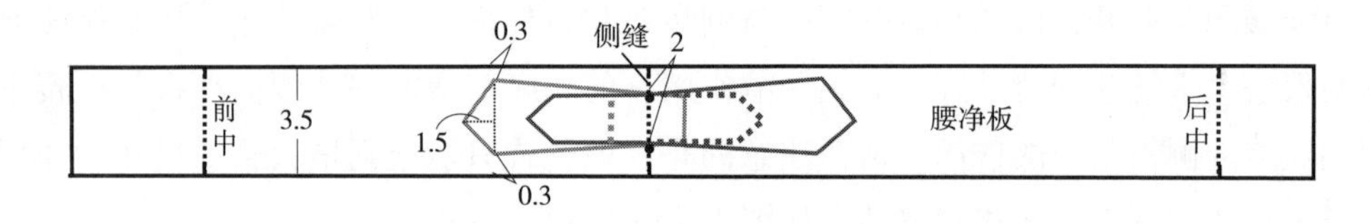

图 2-115　侧腰调节襻制板

3. 松紧调节扣款式

图 2-116 为松紧调节扣款式，前后腰在侧缝处做拼接处理，增加调节小襻，腰头上钉缝 2~3 粒纽扣，腰襻与不同纽扣扣合从而起到调节腰围尺寸的作用，同侧腰调节襻款式一样，该款式只能减小而不能加大腰围尺寸，如图 2-117 所示。

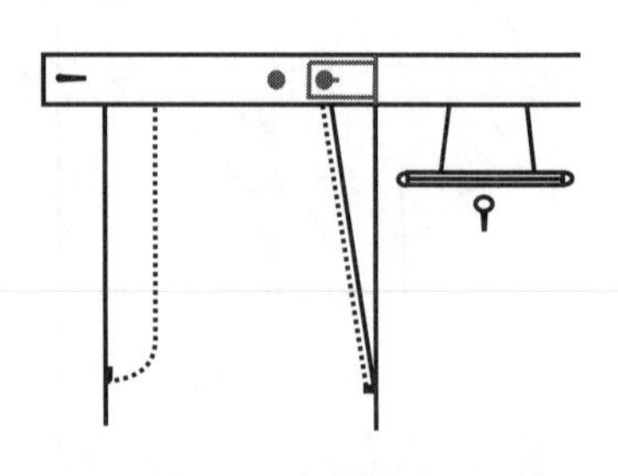

图 2-116　松紧调节扣款式图

另外，该款式也可将腰面侧缝设为活口，后腰处设置松紧带连接小襻，起到减小腰围尺寸时均匀收紧腰面多余松量的目的。样板上仅腰面有所变化，增加调节襻，其他无须调整，如图 2-118 所示。

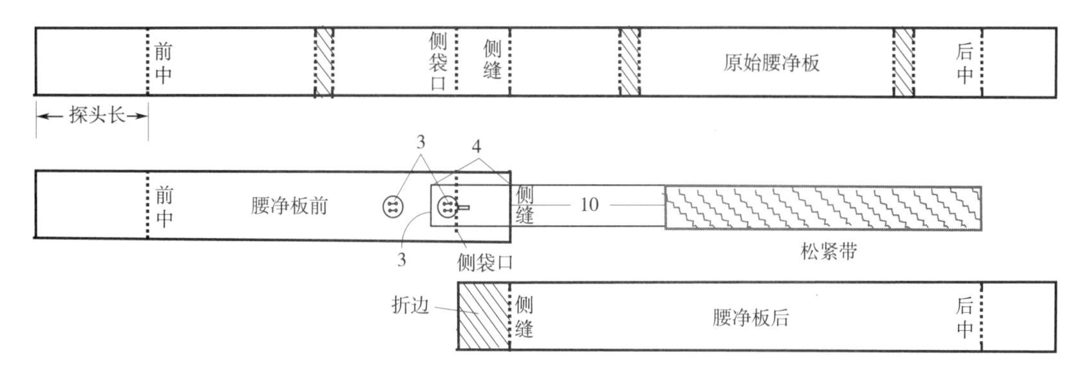

图 2-117　松紧调节扣制板

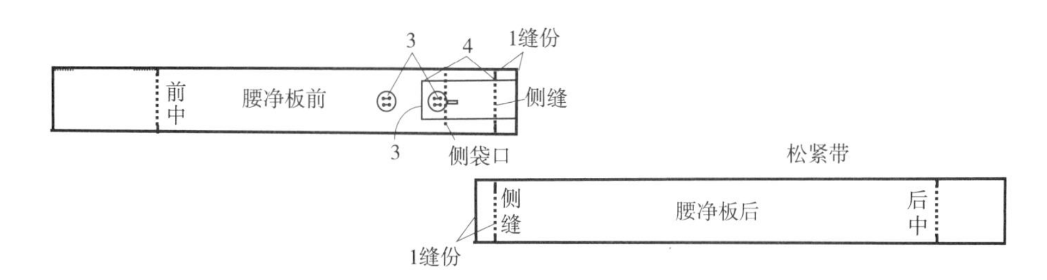

图 2-118　松紧调节扣制板（活口）

4. 门襟钉扣款式（代替拉链）

该款式在正常门襟底部单独增加一层锁眼层，与对应里襟侧系扣使用，休闲感较强，有很好的装饰效果，但该款式并非常规正式西裤款式，且日常穿着时因扣数较多及位置问题系扣较为麻烦，所以该款式较为少见，如图 2-119 所示。样板上仅前中门襟处不同，具体制板方法如图 2-120 所示。

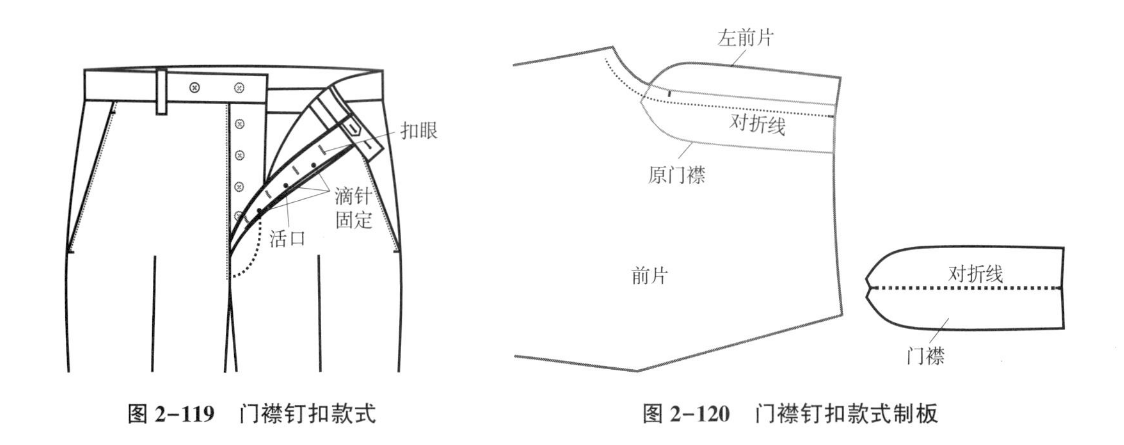

图 2-119　门襟钉扣款式　　图 2-120　门襟钉扣款式制板

将门襟正常放置于前片对应位置，沿前中净线对称至另一侧，重新套取前片样板为该款式的左前片样板，右侧前片按原样板保持不变。工艺制作时左前片门襟沿前中净线翻折至另一侧，从而做出原门襟造型。门襟相应做对称处理，工艺操作时门襟对折后锁扣眼，与前片门襟内侧一起包边固定，完成该款式造型要求。

需要说明的是，该款式前片、门襟也可使用正常样板而不做改变，只是前片与门襟勾缝后再加上锁扣眼层的内侧门襟会造成前中处较厚，影响视觉及穿着效果。

四、西裤毛板工业制板

裤子毛板制板和上衣毛板制板原理相同，也是在制板时提前计算出各部位缝份、公式、转折角处净板与毛板的差值及缝份差值，只是裤子片数较少，角度转折变化不大，相对上衣简单很多。以下裤子毛板制板缝份以后裆缝 1cm 至臀围处 1.5cm 顺直腰口 3cm，脚口折边 5cm，其他部分缝份 1cm 为例制板说明。

1. 前片制板（图 2-121）

（1）横向画 L_1 为上平线，作上平线垂线为侧缝辅助线，量取长度：裤长-腰宽+2cm（2cm 为腰口毛缝+缩率），过该点作上平线平行线 L_2 为脚口经线，往下 5cm 确定脚口折边。

（2）作上平线 L_1 的平行线，距 L_1：前裆弧长-腰宽-1cm 为立裆深线，即横裆线、大腿围线，如尺寸提供立裆深尺寸，可直接使用立裆深尺寸-腰面宽+0.5cm 确定立裆深线，如尺寸提供总裆/总裆弧长尺寸，参考前裆弧长=总裆/3+3.2cm，后裆弧长=总裆-前裆弧长（因总裆与横裆尺寸间相互影响，在量体定制手工制板时，尽可能测量立裆深尺寸进行制板）。

（3）取 L_3 到 L_1 的三等分点下 0.5cm 作水平线为臀围线 L_4，量取宽度（H/4-1）+2 为前片臀围大（2cm 为两侧缝份），上、下分别通至上平线、立裆深线（注意臀围尺寸取样板臀围尺寸，为成衣臀围+2cm，后面其他部位尺寸均按样板尺寸制板，在此不再赘述）。

（4）取臀围线至脚口线中点上 5cm 确定膝围线（有经验的制板师根据裤长尺寸直接横裆线下 32～35cm 确定膝围线）。

（5）横裆线与臀围宽线交点延长 H/20-1 确定前裆宽，取前裆宽点与侧缝辅助线中点作垂直线通至上平线与脚口线为前裤中线，即为前烫迹线，又称挺缝线。

（6）裤中线两侧平分取：前膝围=膝围/2，前脚口=脚口/2。前腰围取=W/4+2，侧缝与前中处平均收

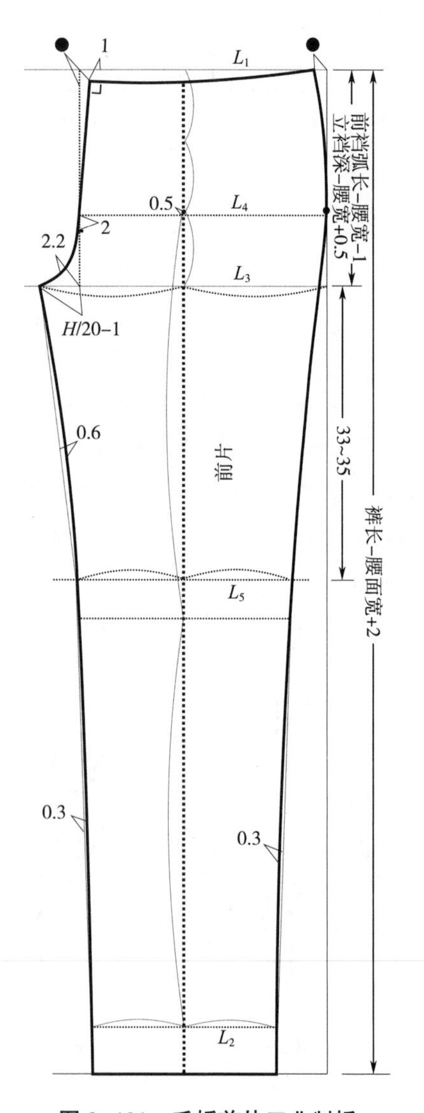

图 2-121　毛板前片工业制板

进。需要注意的是，因裤片侧缝及前中缝从腰围至臀围呈逐渐扩大形状，净线位置腰线长度已经加长充当绱腰时腰口吃量，故毛板无须再单独设置腰口尺量。

（7）其他部位按图 2-121 和图 2-122 进行，弧线连接各点完成前片制板。

注：脚口上 10cm 可保持与脚口线垂直。如 10cm 处不作垂直处理，若两侧缝斜度较大，脚口折边需作对称角处理。

2. 后片制板（图 2-122）

（1）上平线、臀围线、膝围线、脚口线沿用前片对应辅助线，横裆线在前片横裆线基础上下落 1~1.5cm 重新确定后片横裆线。

（2）作以上各辅助线垂线为后片侧缝辅助线，在后臀围线上取（H/4+1）+1cm（侧缝缝份），确定后片臀围大。

因后裆缝份上大下小，缝份不一致，无法通过比例法确定后裆斜度，且后裆处需做生产操作净板，因此后裆斜线先做净线，后放缝份。

（3）比例法确定后裆斜度：由臀围大点做竖直线，用比例法取 15∶3 定点，连接臀围大点确定后裆斜线。上延长至上平线，下延长至横裆线。

（4）横裆线与后裆斜线交点延长 H/10+1.5~2.5cm 确定后窿门大，在横裆线上取：后片横裆=样板横裆+4.5-前横裆毛长。

（5）取后片横档大中点向侧缝偏移 1~1.5cm 作竖直线为后片裤中线，即后烫迹线。裤中线两侧平分取：后膝围 = 前膝围 + 4cm，后脚口 = 前脚口+4cm。

（6）后裆斜线与上平线交点延长 3.5~4cm 确定后翘，由该点至上平线下 0.3cm 量取 W/4+省量+1cm。

（7）按图 2-122 方法确定后口袋位置，后省腰口处抬高 0.5cm，保证收省后弧线顺滑，不起角。后裆缝腰口处做出对称角，确保缝份翻折后不起紧。其他部位弧线连接完成后片制板。

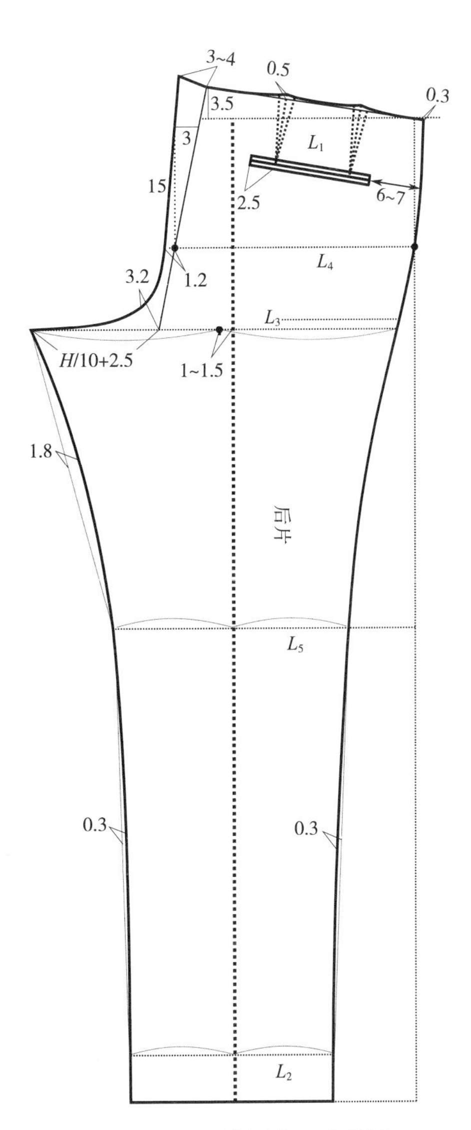

图 2-122 毛板后片工业制板

第四节　马甲工业制板技法

一、马甲工业制板

(一) 马甲制板方法一

西装马甲是一种简易的无领无袖且长度较短的上衣，主要功能是躯干部位的保温及便于双手活动，也作为一种流行时尚的搭配，使西装套装在保证正式感的同时又能体现出时尚感，使个人品位更加提升一个档次，让人感觉更有绅士风度，如图 2-123 所示。

图 2-123　马甲款式图

款式上，西装马甲多为无领款，也可做平驳头、戗驳头、青果领款式，但通常没有像西装上衣一样的立体领座，而只是作为一种装饰驳头领存在，防止马甲与上衣同时穿着时造成领部较厚而影响视觉效果及穿着舒适感。止口以单排扣居多，双排扣较少，单排扣下摆通常配尖角下摆，双排扣马甲可采用直下摆造型，也可采用尖角下摆造型。腰口袋多为箱型口袋，无胸口袋。前门襟扣数一般为 3~6 粒，套装以上衣系扣后马甲露出一粒扣，第二粒扣刚好不露为宜，扣数越多正式感越强。后背多有后腰带，起装饰作用，也可以用来调节腰围尺寸。用料上，套装马甲前身必须使用与上衣相同的面料，后背外层多使用上衣里绸，也可单独搭配里绸，很少使用面料。

马甲属于三件套中的内穿衣物，可以看作上衣的贴身短款，因此马甲要求修身，制板方法可参考上衣制板方法按马甲实际情况调整。常规款马甲款式为单排五粒扣，V 型领尖下摆，下摆为开口造型，前身箱型腰口袋，前身用面料、后背用里绸，后背领窝有领托，标准马甲款式的制板方法如下。

1. 后片制板（图 2-124）

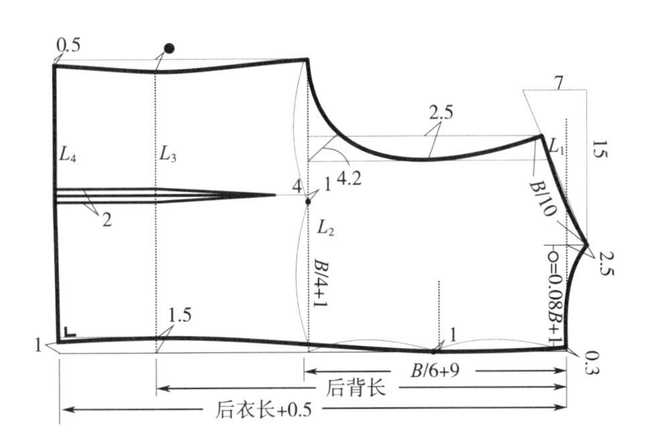

图 2-124　马甲后片制板

制板步骤：

（1）画 L_1 上平线。

（2）垂直 L_1 作垂线，上平线下 $B/6+9$ ~ 10cm 确定胸围线 L_2；胸围线与上平线中点上 1cm 确定横背宽线；由上平线量取背长尺寸确定腰围线 L_3，上平线量取后衣长+0.5cm 确定下摆线。

（3）后中处后领窝进 0.3cm，量取 $0.08B+0.5$ ~ 1cm 为后领窝宽，上 2.5 ~ 3cm 确定后领窝深，该点为后片肩颈点（大于上衣后领窝高，马甲通常肩缝偏前，为肩缝借肩量）。

（4）过肩颈点使用比例法确定后片肩线，量取 $B/10$ 确定肩点。

（5）后中缝腰围处收进 1.5cm（参考），下摆处收进 1cm 经后背宽点与后领窝点弧线连接。

（6）取 $B/4+1$cm 确定后片胸围尺寸，在此基础上按图 2-124 完成侧缝线与后袖窿弧线。其中收腰大小、后省大、后收腰根据腰围尺寸适当调整。

※知识点总结：

（1）马甲穿着于西装内，原理上围度尺寸应小于上衣尺寸 3 ~ 4cm。因马甲后腰处有腰带，一是起调节腰围尺寸作用，二是起装饰作用，因此马甲腰围尺寸可在上衣基础上减小 1 ~ 4cm。

（2）马甲制板尺寸同样区别于成衣尺寸，通常制板时：胸围+2 ~ 2.5cm，腰围-0.5 ~ 0.5cm，衣长+0.5cm。

（3）因马甲无垫肩，原理上马甲肩斜应大于上衣肩斜。为活动方便，袖窿不能紧贴胳膊，袖窿宽松处理，因此袖窿深大于上衣袖窿深，前胸胸宽、后背宽小于上衣。

（4）马甲后衣长参考尺寸见表 2-10，在实际制板时以测量人体最为准确：由第七颈椎点测量至腰带下口加 1cm 为后衣长尺寸。

表 2-10 马甲衣长规格表 单位：cm

身高	155	160	165	170	175	180	185	190	195
后衣长	48	50	52	54	56	58	60	62	64

2. 前片制板（图 2-125）

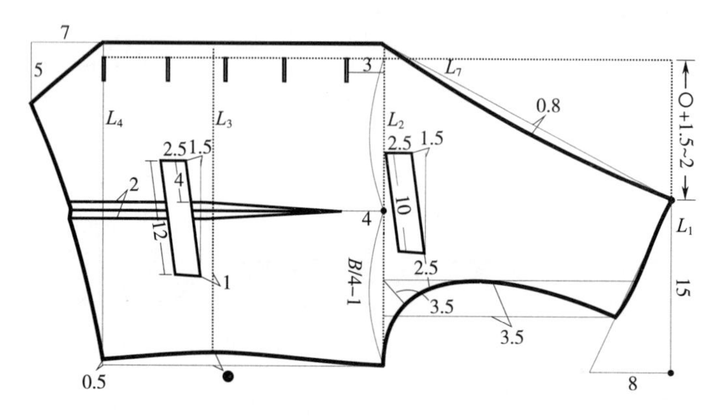

图 2-125 马甲前片制板

制板步骤：

（1）围度线沿用后片围度线，垂直围度线做前中线 L_7，出 1.5cm 平行前中线为止口线，成衣后左右前身以前中线为准对齐，因此钉扣、锁扣眼需在前中线上。

（2）因马甲比较贴身且无领马甲不像上衣一样有驳头拉量（驳头拉量相当于驳头省，合省后翻驳线长度变短，肩颈点前移。有领款马甲驳头稍拉量约 0.5cm，方便驳头翻驳）及胸衬，样板上需提前做相应处理：肩颈点位置在上衣肩颈点基础上下落 1~1.5cm，为驳头拉量肩点下移量及胸衬厚度，同时减小撇胸量。如图 2-125 所示，在上平线基础上上提 0~0.5cm、由前中线 L_7 向下量取前领窝宽，使前领窝宽=后领窝宽+1.5~2cm，确定前片肩颈点。

（3）使用比例法确定前肩斜度，因马甲无垫肩，肩斜度大于上衣肩斜，此处取 15：8，使前肩长=后肩长-0.5cm。

（4）前片胸围取 $B/4-1$，参考图 2-125 尺寸画顺侧缝弧线、前袖窿及前下摆弧线。其中，下摆处收省后确保弧线顺滑，省缝长短左右一致。

※**知识点总结：**

（1）马甲前衣长需完全覆盖腰带，尖下摆马甲前衣长一般在后衣长基础上加 5~7cm，直下摆马甲参考后衣长加 3~4cm。

（2）马甲要求前身贴体，视觉上更加干净利落，因此通常前片胸围采用 $B/4-0$~1cm，后身采用 $B/4+0$~1cm 处理。

（3）前胸宽、后背宽应小于上衣约 3cm，因人体前袖窿弧度较大，后背较平，因此马甲前袖窿弧度弯度大，后袖窿弧度弯度小。

（4）马甲前省有直省（图 2-125）与斜省（图 2-126）之分。

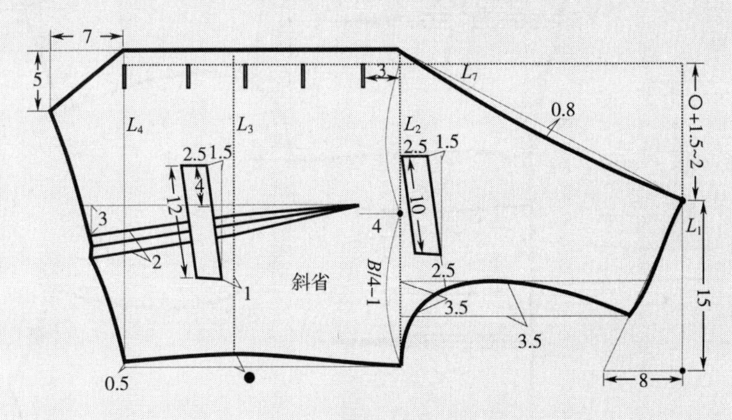

图 2-126　马甲前片斜省制板

（5）马甲扣数通常为 3~6 粒，扣位、扣距设计感较强，变化较大。参考五粒扣胸围线下 2~3cm，四粒扣胸围线下 4~5cm，三粒扣胸围线下 9~10cm，六粒扣第一粒扣位于胸围线上。最下面扣位通常处于后衣长围度线上，保证系扣后后下摆处平服。

（6）最下一粒扣应参考后片下摆边缘上 0~2cm，不宜过大，保证系扣以后下摆处平整。

（7）马甲通常有腰口袋，无胸袋，腰袋、胸袋通常为箱型口袋。

（二）马甲制板方法二

马甲可以看作上衣的缩小版，因此马甲完全可以直接在上衣样板基础上制板，这样更加省时省力，方便理解，方法如图 2-127 所示。

（1）上衣前片、侧片、后片胸围线处拼合自然放置，保证前后平衡不变。

（2）后领窝宽在上衣基础上加大 0.5cm，使马甲领围适当加大，不紧贴人体颈部。后领窝高在上衣基础上加 0.5~1cm 为马甲前后肩借肩量。后片肩线长度在上衣肩点基础上进 3~4cm 确定后片肩线长度，该点下落 0.5cm 为垫肩厚度，重新画顺肩线。

（3）上衣胸围线下 1~2cm 确定马甲胸围线，腰围线同上衣不变，由上平线量取后衣长+0.5cm 确定马甲下摆线。

（4）后中缝沿用上衣后背缝，下摆处加放 0.5cm 画顺后背缝。

（5）后背胸围取 $B/4$+1cm 确定后片胸围尺寸，按图 2-127 方法弧线完成侧缝线、后袖窿弧线。

（6）前中线、前止口线沿用上衣，上平线基础上确定前横开领宽=后横开领宽+1.5~2cm（撇胸量），横开领宽点上 0~0.5cm 确定前片肩颈点。取前肩长小于后肩长 0.5cm 为肩缝吃量，使前肩点在前肩线基础上下落 0.5cm 为垫肩量。

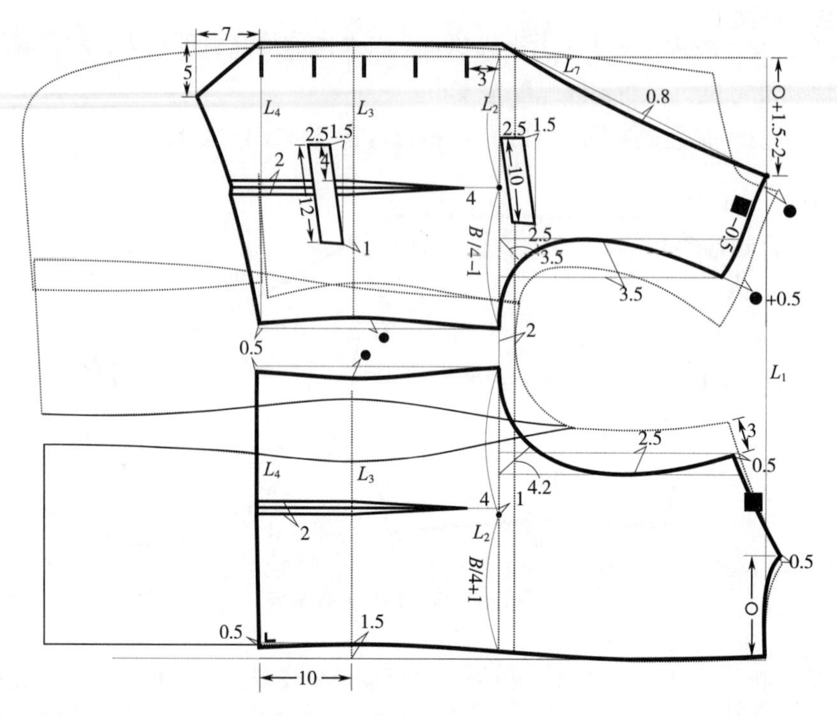

图 2-127　马甲的上衣板基础制板

（7）前片胸围大取 $B/4-1$cm，弧线完成侧缝线与前袖窿弧线。

（8）其他部位制板按图 2-127 进行。

（三）其他面、里样片制板

同上衣一样，马甲其他样板制板均在前片、后片加放完缝份后进行配制，这样方便、快捷，省去再单独加放缝份的过程。

1. 挂面制板

挂面是贴合前片止口内侧部分，防止内里直接使用里绸导致内里外露，同时加强止口处硬挺程度，使锁扣眼、钉扣更加牢固。如图 2-128 所示，在前片基础上制板，止口处形状完全同前片，内侧弧线与前里为互补关系，其造型可稍作变化（图 2-128 中虚线为挂面内侧另一种造型），只是需要保证挂面锁扣眼位置需完全盖过扣眼位，两端可稍窄处理。

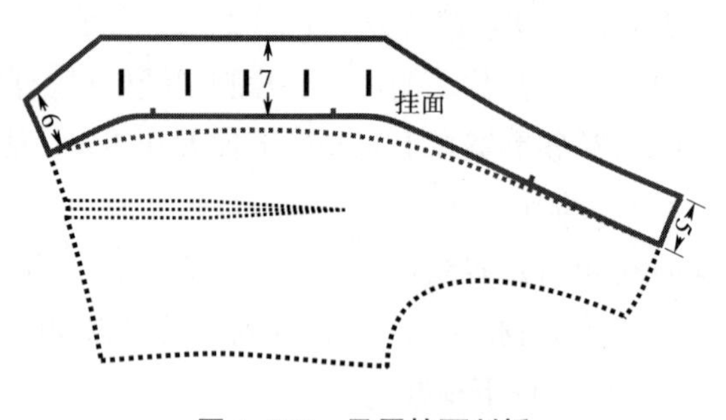

图 2-128　马甲挂面制板

2. 前里、下摆贴边

如图 2-129 所示，前片胸省合省后重新画顺下摆、侧缝弧线，下摆贴边前部与挂面绱合，因此在挂面毛缝基础上外出 2cm，下摆、侧缝与前片一致，宽度毛板取前 6cm，侧 4cm，上口直线连接完成制板。马甲下摆贴边作用同上衣下摆折边，增加前下摆处的硬挺程度。当然，马甲下摆贴边也可以同上衣一样，在前片下摆净线基础上加放 3~4cm 折边量，做出对称角即可。

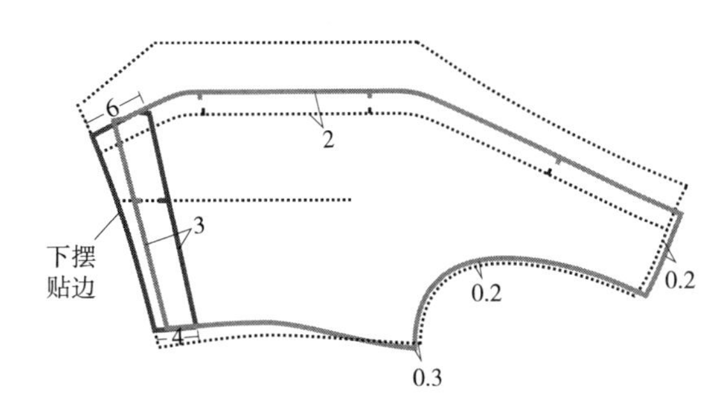

图 2-129　马甲前里、下摆贴边制板

前里与挂面拼合处挂面毛缝进 2cm，袖窿处进前袖窿 0.2cm 为袖窿眼皮量，防止倒吐。侧缝在缉合胸省后的侧缝线基础上加宽 0.3cm 为少许松量，下摆距下摆贴边上口 3~3.5cm（2cm 为贴边与前里缝份，剩余 1~1.5cm 为前里虚量，对折后虚量大为 0.5~0.75cm）。

前里也可以同前片面一样收省处理，此时侧缝下摆、腰围处在前片面基础上加 0.3cm，前里省与前面省错层处理即可。

3. 后背外里、领托

马甲后背多数情况下使用里绸，也有后领窝处为加强牢固度而增加领托，使用面料粘衬处理。领托可单独制板，也可与前片连在一起，成品宽度通常为 1~2.5cm。如图 2-130 所示为领托单独制板，在原后领窝基础上画出领托形状（去掉上下缝份后宽度为 2.5cm），重新修整后片样板。其中，领托后中缝处为去掉缝份后的连折线。

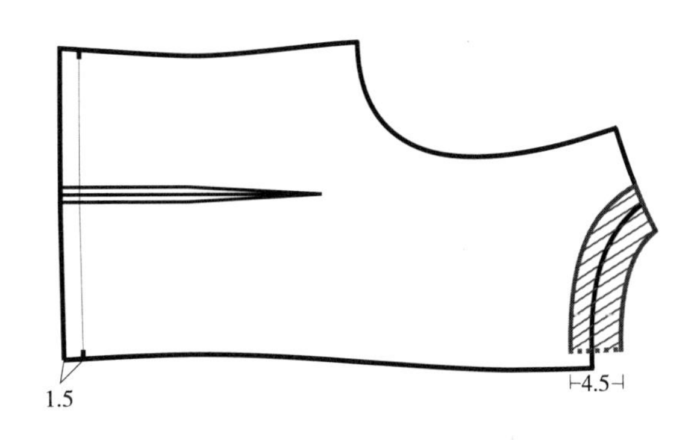

图 2-130　马甲后背里、下摆贴边制板

如领托宽度为 1cm，可直接使用 45°斜丝直条，领窝上口做连折处理。因直条造型与衣身后领窝造型不一样，缝制时领条需拔开，因此制板时领条长度每侧需短于领窝约 0.7cm。

4. 后背内里

后背内里在后背外里基础上稍作调整即可，如图 2-131 所示，领窝处加出 0.5cm，为内外领窝处错缝处理，减小该处与领托拼接后厚度，袖窿处进 0.2cm 为眼皮量，防止内里倒吐，下摆缝加放 1cm，与后背外里有 0.5cm 的差值，作用也是防止内里倒吐。当然，后背外里下摆折边也可加大至 2~3cm，同前下摆，做出内里虚量。

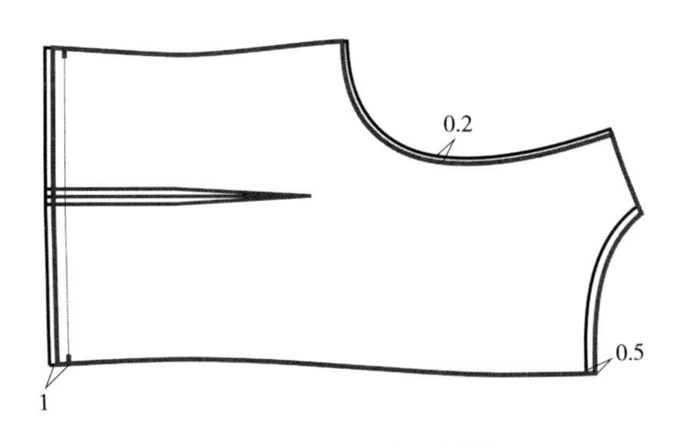

图 2-131　马甲内里制板

5. 腰口袋、胸口袋

马甲腰口袋、胸口袋小料样板同上衣手巾袋制板方法，马甲腰口袋、胸口袋制板如

图 2-132 所示。只是需要注意马甲腰口袋距下摆较近，需确保袋布下摆边缘不超过前下摆净线。

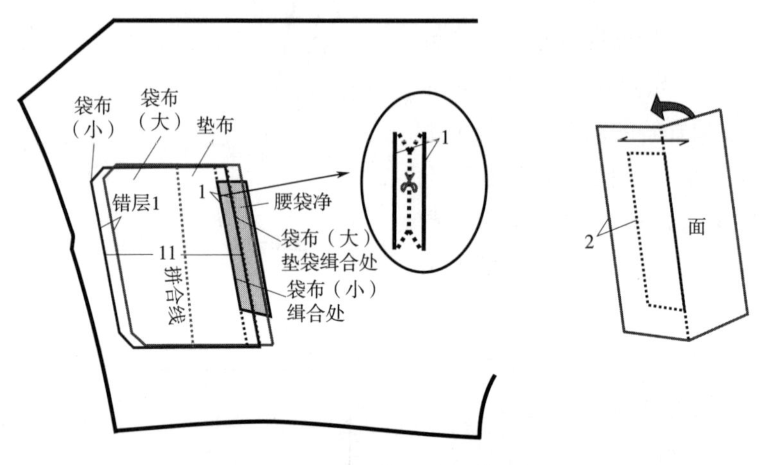

图 2-132　腰口袋、胸口袋制板

6. 腰带

腰带直接在腰袋净板（见后面生产用操作板制板）较长一侧基础上四周加放缝份。也可上端做对称效果，这样的操作方式成品后缝份在腰带下部或内侧，可提高美观度。图 2-133 为马甲腰带制板。

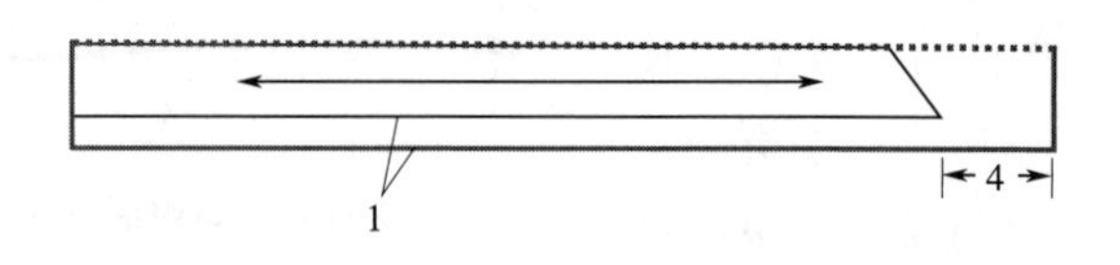

图 2-133　马甲腰带制板

二、生产操作样板与黏合衬样板制板

（一）生产用操作板制板

1. 前片开省版

如图 2-134 所示，由侧缝线、下摆线、省位中线套取样片，省尖、省尖下 4cm 及中腰位置打剪口完成样板。同上衣胸省，因前身使用面料且粘衬处理，前省需剪开，缝合后分缝处理可减小省缝厚度。为防止脱丝，开刀位由底边至省尖下 4cm 处。直省裁剪时省缝中线需在条/格上或条/格中间位置，保证合省后前后纵向条对称，斜省左右对称即可。

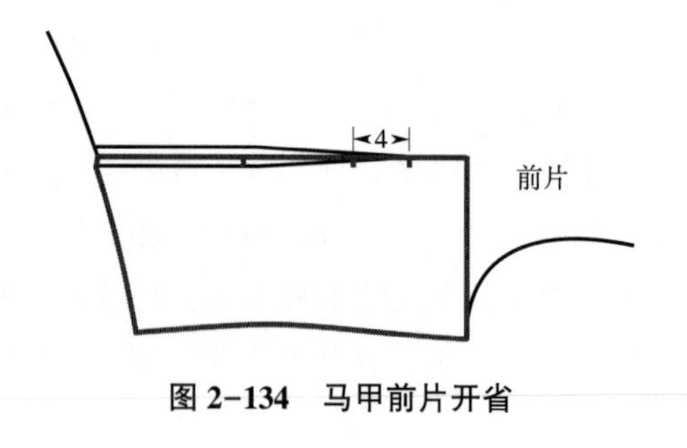

图 2-134　马甲前片开省

2. 腰口袋位

如图 2-135 所示，腰袋位在合省后的前身样板形状基础上制板，由侧缝线、下摆线、止口线及腰袋下口线套取样片。口袋位置在原位置基础上上提 0.2cm，前后位置在原位置基础上向内进 0.5cm 打剪口，缝制时相应下落 0.2cm、两端覆盖过 0.5cm 的划点位。

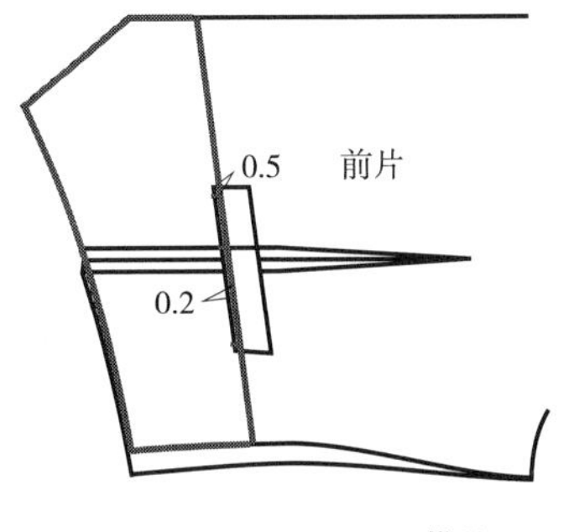

图 2-135　马甲腰口袋位

3. 胸口袋位

胸口袋不是马甲的标配，如有胸口袋，可以仅位于左侧，也可左右都有。定位样板以袖窿为参考位，如图 2-136 所示，口袋处处理方法同腰口袋位。

4. 前止口画样

前止口画样即缝制时在前片裁片上画出净线位置。如图 2-137 所示，以肩点、下摆为对应位按止口净线套取样板，使缝制时左右片完全按净线缝合，确保止口形状准确，左右对称。

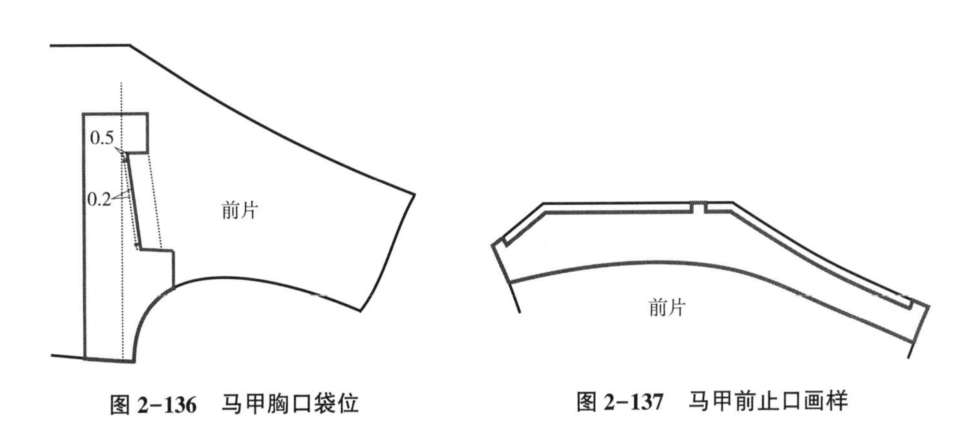

图 2-136　马甲胸口袋位　　图 2-137　马甲前止口画样

5. 门襟扣位

扣位样板为缝制时锁扣眼定位样板，因扣眼为缝制完成后再锁眼，因此扣位样板以前止口净线、下摆净线为基准套取样板。如图 2-138 所示，扣位位于止口线上、下拐点中间位置均分，扣位距止口通常为 1.5cm，马甲扣子同上衣袖口，扣子直径为 1.5cm（24L），因此马甲扣眼大通常为 1.8cm。

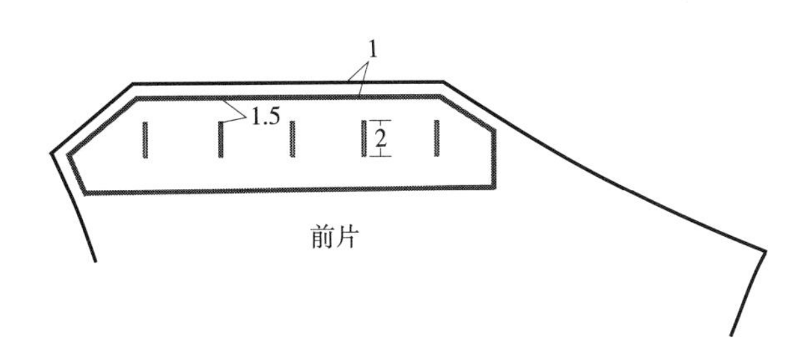

图 2-138　马甲门襟扣位

6. 后省定位

制板方法同前省定位板，只不过后片通常使用里绸，厚度较薄，后省通常不开刀。如图 2-139 所示，省尖剪口位置设在省尖下 1cm 位置，缝制时缝过省尖 1cm，使点位缝合到省缝内侧，不外露即可。

7. 后腰带净板

确定后腰袋宽窄、长度及形状，常见马甲腰袋形状有前后宽度一致的直腰带，也有侧缝处较宽，后中缝处较窄的梯形结构。如图 2-140 所示，以合省后、去掉后背缝份为基准，左侧腰带加长 4cm，用以固定金属钳子，右侧腰带加长 7cm，与金属钳子连接，用以调节腰围松量。

不管是直腰带还是梯形腰带，因为金属钳子的宽度为 2cm 固定不变，因此腰带在后中缝与钳子对应的位置宽度应该为 1.8~1.9cm。

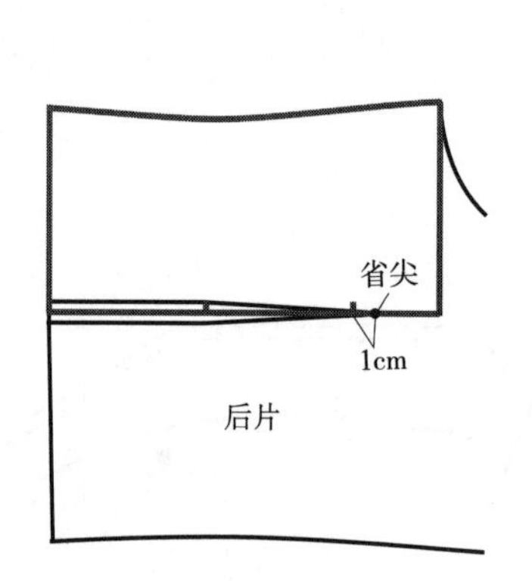

图 2-139 马甲后省定位

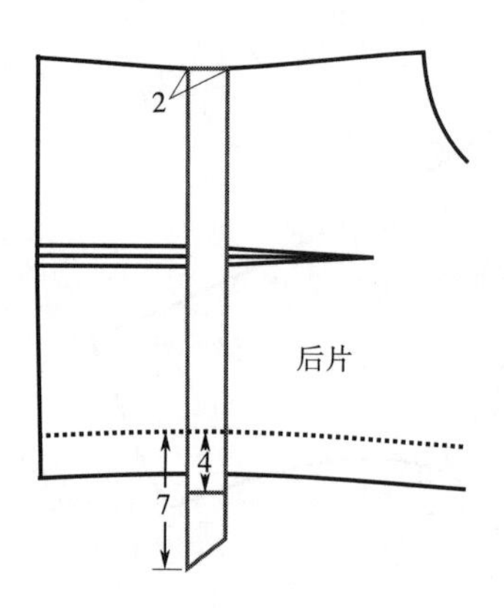

图 2-140 马甲后腰带

(二) 黏合衬样板制板

马甲粘衬部位有前片、挂面、下摆贴边、领托等用于使用面料的部位。如图 2-141 所示，前片使用有纺衬，侧缝处进 0.5cm，其他部位进 0.3cm。挂面、下摆贴边、领托粘无纺衬，周圈进 0.3cm。箱型腰口袋、胸口袋粘指定树脂衬，要求硬挺效果；前止口、袖窿缝制过程中粘 1cm 成品经编衬条，起防止拉伸的作用。

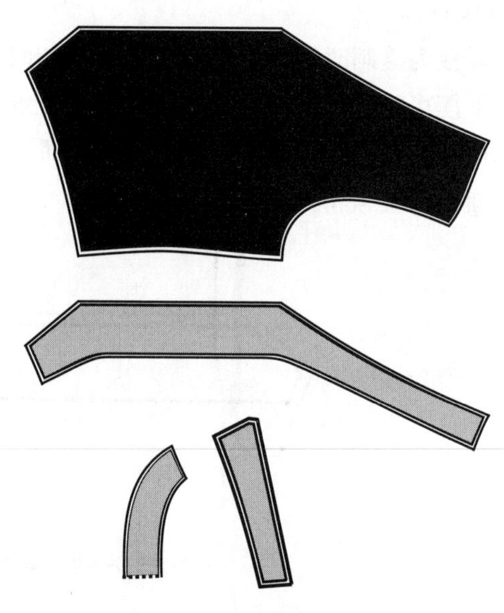

图 2-141 马甲前片、挂面、下摆贴边、领托黏合衬样板

三、常见马甲款式制板

马甲的款式变化在于前身部分，如驳头造型（包括 V 型领、U 型领、

平驳头、戗驳头、青果领及有无领座等）、搭门、下摆造型等。马甲的内穿衣物性质决定了即便是有领马甲，也通常是前身为装饰领，无领座款式，防止马甲领座款与上衣同时穿着时领子处过厚而产生的不舒适感。以下介绍几种常见马甲款式供读者参考。

1. 青果领马甲制板

如图 2-142 所示，为单排四粒扣无领座青果领马甲，是较为常见的一种马甲款式。因青果领驳头造型变化较大，为更加直观确定成衣效果，制板时，直线连接肩颈点与翻驳点为驳头翻驳线，以翻驳线为基准在翻驳线内侧按要求画出成衣后驳头造型，确定好驳头造型后延翻驳线对称至另一侧，做出肩线对称角，即完成青果领前片制板。

图 2-142　青果领马甲

青果领因无上领点位，驳头宽不像平驳头、戗驳头有确切的测量位置，因此，青果领驳头宽只能根据上衣驳宽测量位置大概确定测量位置，或与客户约定位置。如图 2-143 所示，上驳头宽款式以肩点下 7cm 处为测量位置，驳头宽测量位置为驳头最宽处。下驳头宽款式下部较为宽大，驳头宽测量位置通常为下部最宽处，扣位需在正常扣位基础上适当下移，确保驳头翻折后纽扣不被覆盖。

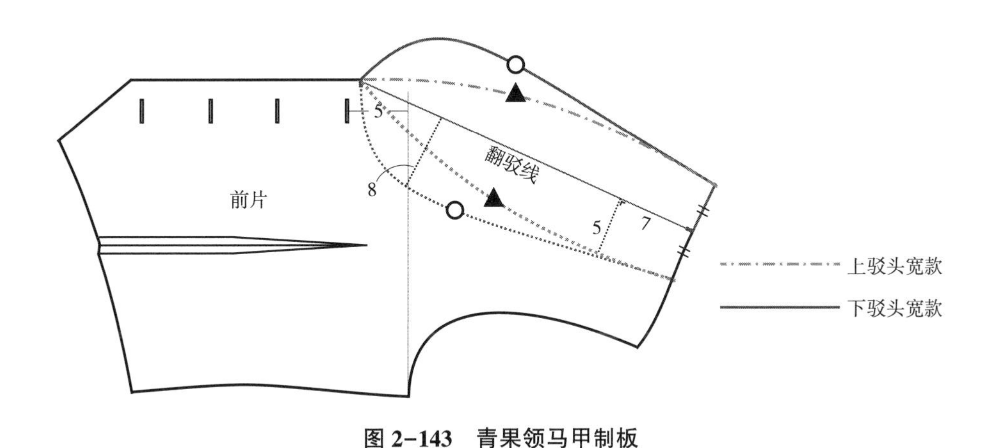

图 2-143　青果领马甲制板

凡是需要翻驳的驳头造型需要注意：

（1）翻驳点处挂面需给予约 0.5cm 的翻驳量，方便驳头处前片与挂面绢合后自然翻折，因此前横开领宽在 V 型领基础上适当加大 0.3~0.5cm。

（2）挂面纱向线同西装上衣，平行于驳头止口上 15cm 处，使成衣后驳头条格美观。标准 V 型领马甲因没有驳头，故不需要增加翻驳量，纱向顺前片即可。图 2-144 为青果领挂面制板。

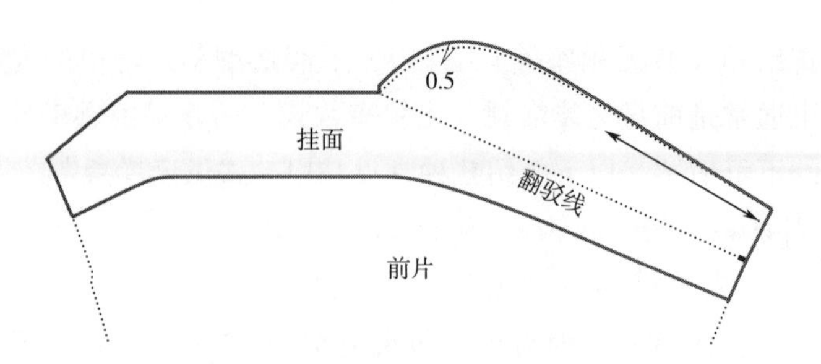

图 2-144 青果领马甲挂面制板

2. 平驳头马甲制板

马甲长度较短，围度上也小于西装上衣尺寸，为使比例协调，三件套马甲驳头宽应小于对应的上衣驳头宽尺寸，如果太大会给人以头重脚轻的感觉，比例上不协调，马甲驳头宽通常不大于 8cm。如图 2-145 所示，以单排四粒扣，平驳头宽 6.5cm 为例制图说明。结构制图如图 2-146 所示。

图 2-145 平驳头马甲

（1）沿止口线胸围线下 5cm 确定翻驳点位置，直线连接翻驳点与肩颈点为驳头翻驳线。

（2）沿翻驳线由肩颈线下 5cm 确定前领深，由领深点作竖直参考线，以领深点为起点作串口线，与竖直辅助线夹角参考 12°；或使用比例法取 15∶3.2 确定串口斜度。

（3）作翻驳线的平行线与串口线交点为驳角点，直线与翻驳点连接，中间位置外弧：驳头宽×0.08，画出驳头弧线。

（4）同上衣方法确定驳角、领角。为方便工艺制作，平驳领马甲前片无串口线，领子与前片连为一体，领子拼合后前片距上领点 0.1cm 打剪口，从而做份缝处理。驳头款挂面翻驳点处同样加放 0.5cm 翻驳量。

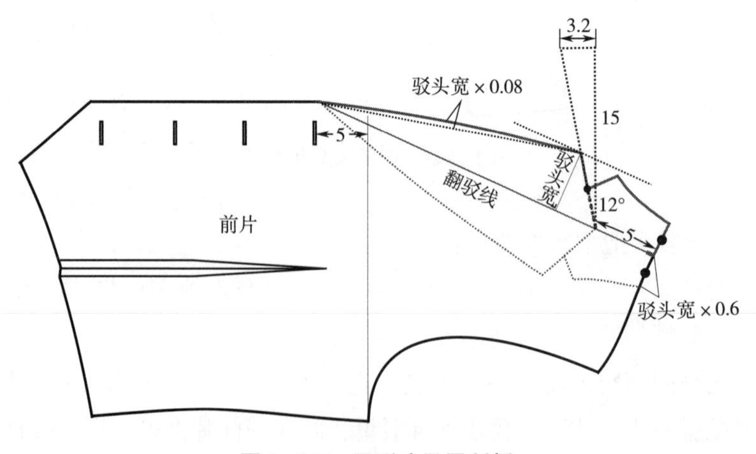

图 2-146 平驳头马甲制板

（5）如图 2-147 所示，为方便翻驳，翻驳线领窝处不露缝合线，挂面翻驳线处向内措缝 1.5cm，领子同步。

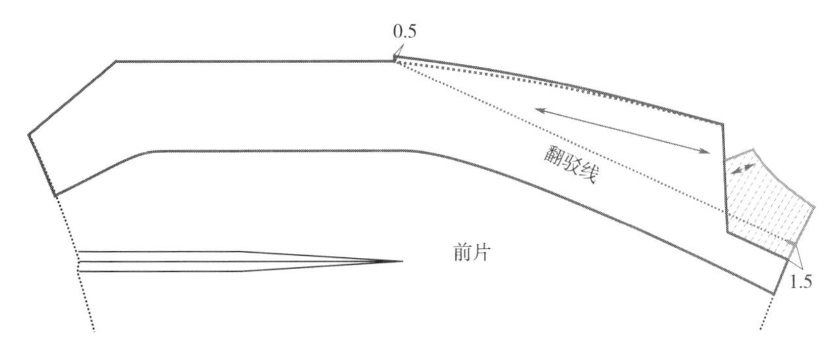

图 2-147　平驳头马甲翻领制板

需要注意的是，西装上衣领子是以后中线为基准左右对称造型，纱向线即为后中对称线，保证左右纱向一致，条格面料做到与后背对条，而这种装饰类型的马甲驳头领无后领中心线，如何确定马甲领纱向？

通过观察西装上衣领纱向不难发现，不管是平驳头、还是戗驳头，领子的领角线基本平行于纱向线，或上领点处稍宽于领端角处，因此马甲领子纱向线应与上衣一致，马甲领纱向线可按领角线或上领点处稍宽与领端角处确定纱向线。

3. 戗驳头马甲制板

如图 2-148 所示，为戗驳头马甲款式图，以单排四粒扣，戗驳头宽 6.5cm 为例制图说明。结构制图如图 2-149 所示。

图 2-148　戗驳头马甲

（1）沿止口线胸围线下 5cm 确定翻驳点位，直线连接翻驳点与肩颈点为驳头翻驳线。

（2）延翻驳线由肩颈线下 4cm 确定前领深，由领深点作竖直参考线，以领深点为起点做串口线，与竖直辅助线夹角参考 24°；或使用比例法取 15 : 6.5 确定串口斜度。

（3）做翻驳线的平行线，取两线距离为驳头宽度，与串口线交点为 c；点 c 沿串口线进：驳头宽×0.5+0.3 定点 d 为上领点，也为戗驳头款驳头宽测量时经过点。过点 d 作翻驳线的垂线，延长至翻驳线的平行线上定点 e、f，ef 即为驳头宽，直线连接翻驳点 g 与点 f，中间位置外弧：驳头宽×0.09，画顺驳头弧线；延长驳头弧线确定点 h，使 dh = 0.6×驳头宽，小圆角画顺驳头小角，完成驳头制板。

（4）领窝处翻驳线往里进 1.5cm 确定前领窝与领子拼合线，使拼合线内移，防止拼合线外露及妨碍驳头翻折。

（5）领角大参考：驳头宽×0.37，肩缝处领面宽参考：驳头宽×0.6，连接各点画出领子造型，肩缝处领面宽注意按对称角处理，防止领子翻驳后与对应在大身上位置的长度不一致。

（6）挂面制板除翻驳点处加放翻驳量外，串口线、领窝线按前片样板即可。

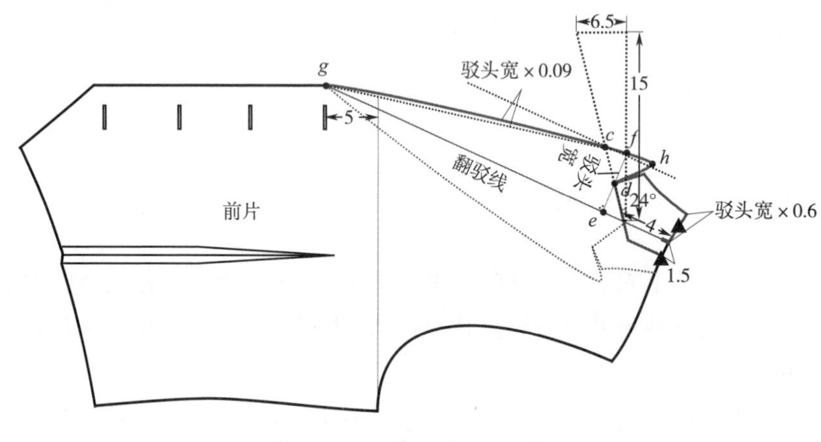

图 2-149 戗驳头马甲制板

与平驳头制板不同的是，戗驳头前片与领子不能连为一体，需按图 2-149 分别做出前片与领子造型，因平驳头加放完缝份后驳角与领角角度较大，缝制时领豁口处可以打剪口后分别同挂面、领子拼合。而戗驳头因驳角与领角为基本重合造型，缝制时无法打剪口，因此需要分片制板。领子纱向线同平驳头款，平行于领角线或上领点处稍宽与领端角处确定纱向线。

4. U 型领马甲制板

U 型领马甲是一种比较时尚的无领马甲类型，前胸处空余部位较大，可以看作一种变异的 V 型领，只是驳头处根据开口深浅、开口大小等形状变化较大。图 2-150 为常规单排四扣 U 型领马甲，制板时在 V 型领基础上根据要求画出 U 型造型，保证 U 型底部左右片系扣后顺滑，U 型底部下 1~1.5cm 确定第一粒扣位置。因 U 型领无外翻驳头，挂面纱向线同前片即可，其他制板同 V 型领。

U 型领也有大 U 型与小 U 型之分，在制板时根据客户要求或个人喜好而定。从工厂订单来看，小 U 型款式较多，大 U 型款式较少。

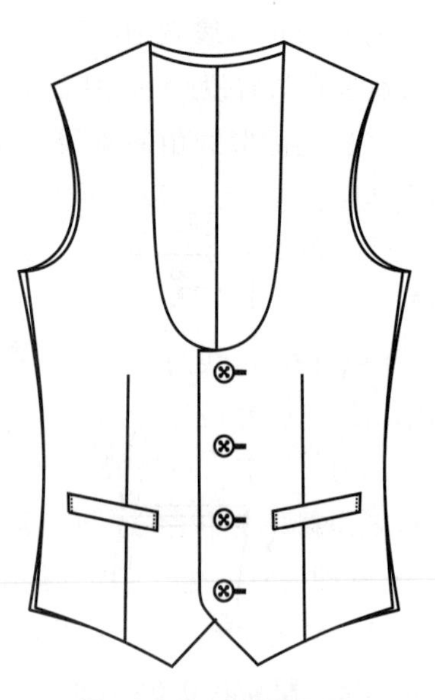

图 2-150 U 型领马甲

5. 双排扣马甲

双排扣西装多搭配双排扣马甲穿着，这样视觉上比较协调。双排扣马甲可与任何一种领型搭配，但搭配戗驳头领子比较常见。且因搭门较宽，双排扣款式视觉上给人以宽大的造型，驳头为与这种感觉匹配，其驳头宽度不能太窄。如图 2-151 所示，以双排六扣扣三扣，戗驳头宽 8cm 为例制图说明。结构制图如图 2-152 所示。

图 2-151　双排扣马甲

（1）保持前中线位置不变，止口线在标准单排扣马甲基础上加放 4.5cm 确定双排扣搭门宽为 12cm（马甲搭门宽度应小于对应上衣的搭门宽），止口线下 1.5cm 为锁眼、钉扣位不变。

（2）双排扣马甲通常为直下摆造型，在后下摆辅助线基础上下落 3.5cm，与侧缝下摆点弧线连接，其中，需保持系扣后左右片止口线的距离保持直线，防止成品后内侧下摆倒吐。双排扣马甲也可搭配尖下摆造型，时尚感较强。

（3）止口线胸围线下 10cm 确定翻驳点 g，直线连接翻驳点与肩颈点为翻驳线。

（4）沿翻驳线由肩颈点下 3.5cm 确定前领窝深 b，由 b 点作竖直辅助线，过点 b 作斜线，使斜线与竖直辅助线的角度为 12°，为串口线。

（5）作翻驳线的平行线，取两线距离为驳头宽度，与串口线交点为 c；点 c 沿串口线进：驳头宽×0.5+0.3 定点 d 为上领点，也为戗驳头款驳头宽测量时经过点。

（6）过点 d 作翻驳线的垂线，延长至翻驳线的平行线上定点 e、f，ef 即为驳头宽，直线连接翻驳点 g 与点 f，中间位置外弧：驳头宽×0.11，画顺驳头弧线。

（7）延长驳头弧线确定点 h，使 dh=0.6×驳头宽，小圆角画顺驳头小角，完成驳头制板。

（8）领窝处翻驳线往里进 1.5cm 确定前领窝与领子拼合线，使拼合线内移，防止拼合线外露妨碍驳头翻折。

（9）领角大参考：驳头宽×0.37，肩缝处领面宽参考：驳头宽×0.6，连接各点画出领子造型，肩缝处领面宽注意按对称角处理，防止领子翻驳后与对应在大身上位置的长度不一致。

（10）挂面制板除翻驳点处加放翻驳量外，串口线、领窝线按前片样板即可。

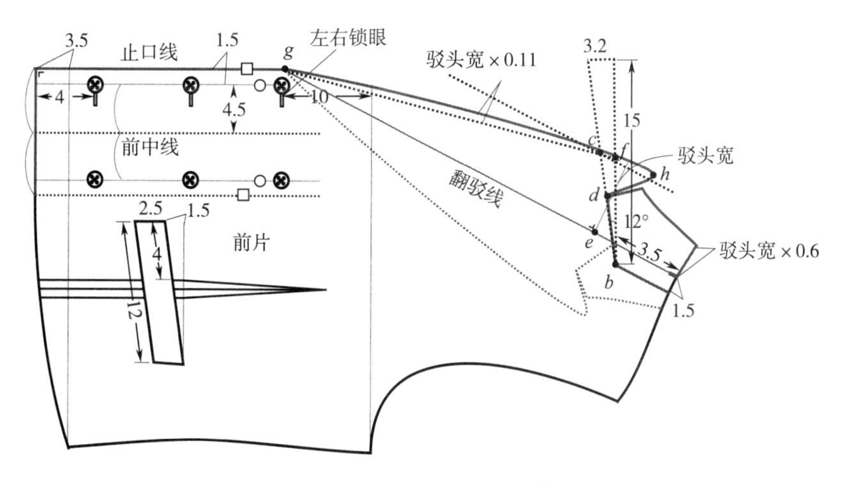

图 2-152　双排扣马甲制板

双排扣马甲需要注意：

（1）止口线沿前中线对称至另一侧为成品后系上扣子后的止口线位置，需确保止口线距腰口袋距离不低于1.5cm，如距离过小会盖过腰口袋，影响美观。此时可把胸省、口袋同步稍向后移动或仅口袋稍向后移，保证搭门不能盖到口袋。

（2）挂面宽度需加宽，覆盖过内侧钉扣位，确保钉扣牢固。

（3）直下摆款式最下端锁眼位距下摆4~5cm，过大或过小都会使比例不协调。

此外，双排扣马甲也经常会搭配斜止口造型，如图2-153所示，系上扣子后双排扣呈倒八字造型，起到特殊装饰效果。该款式制板时同样以前中线为依据，搭门量加大，止口线划为斜线即可，其他部位完全同标准双排扣款。搭门的大小及扣子倒八字的斜度根据款式要求而定。

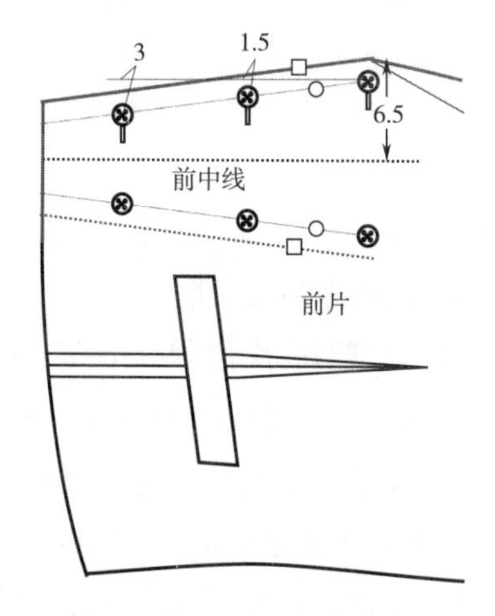

图2-153　倒八字门襟马甲

双排扣有驳头款式中还有一种翻驳线呈较大弧线造型的款式（常规西装、马甲翻驳线为直线造型），如样板不做单独处理，仅通过工艺手段无法做到理想效果，因此，对于该款式，样板处理是关键。

如图2-154所示，该款式可看作是弧度较大的V型领，驳头为独立部分夹于V型领止口处，以此方法分解能够便于理解。样板上驳头翻驳线按要求做出弧度较大的V型造型，在此翻驳线基础上驳头按要求形状画出翻驳后的驳头造型。缝制时，先缝合好翻驳领外口线，后夹于前片、挂面驳头之间同止口一起缉缝固定完成理想效果。需要注意的是翻领上下层需做出眼皮量及翻转所需要的松量，翻驳领纱向线按标准翻驳领方法确定。

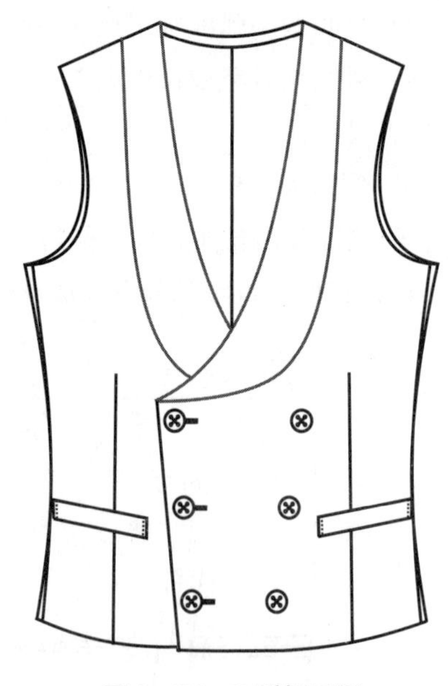
图2-154　V型领马甲

以上为常规三件套常见款式工厂制板方法，学习者可在此基础上学习、总结。在实际制板工作中，每个工厂在制板方法、制板风格、工艺操作及处理方式上都会不同，制板师应适应所在工厂的制板、缝制习惯。

制板师除了能够胜任所有款式的制板外，更重要的是能够对各种款式的缝制方法、注意事项、质量要求了然于胸，并能够提前预防缝制中可能出现的问题，这是一位制板师必须要掌握的技术，因此，对于一位制板师来说，经验的积累与工作中不断的思考、实验、总结是技术进步的关键。

第三章　知识拓展

第一节　西装工业制板知识拓展

所谓剥样即以一件成衣为基准，所有部位的款式、尺寸、形状、角度甚至是成衣风格要求完全同原样一致的一种特殊制板要求，即复制原样。是因某种原因需要再生产而无样板所产生的结果，因本身即为模仿制板，样板存在差异，加之不同工厂的操作方式、风格特点各不相同，成衣效果必然存在差异，这种操作方式只能最大限度地接近原样效果而不能完全与原样一致，当然，制板师的经验越丰富，成衣接近程度可能越高。对于这种特殊制板方式，必需要按原样制板、打样，待客户确认后方可生产大货。在企业生产中剥样不可避免会经常接触到，这种制板方法因要求相似度高，对制板的技术要求也相对较高，以下介绍工厂常用的驳样方法：

1. 上衣剥样方法一

该方法完全按样衣进行重新制板，是样板从无到有的一种过程，这种方法在制板师固有的制板方法与风格基础上，测量出原样衣所有部位尺寸、角度及形状进行制板的方法。是计算机制板取代手工制板以前板师最常用的方法之一，也是较早的剥样方法，该方法制板的关键在于准确确定各部位尺寸及角度问题，因此，在原样基础上找准面料的经纱或纬纱，在此基础上做出十字线，是准确测量出各部位尺寸及角度的关键。条格面料及纹路明线的素色面料因有明显横条或竖条作为依据，测量其他部位尺寸或角度时较直观，也较准确，制板相对比较容易；而对于纹路不清晰的素色面料是剥样的难点，此时可用锥子在样片关键取值部位或缝份处挑出一根经纱或纬纱，或是间断挑起（但不挑断）一根经纱做好标记，最后连接各个标记点确定经纱作为依据做出十字线进行取值，后进行纱线修复。或找一条相对较长及明显的纱线仔细观察纹路，尽可能长地画出经纱或纬纱后做出十字线为依据进行取值。或根据经验参考：前止口第一扣位下 5cm 一般是竖直的，后下摆、后中缝腰下为水平或竖直等为基准线制板。驳头、下摆、领角等第一视觉区域要求比较严格，可把原样直接平整地置于在样板上拓出原样形状。

这种方法的优点是不破坏原样，制板相对较简单。缺点是制板方法与风格不可避免地受到制板师固有风格的影响。

2. 上衣剥样方法二

使用一套生产成熟的样板，提取最接近样衣的尺码，按样衣所有部位的尺寸、角度、形状在计算机上对原样板进行重新修改的一种剥样方法。此方法是计算机制板广泛替代手工制板而出现的一种简便的剥样方法，各部位尺寸、角度的测量同方法一，领子、驳头及下摆形状可按原样衣读取输入计算直接使用。这种方法的优点是操作快捷、省力，且因本身使用的是成熟样板，存在问题相对较少，不损坏原样，因此成为现阶段大部分制板师采用的剥样方法。缺点是计算机制板相对不直观，需要制板师具有足够的经验积累，风格上也受到原样板的影响，很难做到与原样一致。

3. 上衣剥样方法三

此方法是把原样衣完全分解成各个单独样片，直接把各样片形状拓在纸板上的一种剥样方法。具体操作方法为：

（1）把样衣右侧（不锁扣眼的一侧）分解后把样片平整地放在烫台上，使用熨斗距样片1cm蒸汽熨烫，用以释放缝制过程中因归、拔、吃量等工艺处理造成的形状变形，尽可能还原面料缝制之前的形状，再用熨斗把衣片烫平整。需注意整个过程不可使用吸风，以免形状再次破坏。

（2）确定经纬纱。如图3-1所示，格子面料直接按横竖格子为经纬纱，条纹面料及纹路明线的素色面料竖向条纹为经纱，作条纹的垂线为纬纱，使用白色棉线每隔3~5cm临缝出横向标记线即为纬纱。对于纹路不清晰的素色面料，可用锥子在样片缝份处尽可能长地挑出一根经纱或纬纱作为依据，做出十字线后再用白色棉线临缝出标记线后找出经纬纱。

图3-1　格子面料横向纬纱标记

（3）把临缝后的样片平整地放置于烫台上，使用长尺找直经纬纱向后，烫台吸风定型、烫平样片。

（4）将样片放在纸板上同样十字线找直，拓出各个样片的形状。

（5）将拆卸的样衣重新缝合起来。

相比前两种方法，这种方法能够相对更好地保证原样的风格、形状，且准确度相对较高。缺点是操作比较复杂、破坏原样，如果原样还有他用，需再次缝制起来，但不可避免与分拆之前成衣效果有所不同。

综上所述，剥样的目的相同而方法多样，在实际操作中要以实际要求为依据，结合各种方法的利弊及自身的习惯选用哪种方法。

第二节　西装工业制板与工艺重点案例

1. 条纹面料对条

西装质量要求严格，条纹面料各部位对条是必须满足的质量要求，如图 3-2 所示，常规西装对条部位有：驳头处条纹左右对称，平行于驳头止口上 15cm 处；手巾袋对条；前片胸省位于条上或条纹中间，确保省缝左右对称；腰口袋袋盖省前部位与前片对条，腰口袋开线条纹不允许偏斜；后背缝左右条纹对称，倒八字形对条；领窝下 1cm 处位于条纹上或条纹中间处，使左右后片拼合后组成完整的条纹，领面与左右后背拼合后中间位置对条；领面与领座对条，领角处左右条纹对称，前止口条纹左右对称。裤子：左右门襟、左右后裆缝对条（左右片倒八字形完全对上），侧垫与前片对条；腰面后中处左右对条；后口袋开线不允许条纹偏斜。其他样片要求左右对称。

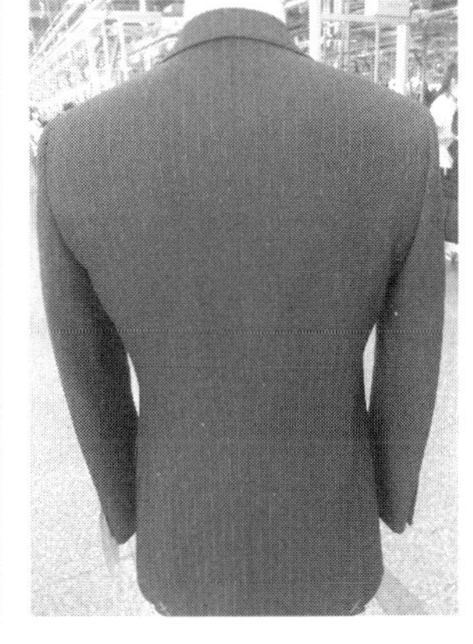

图 3-2　条纹西装正背面对纹

2. 格纹面料对格

格纹面料同样要求对格，如图 3-3 所示，常规格纹面料对格部位有：驳头处纵向条纹平行于驳头止口上 15cm 处且格纹横向、纵向左右对称，手巾袋上下左右对格，前片胸省位于纵向格纹或格纹中间，确保省缝左右对称，前省前后横向对格，左右前片止口横向对格，腰口袋袋盖省前部位与前片对格，腰口袋开线左右格纹不允许偏斜，前片、侧片腰口袋以下横向对格，侧片、后片腰围线以下横向对格，后背缝左右纵向格纹对称，横向格纹对格，后领窝下 1cm 处位于纵向格纹上或格纹中间，使左右后片拼合后组成完整的纵向格纹，领面与左右后背拼合后中间部位纵向对格，领面与领座纵向对格，领角处左右格纹对称。大袖与前片第一对位点以下横向对格，大袖与小袖外袖缝横向对格。裤子：左右门襟、左右后裆缝纵向格纹对称（左右片倒八字形完全对上），横向格纹对格，侧垫与前片对格，腰面后中处左右横向对格，纵向对称。后口袋开线左右不允许条纹偏斜，外侧缝左片、右片横向对格，内侧缝左右片膝盖以下横向对格。此外，所有样片要求左右对称。格纹面料对格部位较多，裁剪、缝制难度相对较大。

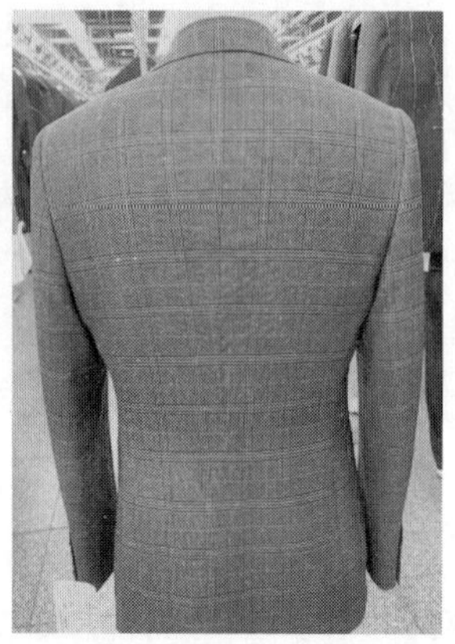

图 3-3　格纹西装正背面对纹

3. 一片领的制作要点

常规西装领面为上下分割结构，包括上部的大领面与下部的领座（领脚），两者在领翻折线下 1cm 处拼合，这种领子结构称为“两片领”（见制板篇领面、领座制板）。还有一种领面是一片完整的无分割造型，即为一片领。两片领通过对样板分割位置的处理就能够做出想要的立体效果，很好地符合领底抽量后的形态。而一片领无拼缝，仅从样板上无法做到领面与领呢相符的立体效果，此时就需要借助工艺归拔做到理想效果。

如图 3-4 所示，在领底基础绱领外口处均匀展开，作为领面与领底拼合的外口吃量，做到领外口不外翻，由后至前自然旋转，领角不外翘。图 3-4 所示领内口处均匀折叠，使领翻折线处长度短于领底 0.6cm，达到领底拉量后翻折线处领面、领底长度一致，此时，为达到领翻折线长度要求，领内口处必然被过渡折叠，长度不符合领窝长度，此时，需借助工艺处理对领内口处拔开，以此达到与领窝的长度要求，从而做到上下层形态一致。图 3-5 为领面调整后的效果。

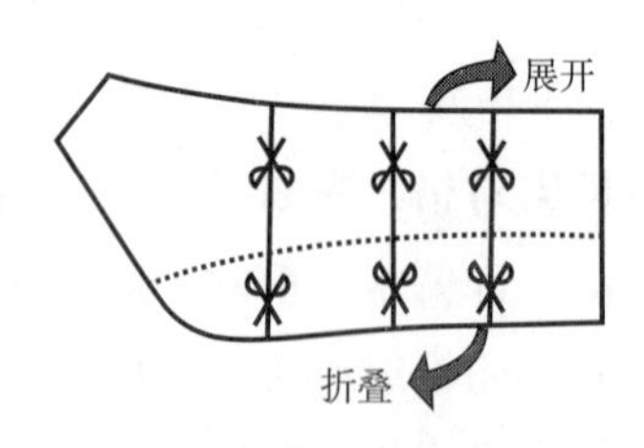

图 3-4　领面展开折叠示意图

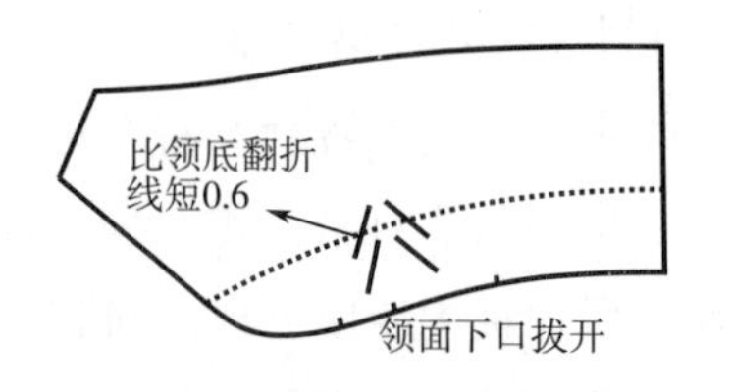

图 3-5　领面处理后效果图

领内口折叠量的多少与工艺处理相匹配：如果领翻折线处折叠量完全等于领呢拉量，则领面内口收量过大，需要拔开越大；如果领翻折线处折叠量小于对应位置领呢拉量，则领面内口收量减小，需要扒开的量也会减小，但领面翻折线处就需要相应归量。其目的就是领面与领呢无论是外口还是内口长度要高度一致，做到成衣后领子服帖。

4. 西装袖肘贴

袖肘贴来源于打猎装，现在多因运动或伏案工作导致肘部容易磨损，袖肘贴可以对肘部起到加固、防磨的作用，从而延长西装的穿着寿命，具有一定的实用性，也体现出西装的休闲性，如图3-6所示。如图3-7所示，袖肘贴多为椭圆造型，较少使用长方形。用料上多使用麂皮绒面料，因麂皮绒面料周边不会脱丝，故制板时无须加放缝份以减小周边厚度，大、小袖外袖缝拼合后平缉固定于袖肘部即可。也有些袖肘贴使用本料或异料，此时多为条格面料斜裁或实用撞色面料，体现肘贴的视觉撞击效果，此时周边需要加放1cm缝份。

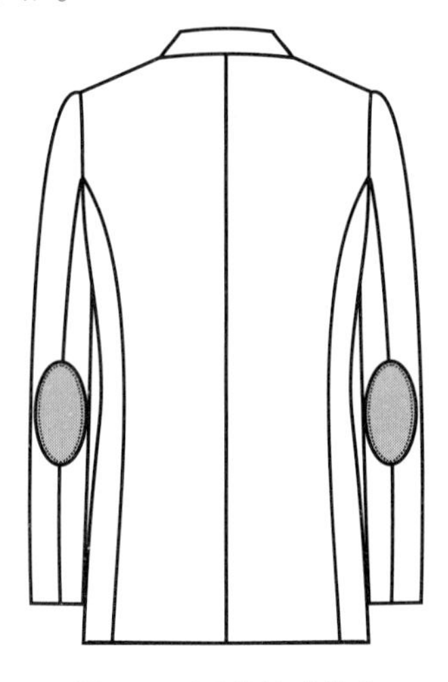

图3-6　西装袖贴款式

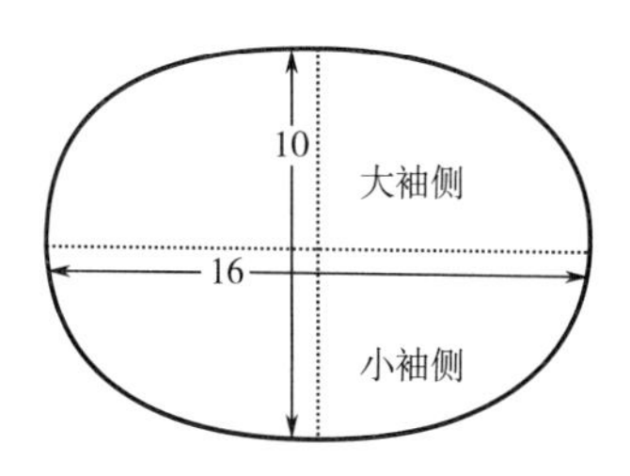

图3-7　袖贴结构图

5. 西装袖外翻边

如图3-8所示，袖子外翻袖口款式源于袖子向上翻起时的造型，现在也演变成西装款式的一种，起到装饰效果，多使用缎面用于礼服款。其结构制图如图3-9所示，翻边宽度常规为3~5cm，多为单独制板，成衣后手工暗缝固定在袖口内侧，这样不会破坏原样板造型，也能做到随时拆卸。制板时大袖、小袖内袖缝净线袖口处拼合，袖口净线出2cm为内折固定部分，净线上3~5cm为外翻边实际宽度。大、小袖衩处距袖衩净线约为1cm，围度给予约0.7cm转折量，上口圆角的大小及造型根据要求或喜好而定。

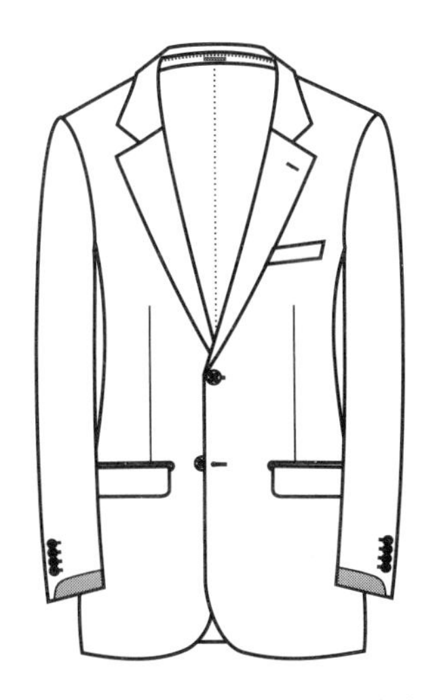

图3-8　西装袖外翻袖口款式

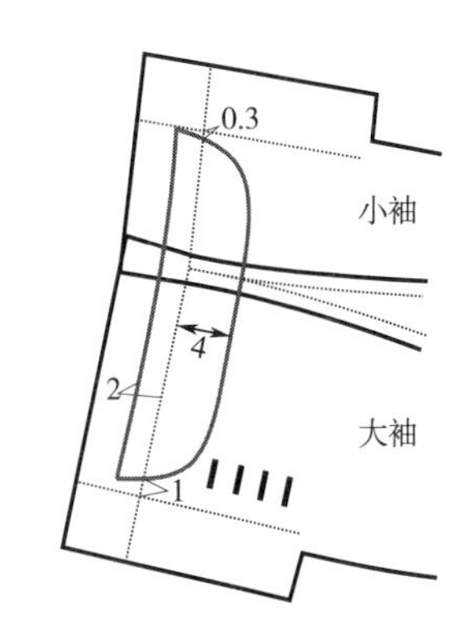

图3-9　袖子外翻边结构图

需要注意的是袖翻边与袖口锁眼要保留一定间距，防止翻边覆盖袖扣眼。另外，为使外翻边能够薄一些，袖翻边内侧通常使用里绸。

6. 西装领襻

领襻源于关门领左右搭门系扣款式，现多为一种装饰性物件，显示西装的运动及休闲风格。如图 3-10 所示，因西装扣眼位于门襟左侧，领襻扣眼需要与门襟扣眼一致，因此领襻通常位于左侧驳头处。西装开门领造型保暖性较差，领襻款式也可以在右侧领呢下钉扣后与领襻系扣使用，能够起到一定的防风保暖效果，体现出领襻的实用功能。款式上，仅平驳领款式领角与驳角之间存在一定空间，因此领襻只能用于平驳头款式。领襻可单独制作后与领子钉扣固定，为可拆卸款式，也可将领子直接做出领襻造型的不可拆卸款式。

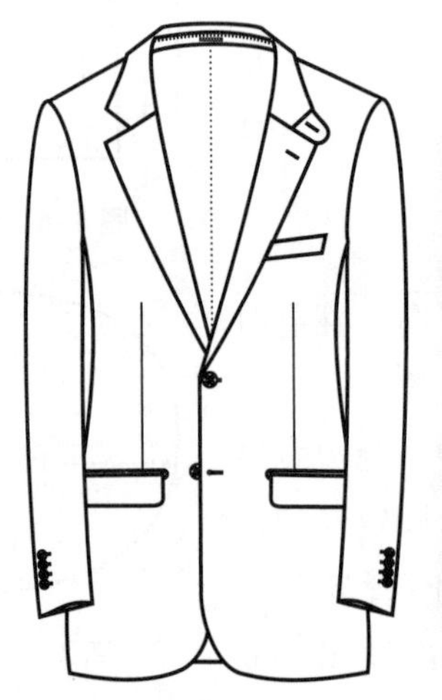

图 3-10 西装领襻款式

如图 3-11 所示，为可拆卸领襻制图方法，领襻下口线同驳角线对齐，扣眼平行于驳头眼，领角线进 2cm 为领襻中心锁眼位、钉扣位，外露一侧根据要求画出造型结构，而后沿中心线对称至内侧完成扣襻制图。需要注意的是，不管是外侧扣眼还是内侧扣眼，扣眼外露一侧为扣眼正面。如图 3-12 所示，为不可拆卸领呢，制图方法及注意事项同可拆卸款式，左右为非对称结构。

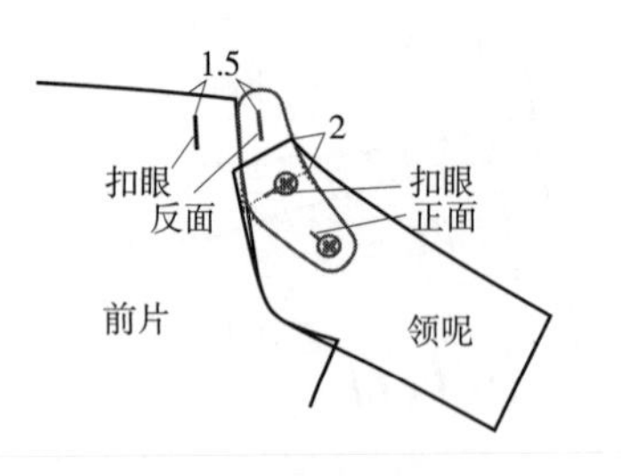

图 3-11 领襻结构制图

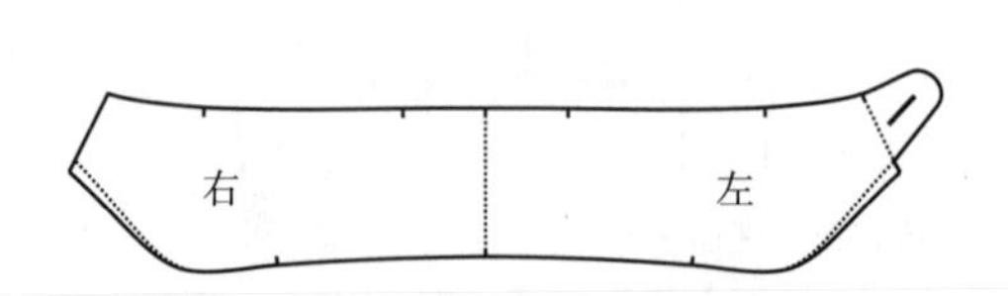

图 3-12 不可拆卸领襻结构图

7. 后背暗褶

后背处暗褶设计具有实用功能，活动时暗褶量打开，静止时暗褶自然闭合，因此能够有效增加胸围处活动量，增强穿着的舒适性，但后背暗褶的设计同样具有休闲性而非标准西装款式。

如图 3-13 所示，后背暗褶制板、缝制注意事项：后中缝份 2cm，后背按褶位置加设 1cm 小台作为缝份与垫布拼合，因此后中缝份即为暗褶量，每侧为 2cm。为使暗褶在制作及整烫过程中不被破坏，暗褶处使用平机大针码缝合，两侧各空两针距离，待成衣整烫完成后再将按褶处缝合线拆除，从而不会破坏暗褶效果，暗褶能够自然闭合；格子面料垫布与后背横向对格。

另外，如图 3-14 所示，后背两侧袖窿处也同样可以设计暗褶，作用与后背中缝暗褶相同。

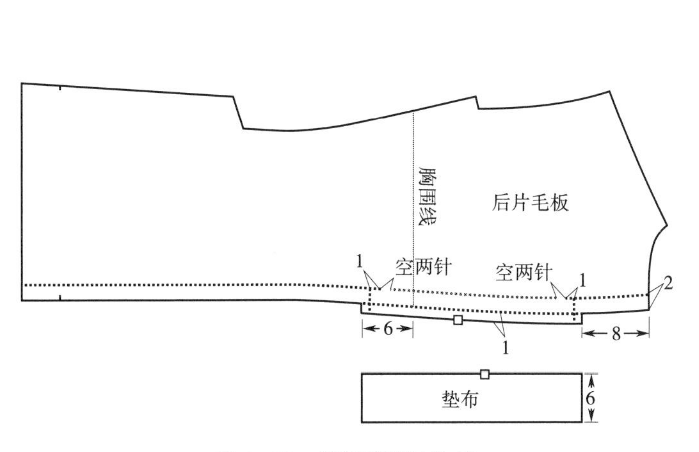

图 3-13　后背暗褶结构图

图 3-14　袖窿暗褶结构图

8. 上衣腰口袋粘衬的作用

如图 3-15 所示，在上衣前片、侧片拼合后肚省开口位置（即腰口袋位置）通常需要粘宽约 4cm 的无纺衬，前后盖过口袋约 2cm，其作用：一是黏合前肚省开口，方便后序开口袋；二是前片粘有纺衬而侧片没有黏合衬，如果不粘衬条，开口袋打三角剪口后侧片上口袋的两个角容易起毛，且不牢固，容易造成返修或质量问题；三是加强口袋位置前、侧片的硬挺度，起到口袋前后整体平衡的作用。

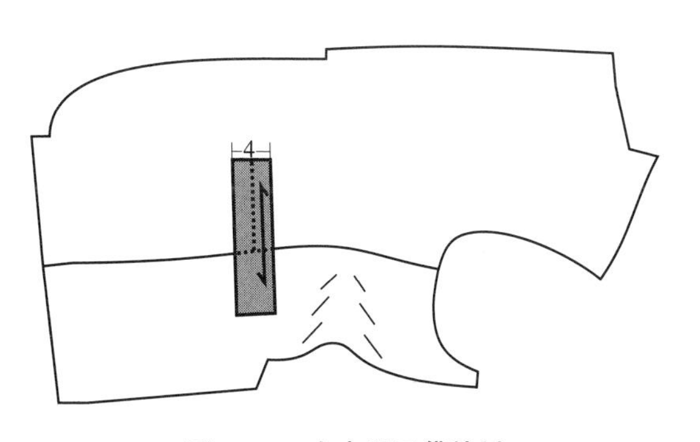

图 3-15　上衣腰口袋粘衬

9. 西装汗贴的作用

汗贴又称香水垫，位于内里前里与侧里拼合袖窿处，处于人体腋下部位，形状有三角形、半圆形及 U 形，标准汗贴用料为面料。可以说汗贴是西装的标配，汗贴的设计有其实用功能：一是腋下部位出汗较多，也是容易有异味的地方，汗贴是西装喷香水的地方，能够有效遮盖身体异味，因此又称香水垫；二是手臂活动量较大，导致腋下处人体与衣服摩擦较多，汗贴的设计能够减少人体与衣服的摩擦；三是里绸的吸水能力较弱，腋下设置汗贴能够吸汗，防止腋下里绸及该部位辅料被汗水打湿。

10. 插花眼的由来及作用

插花眼又称驳头眼，无论是平驳头还是戗驳头，标准西装驳头处都会有且仅有一个扣眼且位于左侧驳头上，也是一种历史文化的沉淀。关门领衣服上下均有扣眼并可以合襟用于保暖，起到实际的功能性作用，西装由关门领改为开门领，但驳头处的扣眼还是保留了下来，现在更多的是起到一定的装饰作用，因此驳头眼长度通常短于大身扣眼长度。现在驳头眼多在舞会等正式场合用于插花，起烘托气氛的作用，也有的用来固定徽章及其他装饰物品。如图 3-16 所示，现在单体定制中有些客户使用一种，甚至多种撞色线或不同形状手工缝制驳头扣眼，也是为了起到更好的特殊装饰效果。

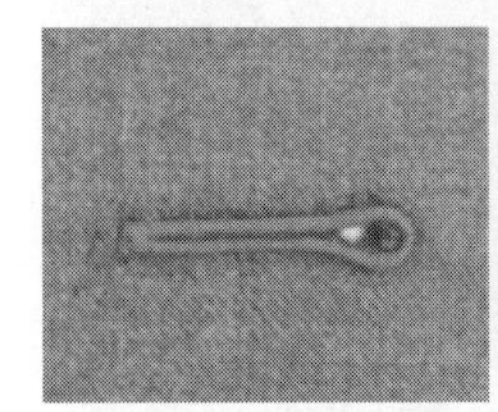
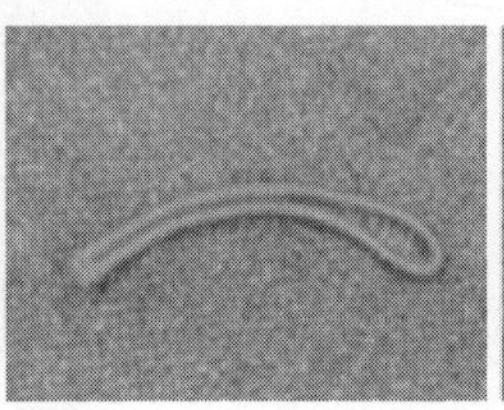
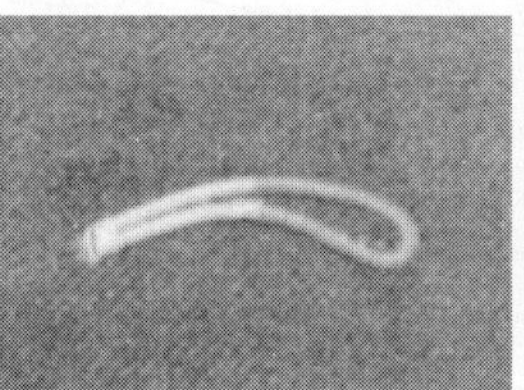
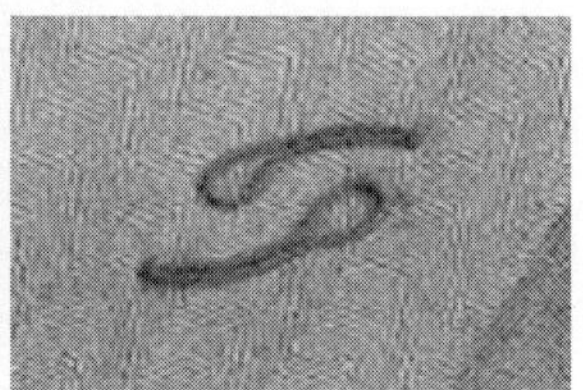

图 3-16　插花眼设计

11. 前肩斜应大于后肩斜

如图 3-17 所示，俯视人体形态可以看出，人体肩部两端向前弯曲，整个肩部呈弓形造型，假如以标准形态将肩缝设置在肩部前后的中间位置，平面展开后即可看出前肩斜大于后肩斜。人体胸部凸量出大于后背凸出量，且随着胸部凸出越大，前片所需要的纵向长度越大，因此前片肩颈点上提，造成前片肩斜越大，这也是女性前肩斜大于男性前肩斜的原因之一。

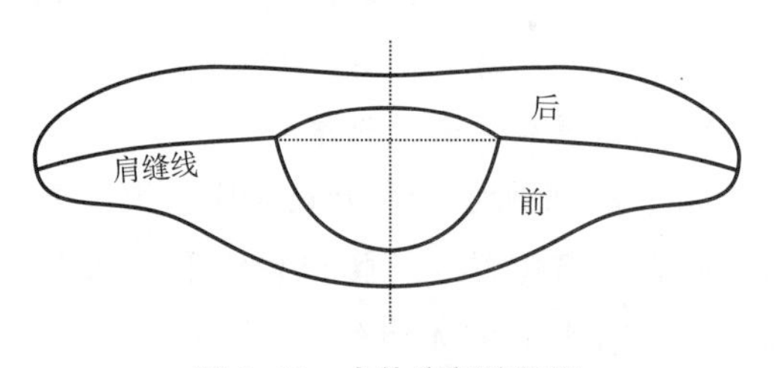

图 3-17　人体肩部俯视图

以上为理论上西装肩缝状态，因前后肩缝呈互补状态，现在流行的一种借肩款式，是指前后肩缝袖窿处后移，从正面看不到肩缝，此时因肩缝的偏移使后肩斜度大于前肩斜度，这是一种特殊的肩部造型。这就是为什么在制板时通常考虑前后肩线斜度之和的原因。

12. 后中腰收腰量大也不一定不贴体

后中收腰量的大小需要考虑臀部的凸起程度。男西装为确保后背缝中腰至下摆处自然悬垂性且条、格面料的成衣美观性，现在的西装样板中腰至下摆通常作竖直直线处理，西装为前中开门形式，即便尺寸偏小穿着时后背部位也会附着于人体之上，而缺失量在前中部位打开，对于平臀体，后中收腰量加大是可以的。而如果臀部凸起明显，即便收腰再大，穿着时也因臀部的凸起而把后中处臀部顶起，造成腰部不贴体的同时还会造成臀部弊病。

因此，为使翘臀体后中处贴体的目的，需要根据体型特点确定后中收腰量，同时，制作时对后背进行加热、归拔、定型处理，做到后腰处自然凹陷，达到贴体的目的。纯毛面料可塑性强，容易做到归拔效果，这也是西装为什么多使用纯毛面料的原因之一。

另外，样板的结构平衡也是重要因素：样板胸围线以上部分为平衡结构区域，上部的平衡与否不止体现在衣服上部的效果，因杠杆原理下部效果会更加明显。因此上部的结构平衡如果存在问题或与穿着者的体型不匹配，即便收腰再大也不会做到合体的效果，如后腰节长过短导致后身起吊，后片下摆会远离人体等。

13. 样板剪口的作用

剪口是样板的重要组成部分，对保证质量及指导生产起着重要作用，剪口的作用通常有以下几个：

（1）对位剪口，大部分拼缝剪口都属于对位剪口，用以说明两片样板拼合时的对齐位置。

（2）确定吃量位置、分配吃量大小。如前后肩缝拼合时，肩缝外侧约 3.5cm 剪口、肩缝内侧约 2cm 剪口表示该段不吃量，剪口中间位置为吃量位置；绱袖时袖子一周都设有吃量，但各部位的吃量大小不一样，通过大身袖窿剪口与袖山剪口确定各部位的吃量大小；领面与领底拼合时，是距领角 3cm 处吃量 0.3cm，还是距领角 5cm 处吃量 0.3cm，这对衣服效果是不一样的。

（3）拔丝剪口，对容易抽丝的部位打剪口，防止面料、里绸抽丝。如后背里绸后中隐褶拐角处剪口。

（4）延展剪口，对于内弧造型弧度较大且需要分缝部位用以加长该部位的长度，做到分缝后平整。如图 3-18 所示，马甲前后袖窿处打剪口，胸腰差较大的前侧缝位置，绱宝剑型耳朵皮时里绸拐角处剪口，这种剪口多为缝制时而非在样板上设定的剪口。另外，生产时会根据标记需要、面料性质、方便生产等需要把剪口设计成直型剪口、方型剪口、内 V 型剪口、外 V 型剪口等形状。

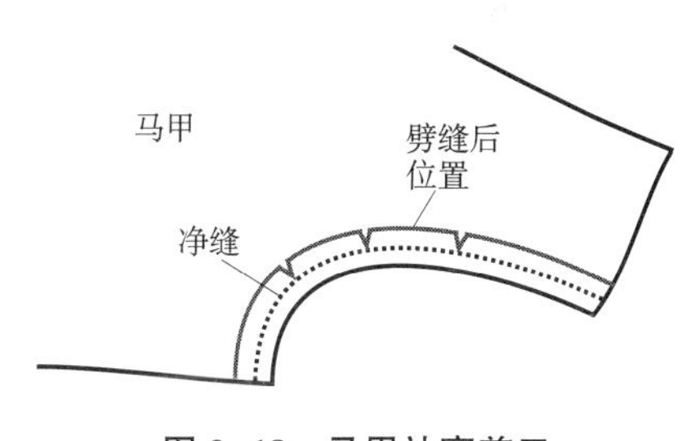

图 3-18　马甲袖窿剪口

14. 工艺制作时大袖片内缝需要拔开

大袖位于衣服的外侧，为了使内袖缝大小袖拼合时拼缝不外露，大袖内缝处横向加宽、小袖内缝横向减窄，从而使内袖拼缝往里平移，做到从正面看不到内袖拼缝。但也正是这种袖拼缝的偏移，大袖内侧需要完成袖子圆弧形的翻转，且因内袖缝为内弧造型，完成翻转后内袖缝长度必然会短于翻转后对应位置的长度，如果不进行拔袖处理，必然会导致内侧翻转处不平，如图 3-19 所示。小袖位于袖子内侧，无须翻转，故小袖无须拔袖，这也是为什么制板时大袖内缝需要短于小袖内缝约 0.5cm 的原因，也正是因为大、小袖内缝长度存在差异，格纹面料内袖缝是无须对格的。同样因大袖内缝拔袖后弧度会变直，故小袖内缝制板时需稍直于大袖内缝，做到缝合时两者弧度一致。

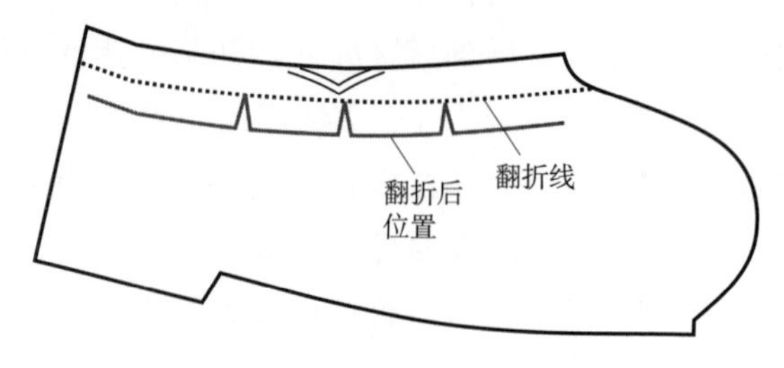

图 3-19　大袖片内缝拔开

15. 穿着舒适度与视觉美观之间的平衡

20 世纪 80~90 年代，人们的体力劳动较多，因此西装多为宽松版，以方便人们活动为主，因此西装上衣胸围的加放量达到 14~20cm。而现在人们的体力劳动减少，西装穿着上更多的是追求西装穿着时干净、挺拔及干练的效果，因此以修身为主，不要过多余量，以凸显穿着者的气质，因此现在西装胸围加放量多为 8~10cm。

视觉美观的同时不可避免地会影响穿着舒适度，如后背宽加大，方便人们开车、劳动，且舒适度增加，但视觉上因余量太大而美观程度降低。袖窿深减小会降低人们抬胳膊时的束缚，提高视觉上的美观程度，但又因袖窿圈太小而降低穿着舒适度；现在越来越多的人追求西装的穿着轻便，而采用轻薄面料、轻薄里绸，少粘衬甚至是不粘衬，不用胸衬或弹袖衬，但这种轻便的西装在穿着舒适的同时不可避免会影响西装笔挺的造型，因此，制板时需要根据个人喜好及要求平衡舒适度与视觉效果之间的关系，或是考虑是否可以通过工艺方法，把多余松量作隐藏处理，穿着舒适的同时又不影响美观。

另外，根据服装穿着对象的不同，成衣加放量也不同。如人台模特展示用的衣服因无活动需求，各部位余量不要过多，要求做到干净，视觉效果美观。年轻人多追求穿着的美观，加放量通常较小，老年人的穿着要求主要还是以舒适为主，因此加放量一般偏大。

16. 胸衬中各部位开口的作用

胸衬位于前身内侧，起支撑前身、塑造前身造型的目的，但造型上还是以人体结构为依据对应处理，做到符合人体结构的目的。如图 3-20 所示，胸衬下部开口为收省位，作用同前片胸省，但为了更好地支撑前片，胸衬上胸省可稍大于前片胸省，挺胸衬胸省同理。黑炭衬肩部距肩颈点约 5cm 处设开口，是在缝制时将开口打开 1~1.5cm，展开的余量转移至袖窿处肩下 5~7cm 处，以做出对应人体肩部胳膊前端处凸起造型，挺胸衬、挺肩衬袖窿处开口能够自然打开，三者相互匹配。开口设在距肩颈点

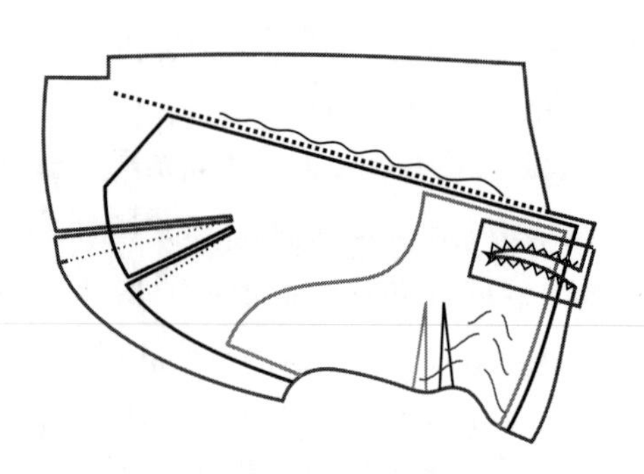

图 3-20　胸衬开口设计

5cm 处是因为人体前肩部距肩颈点约 5cm 处为凹陷结构。此外，胸衬翻驳线处同前身一起拉量约 1cm，塑造人体胸部凸起，前中凹陷造型。

17. 西装肩缝外 1/3 处如何对条

因前后肩缝设有吃量，前后肩长度差约为 1cm，且前片、后片分别有对条要求，故常规西装前后肩缝处无硬性对条要求。如一定要对条则只能对肩缝外侧约 1/3 处，一是因为肩缝外侧约 3.5cm 处无吃量，二是肩缝吃量由肩缝内侧向肩外侧逐渐减小，此处因吃量产生的偏差相对较小，仅前后肩斜差异会造成少许差异，只是差值与距离较小，具体操作方法如下（图 3-21）。

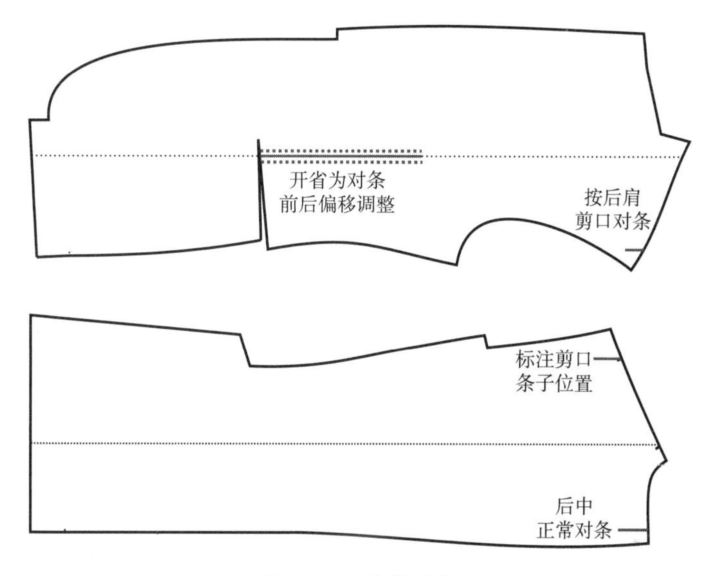

图 3-21 肩缝对格

（1）调整前后肩斜，做到前后肩斜一致，规避斜度对条宽造成的影响。

（2）后片以后领窝与领子对条为基准正常裁剪，标注出肩缝外部剪口对应在面料上条纹的位置。

（3）前片以肩缝外侧剪口与对应后片剪口在条纹上的位置为准，确保前后肩缝外侧 1/3 处能够对条。

（4）因前片以肩缝剪口为基准可能会与前省要求的在条上或条纹中间位置冲突，此时可稍移前省的前后位置确保各部位对条无误。

对于条距较大（一般大于 3cm）的面料，如前省偏移较大，会影响省位视觉平衡，此时可稍微调整样板的肩缝吃量及前片撇胸量均匀分摊前省偏移值。另外，需要注意剪口位因肩斜度影响，净板位与毛板位存在一定偏差，对位时应以净线剪口位为基准对条。

18. 串口处对条

标准西装串口处领子与挂面是不做对条要求的，但此处通过调整样板也完全可以做到对条要求，制板师应该掌握。

串口对条仅与挂面、领面有关，因领面必须以后中纱向线为准，且领后中位置与后领窝对条，这个无法改变。挂面对条正常情况下仅要求挂面止口上 15cm 处与条纹平行，因此挂面可前后平行移动，但这样仅能达到挂面上领点处与领面对条，因挂面、领子与条纹间的夹角不一致造成两者条纹与条纹肩的距离不一致，且距离越长，差值越大。

因此，挂面与领子对条的关键在于保证挂面条纹与领面条纹的角度按串口线对称。挂面条纹与止口上 15cm 处平行，领子条纹与领后中平行，这两点是不可固定、不可改变的。挂面与领子按串口线模拟拼合在一起后，通过挂面与领子的互补关系调整串口线的斜度即可达到两者的条纹与串口线对称的目的，裁剪时挂面根据领面上领点位平行移动确定好位置，这样各部位的裁剪要求都能满足的同时能够达到领面与挂面对条的目的，如图 3-22 所示。需要注意挂面上领点与领面上领点同样都为净线点。

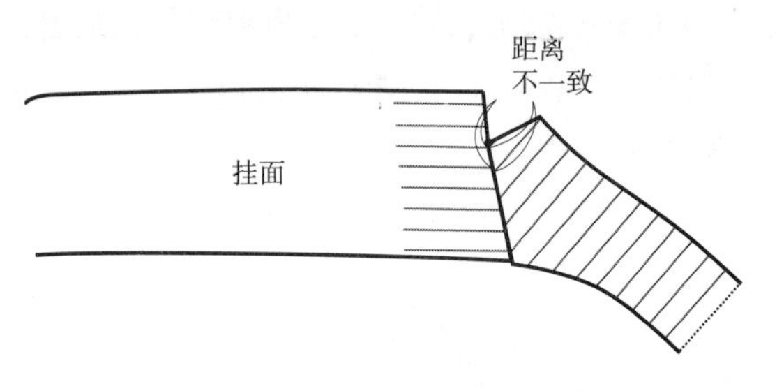

图 3-22　串口挂面与领子对条

包括袖子与前身袖窿的对格，标准要求为袖弯处横向对格，袖弯上部无对格要求，如果强制要求袖弯上段对格，则可以通过调整袖山的斜度，使水平格纹位间的吃量刚好达到需要设定的吃量即可，如图 3-23 中使 $cd-ab\approx0.3$cm。需要了解的是，串口处领子与挂面的对格为款式风格的调整，而这种袖子强行对格的要求可能会损坏成衣后的袖子效果，因此这种调整需慎重。

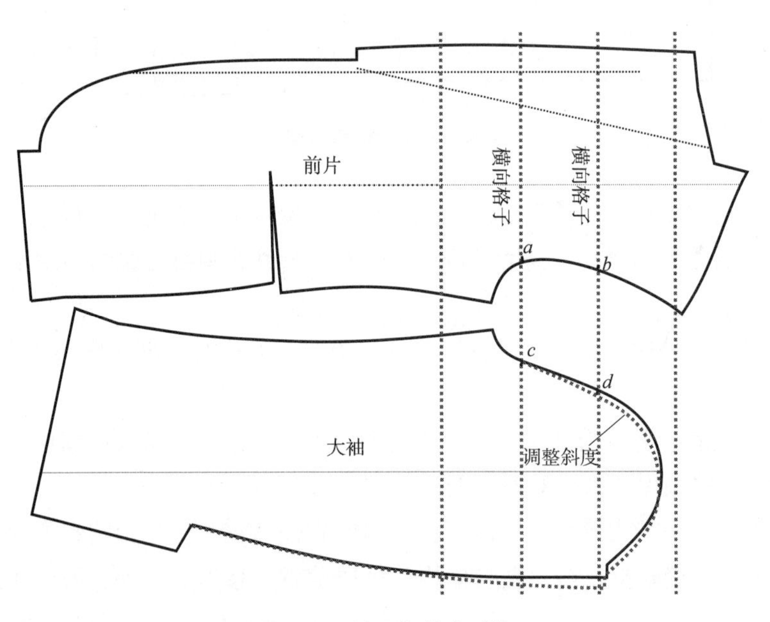

图 3-23　袖子与前身对格

19. 西裤制板为什么前后腰平分 W/4

这是基于标准人体结构特点而设定的。人体臀部凸起明显，为使外侧缝位于腿部中间位置，后片臀围尺寸必然要大于前片臀围尺寸，通常前片臀围采用 $H/4-1$cm，后片臀围采用

$W/4$+1cm，且如果臀围凸起严重，前后臀围差值还需要加大。而人体的腰部前后相对比较均匀，没有像臀部一样凸起的造型，因此一般前后片腰围尺寸平分即可。而如果是大肚体，前片腰围尺寸在制板时还要大于后片腰围尺寸，以满足人体凸肚所需要的松量，因此，对于特殊体型，还是以标准体型分配比例为依据适当调整即可。

20. 裤子第一根裤襻的位置

裤子的裤襻通常起固定腰带的作用，但对于西裤来说前片第一根裤襻除了固定腰带以外还起到上提裤中线的作用，使裤中线挺括，从而达到整条裤子视觉上干净、美观的效果。因此，如客户无单独要求，西裤第一根串带必须位于裤中线上，从而使裤中线处不会下垂，如图 3-24 所示。

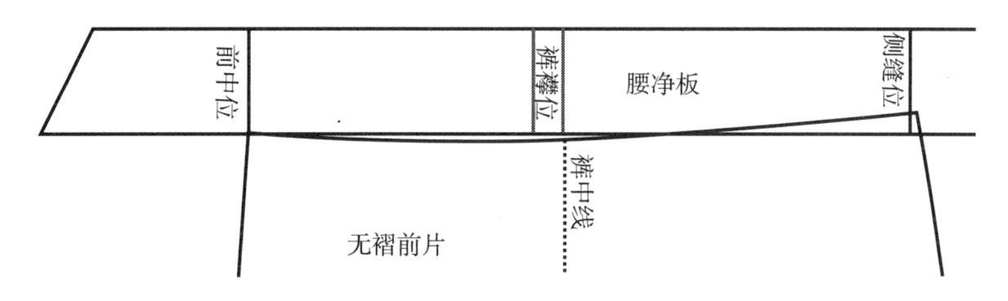

图 3-24　西裤第一裤襻位

21. 单褶裤、双褶裤第一褶位要过裤中线而非在裤中线上

很多初学者往往误认为单褶裤、双褶裤第一褶位应位于裤中线上，收褶后褶线与裤中线为一体。但在实际工厂制板中无论双褶裤还是单褶裤，第一褶位通常为裤中线向前 1cm 而非设置在裤中线上，原因为：收褶时前褶线向后对折至后褶线上，为褶前在上，褶后在下的状态，如果不做偏移处理，导致上部裤中线同步向侧缝处偏斜，整体裤中线呈偏斜状态，影响美观。通过褶位前移处理就是为了改善裤中线偏斜的问题，使成品后裤中线呈竖直状态，如图 3-25、图 3-26 所示。

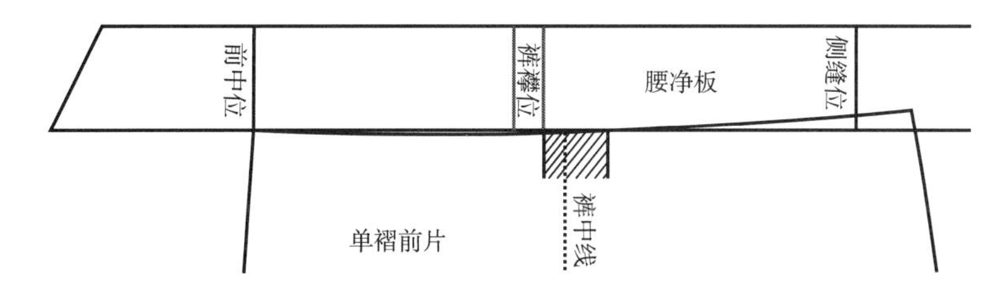

图 3-25　单褶裤第一褶位

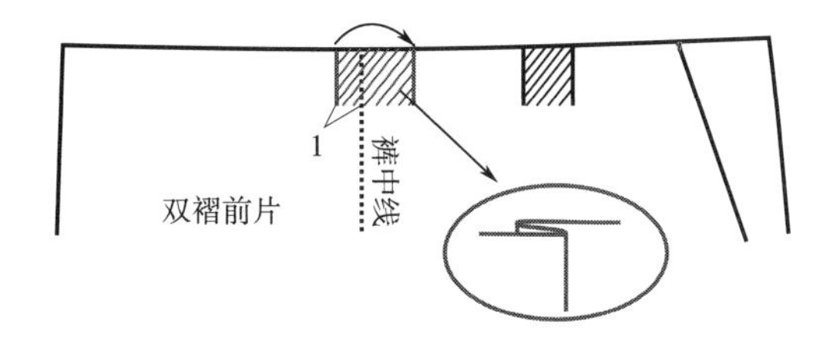

图 3-26　双褶裤第一褶位

22. 前片腰线上提 1.5～2cm

欧洲男性的身材大多比较高大魁梧，按体型制板就能形成很好的西装造型，而亚洲男性没有欧洲男性的身材高大魁梧，因此胸围、腰围的差值一般不大，且衣长偏短，西装要求的造型很难做到！通过西装制板时把前片腰线位置上提 1.5～2cm，达到视觉上收腰量加大、衣长加长的作用。同时，收腰位置的上提也加大收腰线斜度，在一定程度上能够凸显男性肩腰处倒梯形的造型。

23. 西装肚省的作用

男西装在前衣片下 1/3 处通常设有肚省，且肚省位即为开口袋位置，因此成衣后看不到实际肚省的存在。肚省的设置，一是优化前胸省，为增加腰线长度，前胸省可设置为锥形省，有了肚省后胸省即可自腰围处平行收至肚省处，从而做到加长胸省的目的，体现前身修身造型；二是人体由前到侧呈圆弧造型，通过设置肚省可使前片能够顺应人体造型更好地做出圆弧效果。人体凸肚程度越大，肚省设置越大。但因肚省长度相对较短，为了能够做到自然平服，肚省一般不超过 2cm。

24. 上衣前片做撇胸量

无论是关门领的立领款、中山装，还是开门领的西装，制板时前横开领均需要加入撇胸量。如图 3-27 所示，为符合人体因胸部凸起而造成的胸部与颈部落差结构，制板时前止口处颈下位置需要撇进该落差值即为撇胸量，撇胸量为 1.5～2cm，使成衣穿到人体上后自然平服，这是关门领衣服设置撇胸的原因。但西装的开门领撇胸量应大于关门领撇胸量，原因是西装为开门领结构，为更好地塑造胸部凸起、前中凹陷的效果，同时使西装驳头能够做到自然外翻效果，工艺制作时驳头处需拉量处理（相当于驳头处做收省处理）。如图 3-28 所示，撇胸量可以看作是前省的省量转移，一部分胸省转移到驳头翻折线处，这种省道的转移会造成肩线向袖窿侧偏移，因此西装上衣撇胸量在关门领款式撇胸量基础上又增加了因驳头省造成的肩点偏移量，故西装撇胸量大于关门领款式撇胸量。

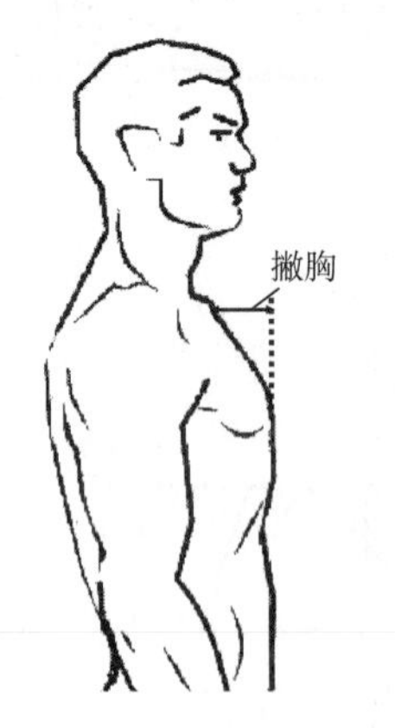

图 3-27 人体胸部示意图

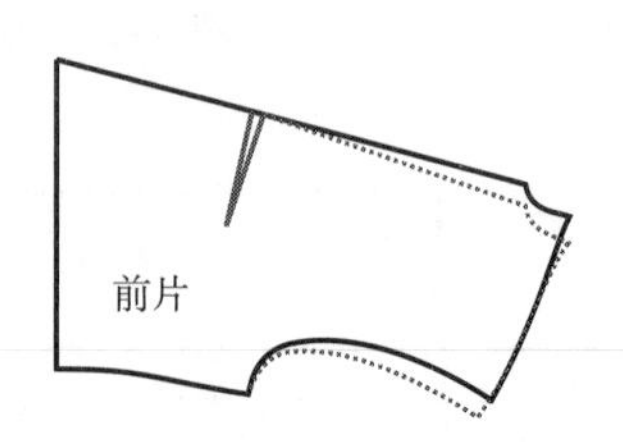

图 3-28 撇胸量处理示意图

驳头拉量根据驳头长度及体型而变化；两粒扣约为 1cm，一粒扣款式因翻驳线较长，为做到同样的两粒扣效果，拉量需加大，约为 1.3cm，因此撇胸量需要适当加大；三粒扣西装翻驳线较短，无须太大拉量就能够做到相同效果，因此驳头拉量减小，约为 0.7cm，撇胸量也要适当减小。健身体胸部与颈部的落差变大，因此健身体撇胸量应同步加大。

25. 撇胸量过小、过大会出现的弊病

撇胸量即前中线到前肩颈点的平行距离，如果撇胸量过小，样板前中线位置达不到人体前中线位置，因此整个衣身向后偏移，做不到衣服向前“抱”的效果，即便整体腰围尺寸合适，当系上扣子后，等于把其他位置的松量强行拽到前身部位，从而使驳头前胸部位产生驳头起空、断裂的弊病，同时前片侧片、后片也因拽拉产生指向前中的斜绺。相反，撇胸量过大，样板前中线位置超过了人体前中线位置，导致前中位置左右搭叠过大，当系上纽扣后，前身会以纽扣为杠杆，使前下摆处向后偏移，后下摆处余量无处可去而造成外翘，如果是条格面料会明显看出纵向的条格是斜的。

26. 为什么有人通过前止口位的加减调整撇胸量，而有人通过调整肩颈点的前后调整撇胸量，两者有何不同？

这是因制板习惯的不同而造成的，本身没有差异。同放码原理一样，需要先确定基准线，通过 X 轴、Y 轴的正负值做出大、小尺码，而每个人放码基准线的确定会存在差别，制板同样如此。大部分制板师制板时基准线的确定长度方向以上平线为基准，确定各部位围度线，纬度方向后片以后中线为基准，由后中向前制板，前片则以前中线为基准向后制板……因此前片肩颈点通常在前中线基础上往里一定数值确定位置。这种制板方式是一种反向操作，真正原理是后片确定了领窝宽度，前后片肩颈点重合后（此处不考虑肩斜、驳头拉量等问题）以肩颈点为基准向前确定前中线位置，向后确定前袖窿及侧缝形态。因此在制板时，也完全可以以肩颈点为基准点制板。

在成衣返修中如果要调整撇胸量的大小，应根据实际情况以方便返修及可操作性为依据，判断是修改前止口处还是肩颈处。

27. 西装钉袖扣的起源与作用

袖口处钉纽扣起源于欧洲，传说在法国远征俄罗斯时，因为士兵不适应俄罗斯的寒冷气候而生病流鼻涕，手帕都擦脏了，只能用袖子当手帕，造成袖口处非常不干净。拿破仑认为这样有损军威，就决定在袖口上侧钉三粒纽扣，防止士兵再用袖子擦鼻涕，这是最初袖扣的作用。后来随着社会的发展，法国设计师将这三粒纽扣移到了西装下面的袖口处，这样既能防止衣服与桌面的摩擦造成衣服磨损，又能使衣服更美观。现在西装袖口的纽扣更多的是作为一种装饰性部件而存在，通过纽扣及纽扣的颜色、材质等来装饰衣服及衣服的变化甚至体现衣服的档次。真袖衩款式袖扣能够打开，方便洗手时解开挽起袖口，有一定的实用功能。

28. 工厂中胸衬泡水的目的

工厂在大货生产中，胸衬缝合完成后需要单独泡水 4 小时以上，自然晾干再进行压机定型处理后方可使用。原因为：

（1）胸衬是附着于衣服前身内侧且与前身固定为一体，起到塑造前身造型的目的，如果不进行上述操作，当胸衬中所用的黑炭衬、挺胸衬等材料性质不稳定，成衣后遇到潮湿天气容易导致胸衬缩水而使成衣变形。通过胸衬泡水、压机定型操作，释放胸衬中黑炭衬、挺胸衬内在不稳定特性，确保成衣后效果稳定，衣服受潮后不变形。

（2）现阶段西装更加追求软而挺的成衣效果，胸衬是衣身重要的辅料，对整件衣服的柔软性起了很重要的作用，通过胸衬泡水，可使胸衬变得更加柔软，穿着时更舒适。

全麻衬西装对质量要求较高，全身不粘衬，同胸衬泡水后性质稳定的原理，在全麻衬西装制作中需要提前将面料用蒸汽充分加湿后再制作，确保面料的性质为稳定状态。日本大货订单往往也需要将面料加湿处理，原因是日本属于岛国，空气比较潮湿，因此在制作中先做加湿处理从而使衣服运到日本后能适应当地环境，不宜变形。

29. 人的胖瘦会影响袖山的高低

人的胳膊与人体之间存在一定的角度，当人体逐渐变胖或肌肉越来越发达时，胳膊与身体上同时会堆积大量的脂肪或肌肉而迫使手臂外张，夹角增大，如果袖山高不适当降低，袖山处会因胳膊外张造成袖山处折断，影响美观。因此，通过减小袖山高，加大袖山宽度做出袖子宽大效果。相反，当人越来越瘦，身体与胳膊间的肌肉减少，同时夹角也随之减小，相当于袖底到肩点的距离加大，因此通过加大袖山高，减小袖山宽度做出袖子窄小效果，以符合人体形态。

袖山高的加大与减小会直接影响西装的成衣效果，在西装成衣检验时，应结合尺寸及人体体型而不能简单地以挂衣架或人台模特为依据判定袖子是否起吊、袖底堆量等问题，这就涉及西装的挂像与人体穿着间的平衡问题。

30. 阴阳条、阴阳格面料裁剪方式

所谓阴阳条是指纵向的条纹是由不同颜色或纹路的两种或几种条纹不断循环组成的条纹面料形式。阴阳格是指横向、纵向均由不同颜色或纹路的两种或几种条纹不断循环组成的格纹面料形式。阴阳条、阴阳格面料不同于常规条、格面料，裁剪时需要格外注意，因此也要求相关人员熟练掌握各部位对条、对格要求。

工厂裁剪中通常要求顺向排板，如果能够确定面料不存在倒顺光、倒顺毛现象，也可以不采用顺向排板，能够更加省料。因此，如图3-29所示，阴阳条面料裁剪时横向对折铺布能保证后中领窝处左右片拼合后组合成完整的循环条纹，从而保证后领窝能与领子完全对条，且由左前中经后中转至右前中保证阴阳条按顺序循环，但这种裁剪方式导致挂面驳头止口距最近条纹颜色/纹路左右不一致，因此，如果面料无倒顺光/倒顺毛现象，通过纵向叠布可保证挂面止口距最近条纹左右一致。综上所述，对上衣而言，如确定无倒顺光/倒顺毛时可通过单层分片裁剪可以达到挂面左右止口对称、后中对格、条纹由后中至前中可按阴阳条顺序循环的效果。裤子：横向对折铺布同样能够保证一周为循环条，但后裆弯处对条颜色不一致。而纵向对折铺布能够保证后中对条颜色一致，但成品效果阴阳条以后中为基准向两侧循环，即一周为非循环效果，这显然是不正确的。因此对于阴阳条面料，通常采用横向对折铺布或单层拉布，保证挂面止口距最外侧条纹距离一致即可。同样，裤子前中、后中处左右不同颜色或纹路的条纹完成对条即可。或是保证无倒顺光/倒顺毛时采用单层拉布将挂面颠倒裁剪。

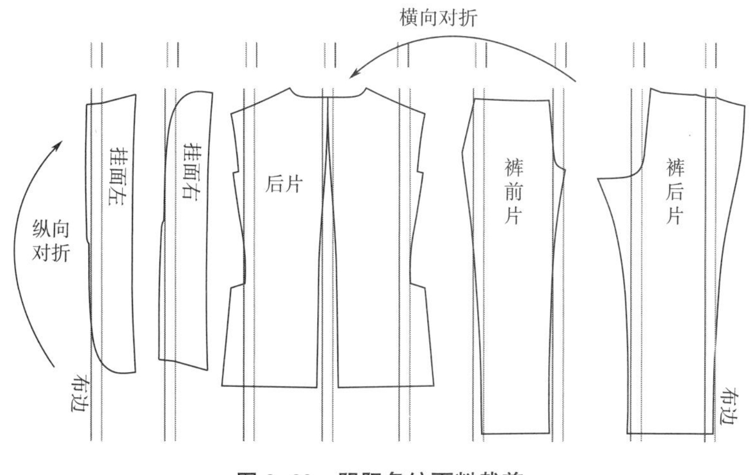

图 3-29 阴阳条纹面料裁剪

如图 3-30 所示，阴阳格面料，除了存在阴阳条面料共同的问题以外，横向条纹也为阴阳组合。因此，即便单层裁剪保证挂面纵向条纹左右对称，左右片横向不同的条纹的上下位置也无法保证，这也是不能接受的。因此，阴阳格面料的裁剪方式同样为横向对折铺布或单层铺布顺向裁剪，即便无倒顺光/倒顺毛也不能颠倒裁剪，保证挂面止口距最外侧条纹距离一致。裤子前中、后中处左右不同颜色/纹路的条纹完成对条即可。

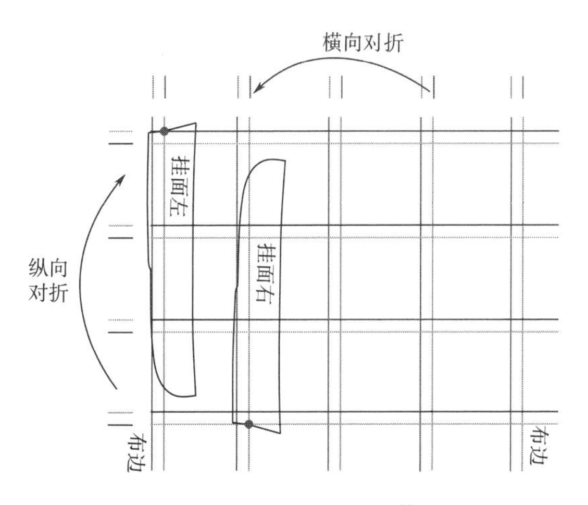

图 3-30 阴阳格纹面料裁剪

31. 西裤后立裆深线为什么要低于前立裆深线 1~1.5cm

西裤制板时后裆深线需要在前裆深线基础上下落 1~1.5cm，是因为前片、后片裆底拼接处比较靠前，但人体裆底最低处并不在前后拼缝处，而是因为臀部结构裆部最低处在裆底靠后位置，因此前后裆底拼缝处并不是裆底最低处，而应同人体一致，在靠后位置。在制板时后裆弯同步下落，前后内缝长差值部分在制作时后裆内缝长需要拔开，达到与前内裆长一致、前后片平衡、裆弯最低处在后裆弯处的目的。如果前后裆底落差值不够或是前后内缝缝差值较小，导致后内缝拔开量不够，造成前后裆底处结构不平衡而使后片内缝强行与前裆底对位而错位产生斜绺，且脚口处容易内缝处短而起角。

32. 挂面串口与领子串口如何确保长度一致

对于非圆领窝挂面与领子拼接款，为使领座前后宽度一致，做到效果美观，串口处领座宽度可适当调整，而挂面、领子与前里存在互补关系，可根据领子串口宽度确定挂面的串口宽度。做到领子串口与挂面串口长度一致，并保证绱领后内口顺滑，如图 3-31 所示。

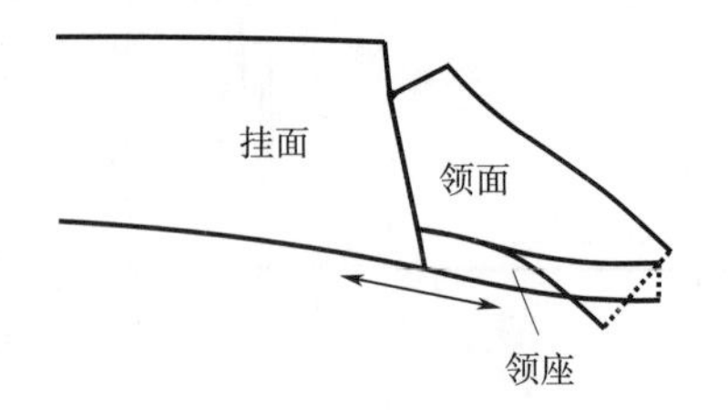

图 3-31　绱领效果示意图

细节原理如下：因前片串口、前止口处增加荒量，缝制时需要修剪掉，因此，制板时需以缝份线为基准制板。领面、领座按拼接后状态上领点处净线对齐前串口线，挂面因存在止口撇量，需旋转对齐前止口线，确保在串口线位置挂面串口长于领子串口 0. 3cm，为挂面与前片驳角拼合时挂面给予的吃量，确保驳角不外翘。而挂面止口处、领面领角处同有眼皮量，两者所需长度抵消，可不予考虑（这样各对位线对齐即可，无须再考虑眼皮量，方便操作），因此最终结论为挂面长于领面、领脚约 0. 3cm 即可。圆领窝款式领子在前领窝基础上制板，挂面在缝制时根据前片领窝需要二次修剪，因此不存在该问题。

33. 为什么尖角部位合缝后容易不顺滑

主要发生在两个拼合样片间斜度较大的钝角与锐角互补部位。如图 3-32 所示，大袖、小袖外袖缝上端拼合处、侧片与后片袖窿拼合处。因面料厚度原因，侧片、小袖缝合翻折时会占据一定宽度，加之此处斜度较大，翻折后缺失部分被成倍放大，导致拼合不圆顺。因此为保证缝合后顺滑，侧片袖窿处、小袖山外袖缝缝份要加大 0. 1~0. 2cm 缝合后才能顺滑。

图 3-32　大、小袖外袖缝合

34. 小料衬为什么通常要做成波浪状

工厂在大货生产时往往将下摆衬、袖口衬等小料衬内侧做成波浪形状，这有一定的实际作用：不管是无纺衬还是经编衬，衬布或大或小会存在一定的缩率，且不同型号、不同批次缩率有可能会不一样，有些衬布缩率较大，粘衬时衬布遇热收缩带动面料收紧，导致面料衬布边缘处起泡，不平服。将西装外露侧对应的衬布做成波浪状相当于把一定深度的缩率大的经纱剪断了，一定深度的衬布遇热后无伸缩性，从而能够有效避免因衬布缩率大产生的面料不平服的问题。

因辅料与面料缩率不一致导致的质量问题在工厂中时有发生，造成批量返修或客户投诉。一方面要充分做好物性测试，掌握各种材料的性质；另一方面通过产前样及时发现生产中存在或出现的问题，如小料衬做波浪形等，把点滴细节做好，尽可能规避可能出现的问题。

35. 西装前胸省的种类

西装前胸省有锥形省、枣核省及无胸省，如图 3-33 所示。锥形省是常规西装胸省类型，由肚省位平行收至腰部后顺至省尖处，这种省在收腰、塑胸的同时能够加长腰线长度，视觉上更加美观。枣核省通常是没有肚省时设置的前省类型，由腰部收省顺至上下两端省尖，因形似枣核而来。与锥形省的区别是腰围以下不能平形收省，并且因为没有肚省，收腰效果及前身的圆弧造型有所减弱。这种胸省通常用在半里贴袋款式或指定要求，半里贴袋款式因内部没有里绸覆盖，为保证前身内侧无开口而设置为枣核省。无胸省是因某种原因而不能设置前省，该款式因不能按人体体型在前片收腰，塑造胸部造型，合体度上会有所影响。西装上衣一般不会采用无胸省款式，大衣斜插袋款式因口袋斜度较大，位置比较偏后，省下端不能与口袋交接，因此该款式通常不设胸省。制板时应根据实际情况设置前省类型。

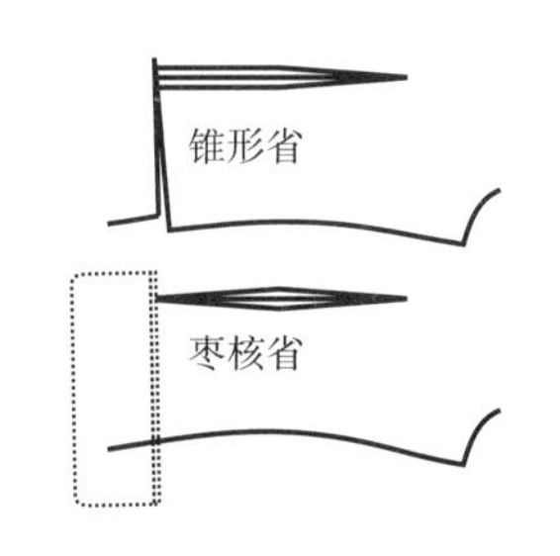

图 3-33 西装前胸省类型

36. 西装袖山类型

所谓袖山类型，是指袖子袖山与袖窿肩端处拼接时所塑造的不同效果类型，西装袖山类型是受流行趋势影响的细节部位之一，男西装常见的袖山类型有经典袖、溜肩袖、耸肩袖及那不勒斯（Napoli）袖，这几种袖山类型从制板到缝制，到辅料的使用甚至面料的风格都有所区别。

经典袖是最常见的一种袖山类型，也是实际操作时最容易制作的袖形，这种大众袖山类型也自然成为国内大部分西装工厂所采用的袖山类型。经典袖山在肩缝端点处有一定平行延长，袖山处没有耸肩袖明显的凸起，也没有溜肩袖快速圆顺溜下的感觉，整体袖形饱满，充分体现正规西装的特点。如图 3-34 所示，为做到这种袖山效果，样板上袖山头形状饱满，袖山吃量、袖山高大小适中（参考袖山 10cm 处吃量约为 1cm，袖山高为前后肩点连线中点处下落 3~3.5cm）；工艺上，袖山处缝份以肩缝为基准，前后 5~7cm 做分缝处理，做到肩端点自然平行延长，为做到袖山饱满，袖棉条不能太薄，袖棉条前后使用专机提前拉量，使之与袖子吃量同步，做到棉条凸起效果，这样才能对袖子起到有力的支撑，整体效果上是传统经典风格，是标准套装西装多采用的袖山类型。

图 3-34 经典袖袖山

溜肩袖袖山在肩缝外无平行延长，从肩缝向外直接顺滑弧线溜下，是现阶段比较流行的西装袖山类型，如图3-35所示。相对经典袖袖山而言，溜肩袖袖山稍尖，这种袖山类型偏向休闲风格，通常这种西装从面料到辅料的选用及搭配也多采用柔软风格。因袖山处是直接顺滑溜下，为做到这种袖山效果，样板上袖山高应稍作降低处理（较经典袖袖山高下落0.3cm即可），袖山前后适当做稍尖效果，同时减小袖山处袖子吃量来达到减小袖山翘起程度的目的；工艺上袖山与大身缝份使用分缝处理方式，袖棉条使用薄款棉条，减小袖棉条对袖山的支撑力度，同时减小袖棉条的抽量，做到棉条与袖子吃量同步，不做太有力的支撑；垫肩可使用龟背垫肩，做到肩至袖的弧线过度；整烫时，通过对肩端外端的压机处理，进一步塑造这种溜肩的效果。相对其他袖山类型而言，溜肩袖袖型时尚感更强一些，是现阶段普遍流行的休闲风格的单上衣西装多采用的类型。

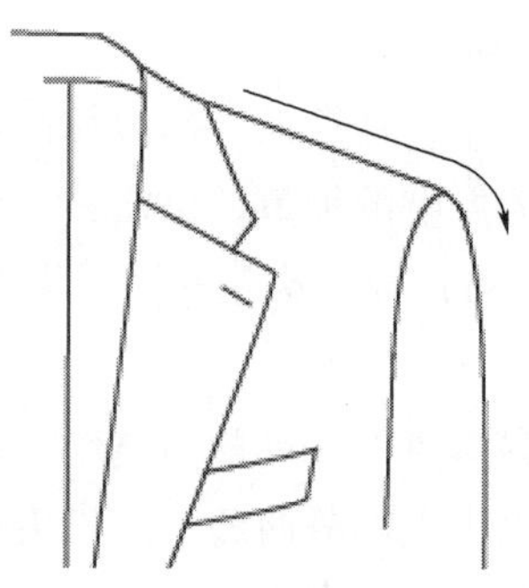

图3-35 溜肩袖袖山

耸肩袖是溜肩袖的相反效果，耸肩袖袖山相对肩线凸起明显，这种袖型在时尚舞台上反复出现，多采用比较夸张的形式。相对时装而言，西装的耸肩袖表现形式通常没有那么夸张。如图3-36所示，袖型整体饱满，袖山突出明显，但成衣后袖山处不体现明显的吃量，甚至是褶皱。为做到这种袖山凸起的效果，样板上，袖山高加高，给足因袖山处凸起所需的空间；加大袖山处袖子吃量，使袖山处袖子做到立体效果，同时加强袖山处的饱满效果；工艺上，使袖山缝份倒向袖子，做到外部效果呈现袖子在上，大身在下，袖山及袖棉条包住大身后转下来。袖棉条使用较厚棉条，如弹袖棉+弹袖衬的组合方式达到向上顶起的力度，这种加厚

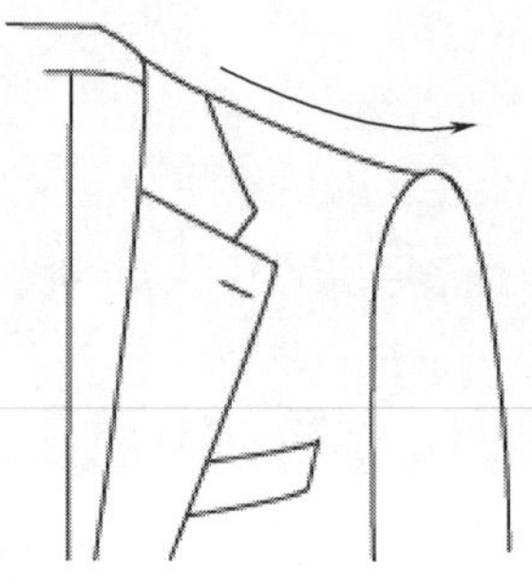

图3-36 耸肩袖袖山

的袖棉条同步做倒缝处理后使袖棉条旋转一周下来后对袖山起到了很强的支撑效果；从缝制到整烫，肩部不用压机，以免破坏袖山凸起效果。相反，整烫时对肩部的进一步塑形，达到肩部高耸的立体效果。耸肩效果的大小程度可通过袖山吃量，甚至是袖棉条袖山处的抽量来调节耸肩的大小。

那不勒斯袖是源自英国的一种单独的时尚袖型，国内工厂大货很少会做这种类型，如图 3-37 所示，那不勒斯袖袖型袖山肩端无顺滑过渡，而是自肩端处直接垂直下来，袖山处有泡泡，类似衬衣袖。为做到这种效果，样板：袖山高减小（较经典袖低 0.5cm 即可），保证成衣后袖山处无多余横向余量。袖山处展开，保证袖山处绱袖时袖吃量不变，做到袖山处有泡泡的效果；工艺，倘袖缝份倒向前身，做到大身压袖子的面部效果；用料，袖棉条仅适用一层薄棉或是无袖棉条，做到袖棉条对袖子无支持。通过以上方法达到袖山自肩端处直接垂下来，无任何凸起的感觉，以此来达到理想效果，其中，袖山泡泡的大小根据需要及个人喜好相应调整袖山处袖子吃量即可。

图 3-37　那不勒斯袖袖山

37. 面料的预缩方式

西装生产中为保证面料的稳定性，通常需要在裁剪前或在缝制过程中对面料进行预缩，以保证服装服用性能和成衣质量的稳定性，面料预缩方式通常有以下几种：

（1）自然预缩。面料纺织完成后经纬纱未能自然回缩，加之面料在捆卷的过程中会将面料拉伸。自然预缩是指将整卷面料散开后放置一段时间，使其经纬纱自然回缩。主要适用于泡泡纱面料、弹力面料及厚重的羊绒面料等面料在捆卷的过程中容易变化大的面料种类。

（2）湿预缩。是将面料直接用清水浸湿后再晾干，或将裁好的样片放置在加湿器内一段时间，使面料稳定后再进行缝制。如全麻衬西装的制作及在湿度偏大的环境下穿着的西装通常进行湿预缩。

（3）蒸汽预缩。是将面料展开后使用热蒸汽对面料进行预缩，使其性质达到相对稳定状态。用于工厂规模化生产的批量大货的面料，特点是效率高，预缩效果较好。

（4）热预缩。通过对面料进行加热加压使面料回缩，使用专用黏合机对面料进行预缩，加热温度达到 110°~120°。其操作简单，是工厂单件订单特殊面料使用的预缩方式。

38. 面辅料性能测试

工厂在进行大货生产前需要对面料、辅料进行多方面的性能测试，从而根据测试结果在大货生产前对可能影响大货质量的不合格项目进行相应调整，确保大货质量。面辅料检验项目通常包括。

（1）面料经过黏合机加热后的缩率及放置一段时间后的经向、纬向长度变化，确定面料热缩率及自然回缩率。

（2）面料加湿一段时间后的长度变化，确定面料加湿后的经向、纬向伸缩率，通常面料遇湿后会伸长。

（3）面料粘有纺衬时的数据测试，包括温度、时间、压力，确定黏合是否牢固及测试黏合后放置一段时间的经向、纬向长度变化，确定面料粘衬后的热缩率。

（4）面料无纺衬、经编衬等其他黏合衬的条件测试，确定黏合是否牢固、衬布与面料缩率差别是否在允许范围，如果衬布缩率大而面料缩率小，粘衬后衬布边缘的面料会出现裙褶效果。

（5）里绸、袖里绸加热后的经向、纬向会发生热缩率，指导大货生产时里绸、袖里绸是否加缩率，加多大的缩率。

（6）面料的拉伸测试、粘衬时的透胶测试、克重等。

（7）非常规面料的可临缝测试、加热条件测试及面料与胸衬的摩擦力测试等。

除了以上生产前对面辅料的性质测试，大货批量生产前还需要先做产前样，以确定样板、工艺指导书是否有误，缝制、整烫是否有问题，各部位尺寸是否在公差范围以内等，确保各个环节没有问题后方可进行大货投产。

39. 四开身西装与六开身西装的区别

常规西装大身分为前片、侧片、后片，左右共六片为六开身造型。但也有的西装造型仅为前片、后片，侧片归纳到前片上或后片上，也可以前片、后片平分侧片，左右共四片称为四开身西装，两者的本质区别是合体程度的不同。

人体为不规则的曲面结构，衣服附着于人体之上就必须以人体结构及舒适度为前提。样板分片越多，就越有足够的部位、空间进行收放，因此越能更好地做到符合人体立体造型结构，即合体程度越高。样板分片越小，可进行修改的部位、空间就越少，即合体程度越差。因此，相对于六开身西装，四开身西装可能在某些方面有一定优势，但合体程度上较六开身西装有所差异。通过局部分缝收省、面料归拔及辅料的使用上能够在一定程度上提高成衣效果及穿着的舒适性。六开身结构为西装常规分片结构，四开身结构更多地用于休闲西装及大衣款式中。

40. 西装制板更加要求制板的顺序性

西装不同于其他服装，其质量、形状要求较高，任何部位都要达到指定效果，不允许有任何形式的多量、缺量等问题。为使制板更具合理性，做到成衣效果完美，制板时就必须按顺序进行，在已完成的样板基础上来配制其他样片准确程度更高，也更加科学、合理、严谨。

如袖子制板，该部位是面部关键样片，质量要求相对较高，在完成的前片、侧片、后片基础上制板，直接采用已有的胸围线、窿门宽、袖窿深等相关数据并使用大身对应位置的弧线，做到袖子数据与弧线、大身完全一致，且方便确定转折、互补位置，使袖子制板更加合理；领子在前领窝基础上制板可保证弧度、长度一致，领角与驳角的关系比较直观，只需确定内口长、外口长与后片对应位置一致即可，因此合体程度较高。袖子完成后在袖山基础上配制袖棉条，其形状能够做到与袖山一致，且长度无须测量，从而更加准确、方便。

另外，男西装是所有服装中最为复杂的品类之一，包括面料板、里料板、各种辅料板及操作板等，上衣的样片可多达 80~100 个，按顺序制板能够有效理顺样板，避免样片落漏。

41. 缩率在西装中的应用

所有的面料、里料甚至是黏合衬等辅料或大或小都存在缩率，而在批量性的大货生产中因缩率问题导致的质量问题从未间断，因此，生产中缩率的控制极其重要，但在有些时候，也可以利用织物的缩率达到一定的目的。

如口袋盖，要求做到自然服帖，不外翘，此时可以考虑借助横向缩率较大的专用里绸作为袋盖里绸，遇热后自然收缩，从而做到袋盖服帖的目的，并且操作简单，效果比较理想。全麻衬因全身不粘衬，胸衬为达到挺括的目的，下部通常附加一层里绸，同样也可以利用里绸横向缩率较大的特性做出胸衬自然圆弧的效果。后连肩衬位于肩宽测量位置，在肩宽尺寸有所差异的时候可以通过衬布经纬纱缩率不同的原理改变后肩衬的纱向，从而能够适当调整肩宽尺寸。

42. 礼服款西装款式

凡是使用缎面的西装均属于礼服款西装，且通常使用黑色缎面，是大型重要场合穿着的衣服。如图 3-38 所示，通常礼服款式采用缎面部位为：驳头、大袋开线使用缎面，纽扣使用缎面包扣，手巾袋可使用缎面也可不使用缎面。青果领本身就属于礼服款，因此青果领驳头通常使用缎面。平驳头、戗驳头款式多为日常穿着，为做到两用性，现在很多衣服单独做出可拆卸的缎面驳头，方便日常与正式场合穿着（图 3-39 为在标准平驳头基础上增加可拆卸缎面戗驳头）。礼服款裤子腰面使用缎面，腰处不系腰带因此裤子无裤襻，腰面内侧钉背带扣，侧缝处可做 1~2cm 宽的缎面条体现裤子的变化，门襟扣同上衣采用缎面包扣，因包扣厚度较大，为保证舒适性后口袋通常不适用包扣。

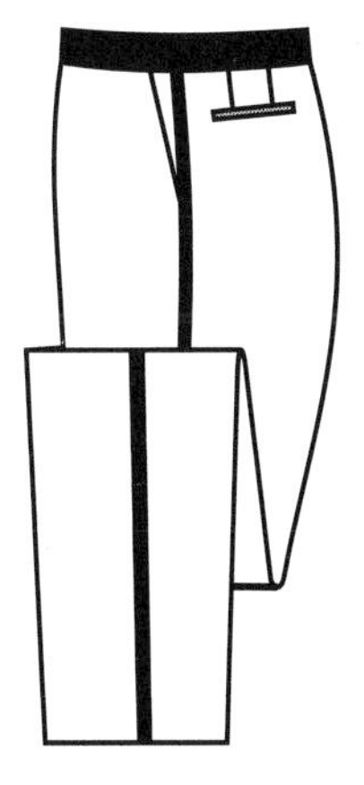

图 3-38　礼服款西装套装

图 3-39　可拆卸缎面戗驳头装

43. 侧缝缎面条工艺制作方法

侧缝缎面条是礼服款裤子常用款式，根据宽窄要求可参考：窄缎面条宽：0.8cm，常规缎面条宽：1.5cm，宽缎面条宽：2.5cm。

工厂中侧缝缎面条通常有两种工艺制作方法：一是侧缝条为后片的一部分，将原来的后片拆分为两部分，缝制拼接后组成完整的后片；二是使用成品缎面条直接覆盖在后片上，翻烫后与后片侧缝对齐，再与前片缉合，两层缝份一起锁边固定。如图3-40所示，以侧缝缝份与缎面条缉合缝份均为1cm，成品后宽度为1.5cm为例，则缎面条宽度=1+1+1.5（缉合缝份+成品宽度+侧缝缝份）=3.5（cm），考虑到面料的转折厚度，成品缎面条宽度为3.6~3.7cm，纱向为45°斜丝。该方法侧缝条为单独使用，不破坏后片样板，是工厂中常用的操作工艺。因侧缝条较窄，缝制时稍有不顺或宽度不一致成衣就很明显，因此操作难度较大，需要专用模具进行缝制。

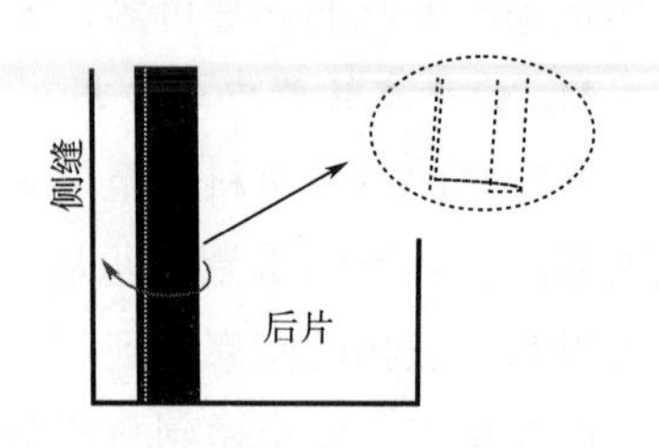

图3-40 侧缝缎面条工艺处理

44. 工厂中放码与变更的区别

放码与变更是工厂中使用的用以对样板大小码，甚至是款式进行批量性调整的工业化处理方法，两者有相同之处，即都是对样片通过 *X*、*Y* 坐标对关键部位的点进行编辑，用以自动调整样板，同属创造样板的过程，但两者又存在本质的区别。

放码是以尺码表为依据，根据客户要求的尺码、尺码间各部位的尺寸差值（档差）进行样板大小号的调整，保证放码后的样板与母板形状相似、各部位尺寸达到各个尺码要求。如图3-41所示，放码时各部位根据分配比例输入具体数值，提取及排板时直接输入所需要的尺码即可，且各个型号各部位尺寸是固定值，主要用于标准大货生产的尺码变化。而变更不以尺码表为依据，而是通过关键部位点的移动对样片某一部位进行尺寸甚至是体型或款式的调整，且输入的是百分比，提取时可输入任意数值，如图3-42、图3-43所示。通过放码与变更相互结合，可以做到在放码后任意尺码的基础上进行任意部位的任意尺寸变化，多用于单体定制及尺寸在尺码表上有一定调整的或体型处理的大货订单，从而实现快速制板、排板的目的。

点：157　　放缩规则：12#

尺码组别		X差距	Y差距	距离
44Y	46Y	0.6	0.4	0.7
46Y	48Y	0.6	0.4	0.7
48Y	50Y	0.6	0.4	0.7
50Y	52Y	0.6	0.4	0.7
52Y	54Y	0.6	0.4	0.7
54Y	56Y	0.6	0.4	0.7
56Y	58Y	0.6	0.4	0.7
58Y	44A	-3.7	-2.5	4.5

清除X　清除Y　前一点　后一点　更新　打印　确定　取消

图3-41 放码数值

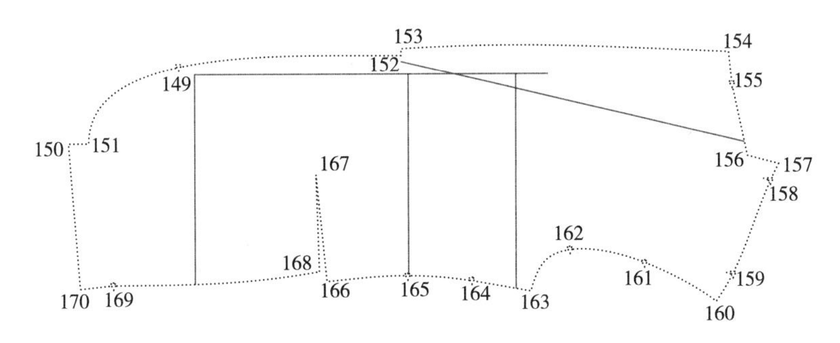

图 3-42　变更点编号

	变更种类	第一点	第二点	X移动	Y移动
1	XY移动	169	151	-100.000%	0.000%
2	XY移动	149	149	-100.000%	0.000%
3	XY移动	152	152	-50.000%	0.000%
4	XY移动	153	153	-50.000%	0.000%
5	XY移动	613	613	-50.000%	0.000%
6	XY移动	232	221	-100.000%	0.000%
7	XY移动	730	732	-100.000%	0.000%
8	XY移动	222	223	-50.000%	0.000%
9	XY移动	671	670	-50.000%	0.000%
10	XY移动	231	231	-67.000%	0.000%
11	XY移动	169	234	-100.000%	0.000%
12	XY移动	735	735	-100.000%	0.000%
13	XY移动	510	503	-67.000%	0.000%

衣长 / 前衣长 / 后衣长 / 袖长 / 肩宽 / 胸围 / 腰围 / 下摆 / 袖肥 / 袖口 / 前胸宽 / 后背宽

图 3-43　变更比例

45. 工厂中排板为什么必须是顺向排版

所谓顺向排板是指各部位样片按成衣时样片方向进行排板的方式，即样板在排板时各样片上下朝向一致，不能颠倒，如图 3-44 所示。工厂在大货裁剪时必须要求顺向排板，用于避免因面料可能存在倒顺光（从面料的不同方位观察面料时呈现的颜色存在差异）、倒顺毛（面料表面绒毛较长且有方向）或阴阳条/格导致成衣后各样片效果存在差异，属于大货中重大的质量事故且无法修改。因此，在进行计算机排板或手工裁剪时，允许对样片进行翻转而不允许对样片进行 180°旋转。

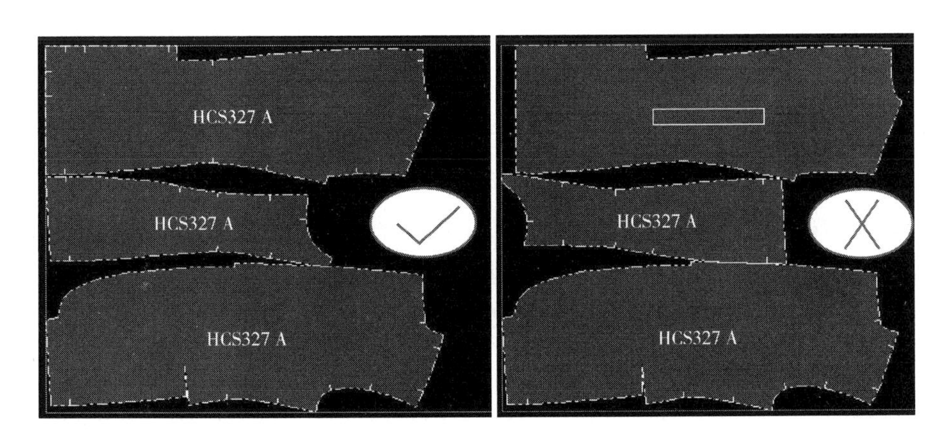

图 3-44　顺向排板与逆向排板

非顺向排板的唯一目的就是节省面料，单件模式的定制生产迫不得已时如果确定没有倒顺光、倒顺毛及阴阳条/格，必要时可颠倒排板，相对大货的批量性风险比较小。

46. 西装生产需要哪些技术资料

西装大货生产涉及近400道工序，所需面辅料种类众多，因此，西装的大货生产是所有服装中最为复杂的品类之一，这不仅需要完善的生产流程，技术资料的准备也是保证生产能够顺利进行的前提。工厂中西装生产所需要的技术资料一般包括以下六类：

（1）样板。包括放码，用以确定各部位样片的形状、大小及种类。

（2）工艺指导书。用于指导生产时各部位如何操作及各部位尺寸要求。

（3）配单表。用于指示该订单所用面料、里料、辅料的型号及所需要数量、缝制时各部位用线指示等。

（4）排板。按大货要求的型号、数量以最为节省的方式对所用的面辅料进行计算机排板，供大货进行自动裁床裁剪。

（5）料卡。按配单指示提供各部位实物小样，指导裁剪部门进行裁剪及生产时核对所用面辅料是否正确。

（6）性能测试。测试面辅料性质，指导大货生产前进行样板、缩率及生产方式的调整。

47. 客户开发样与确认样

客户开发样是客户针对某一季节（一般分春夏跟秋冬两季）设计、开发的首件样衣，用于订货会使用，根据订货会的订单数量来确定是否投产及投产大货的数量，因此对于工厂来说，并不是所有开发样最终都会生产大货，开发样的细节也可能会根据各方反馈或设计思路而在投产大货时有所变化。确认样是开发样以后确定该款式要投产大货，所有的面辅料、款式细节等都已经确定不会再更改。工厂按客户要求的所有内容首先制作样衣，供客户确认板型、面辅料及尺寸、做工是否符合客户要求等。确认样通常制作两套，一套寄给客户确认，另一套工厂保留，便于工厂日后投产大货时查看。因此，确认样类似于工厂与客户签订的合同，只有客户确认样衣没有问题后才能投产大货。如果确认样有问题，客户提出问题需在大货中更改或是重新打样确认，直至客户确认没有问题。因此，确认样衣是工厂与客户间问题确认的“合同”。

48. 产前样与船样

产前样是客户将订单投放到工厂后大货订单的一部分，是批量性大货投产前先要试做的样衣，因此，产前样是工厂内部的事情，做与不做、做几件工厂自行决定，与客户没有关系。新款式投产大货时工厂通常选取大、中、小三个尺码作为产前样，用以确认大货生产时样板、放码是否正确，裁剪、缝制否有问题，是否影响工厂产量，尺寸的把控是否到位等，以便在大批量开裁之前做出调整。因此，产前样的制作是确保大货能够顺利生产的关键，也是客户下单到工厂之后工厂内部之间为控制质量采取的生产模式。如果是做过多次大货的老款式，可以制作一件基准码产前样用来确认各部位尺寸是否合适。

船样是指工厂大货生产完成或基本完成，从大货中提取指定数量或尺码的衣服，提前发给客户确认大货产品质量是否有问题的样衣。如确认产品质量没有问题，大货可正常发货，如产品存在问题，客户会要求工厂把存在的问题修正后才能发货。

49. 有褶裤的补充说明

相对而言，无褶裤能够展现人体的良好身材，是一种合体的修身裤，穿着干净利索，是大多数年轻人的选择，也是现阶段最为流行的西裤款式。而有褶裤则属于宽松裤，且在很大程度上能够掩盖人体体型的不足，多见于老年人，更多追求的是穿着宽松舒适，方便活动，因此有褶裤在腰围以下的功能性区域加放量上要大于无褶裤，原因是：有褶裤除了与无褶裤同样的功能性所需要的放松量外，褶量自腰围顺下后，在臀围处也需要一定的空间才能做出活褶造型，不至于活褶在臀围处被完全撑开而失去了活褶造型，影响美观，而当人体活动时褶量能够打开。但褶量自腰往下逐渐消失，因此臀围处褶量要小于腰围收褶量。以单褶裤褶量 4. 5cm 为例，臀围在无褶裤加放量约为 5cm 的基础上加上臀围处褶量约为 2. 5cm（两侧共 5cm），因此单褶裤臀围加放量约为 10cm，而双褶裤加放量更大，这也是有褶裤臀腰差通常大于无褶裤的原因。

另外，对于臀腰差过大，不适合做无褶裤时建议客人做单褶裤或双褶裤，原理就是利用腰部与臀部的褶量差异来处理的。同样以单褶裤腰围处活褶 5cm，臀围处活褶量约 2. 5cm 为例，每侧前片差值为 2. 5cm（全围度为 5cm），配合臀围加放量可适当减小，能够有效改善因臀腰差过大造成的侧缝弧度、前后中缝斜度过大的问题。如臀围加放量 5cm 后臀腰差 20cm，无褶裤款臀腰差偏大，此时可臀围加放 8cm（3cm 为臀围处活褶量），臀腰差 23cm 做单褶裤是没有问题的。

切记因体型原因造成的臀腰差过大而无法做无褶裤时，臀围不额外加大放松量而改做有褶裤，这样虽然制板时样板造型没有问题，但在实际穿着时因臀围加放量不够而造成活褶呈打开状态，不符合有褶裤款式要求及视觉美观，是不正确的。

50. 西裤脚口防磨带的作用

脚口防磨带并非西裤的标配，但有实际的功能性。防磨带位于裤脚内侧最下部，通常仅位于后裤片上（走路时主要是后脚跟对西裤起摩擦作用），起到防止皮鞋对裤口的摩擦作用，从而能够延长西裤的穿着寿命。防磨带宽度约为 2cm，通常使用专用成品防磨带，也可使用本面料甚至为体现面料品牌及装饰性而使用面料布边作为防磨带。

51. 西裤腰里的功能

腰里位于裤子腰面内侧，其种类变化较多，是裤子上体现时尚感的部位，如图 3-45 所示，通常使用比较花哨的材料、哥伦比亚装饰线、夹芽体现腰里的装饰性能。功能性方面，腰里上加设防滑带或防滑贴，能够有效防止活动时衬衣滑出；腰里钉背带扣，可作为背带裤穿着；腰里加设活褶，因腰小、臀大，裤腰以下呈扩大状态，加设活褶可防止腰里过紧而产生弊病。

图 3-45　西裤腰里设计

52. 西装区域位置的划分

西装各部位根据重要性划分为三个区域，是工厂中成衣质量检验标准的依据。如图 3-46 所示，视觉上最容易注意到的部位为第一区域，该部位质量检验要求最为严格，其次为第二区域，该部位虽然外露，人与人对视时视觉区域不在该部位，质量要求略低于第一区域。视觉上不容易看到的部位为第三区域，所处的位置比较隐蔽，不翻看不容易发现问题，因此该部位质量要求相对宽松。

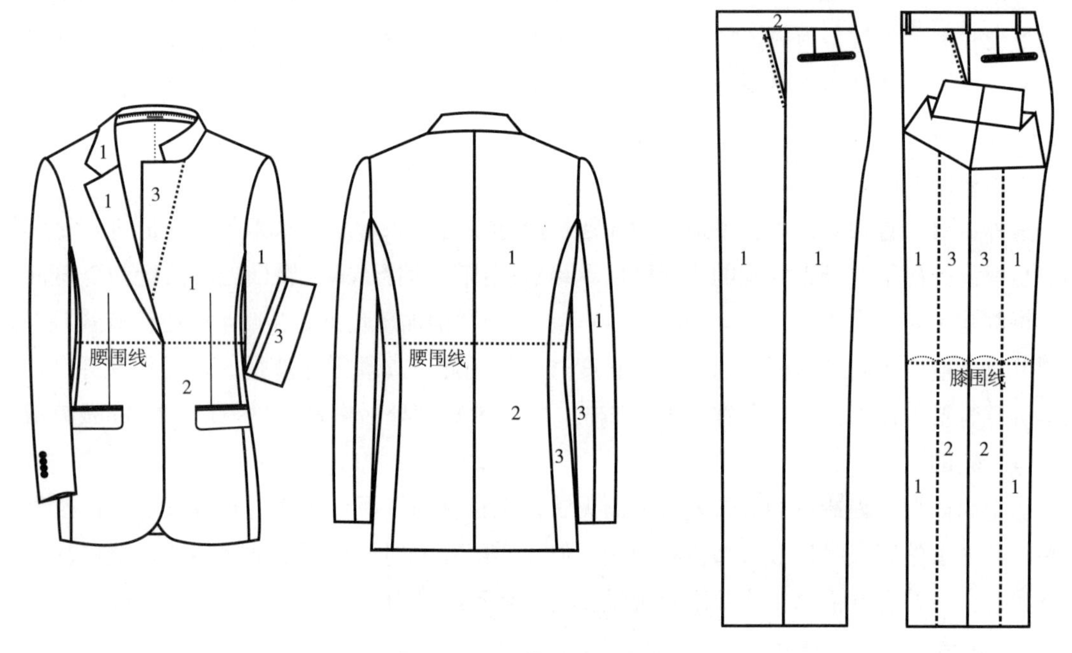

图 3-46　西装区域位置划分

53. 大图案后背绸制板方法

随着人们对穿着个性的追求及生产技术的提高，任何图片形式的图案都可以彩印到面料或里绸上，进而越来越多具有完整大图案的里绸应用在西装上，如图 3-47 所示。为保证效果及个性化存在，完整的图案效果就不能被破坏，因此对于这种特殊里绸工厂需要单独调整样板：取消后背拼缝及后中暗褶，后背里绸做成左右对称的完整样片来达到想要的成衣效果。为方便理解，以下以净板为模板分别介绍不开衩、双开衩、单开衩大图案里绸的制板方法。

（1）不开衩。如图 3-48 所示，由后领窝净线作水平辅助线为左右片对称线，底边处辅助线至后中缝的距离 a 从侧缝处相应减掉，其他各部位加放量按图 3-48，画顺各线，按辅助线对称至另一侧为不开衩款式后背里绸的制板方法。

（2）双开衩。如图 3-49 所示，由后领窝净线作水平辅助线为左右片对称线，底边处辅助线至后中缝的距离为 a；开衩毛边沿开衩净线对称至另一侧，外出 2. 2cm 为常规开衩里绸的开衩处毛边；因后中缝处里绸加大了距离 a，因此在开衩处需要相应减掉，保证整体宽度合适；其他部位按图 3-49 加放量画顺弧线，按辅助线对称至另一侧为双开衩款式后背里绸制板方法。

图 3-47　后背大图案绸的应用

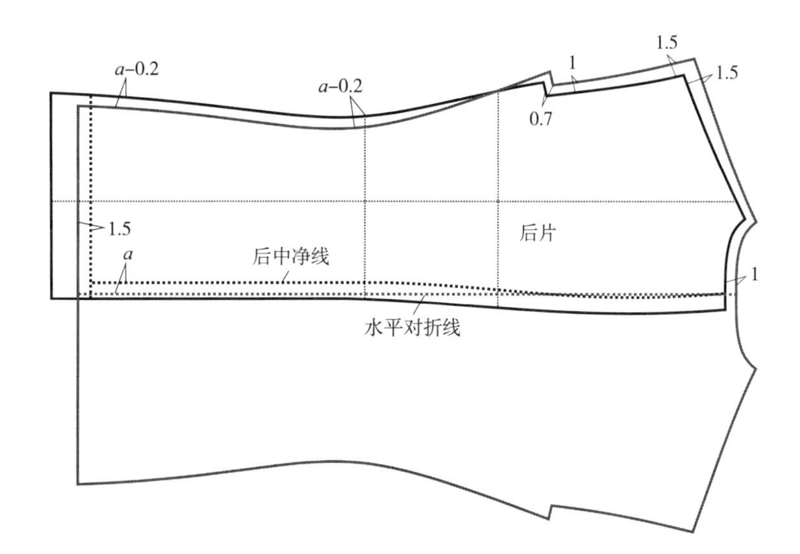

图 3-48　不开衩后背绸制板

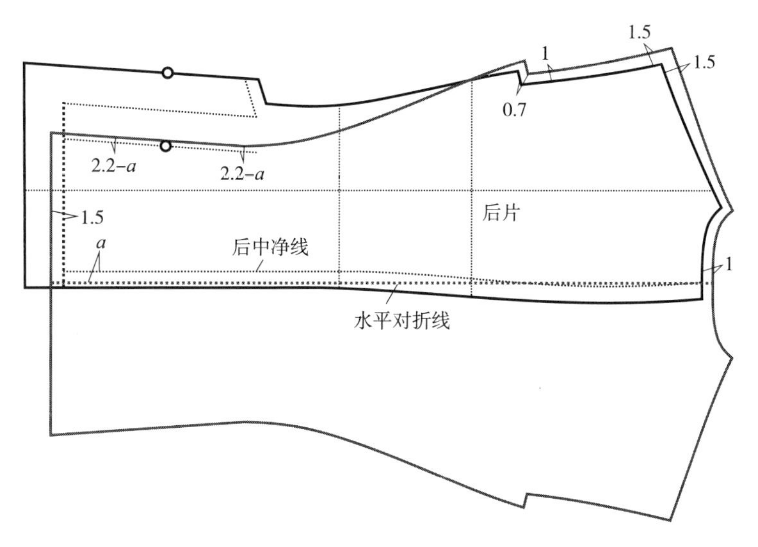

图 3-49　双开衩后背里绸制板

（3）单开衩。如图 3-50 所示，由后领窝净线作水平辅助线为左右片对称线，底边处辅助线至后中缝的距离为 a；因后中处有开衩且面、里开衩需要缝合，因此以开衩毛边线为里绸开衩开刀线，并开口至开衩顶端上 6cm 处，缝合时开衩里绸借用 1cm 缝份与开衩面缝合并收至开口上 4cm 处（相当于此处开衩里绸收省 2cm，由开衩顶端收至上 10cm 处，如收省太短会造成收省出起包）；因后中缝处里绸加大了距离 a，因此在侧缝处需要相应减掉，并加出开衩处借用的 1cm 缝份及 0. 2cm 里绸松量，保证整体宽度合适；其他部位按图 3-50 加放量画顺弧线，按辅助线对称至另一侧为双开衩款式后背里绸制板方法。

需要说明：一是因大图案里绸是左右对称的一片形式，里绸的样板形状与面料不能完全

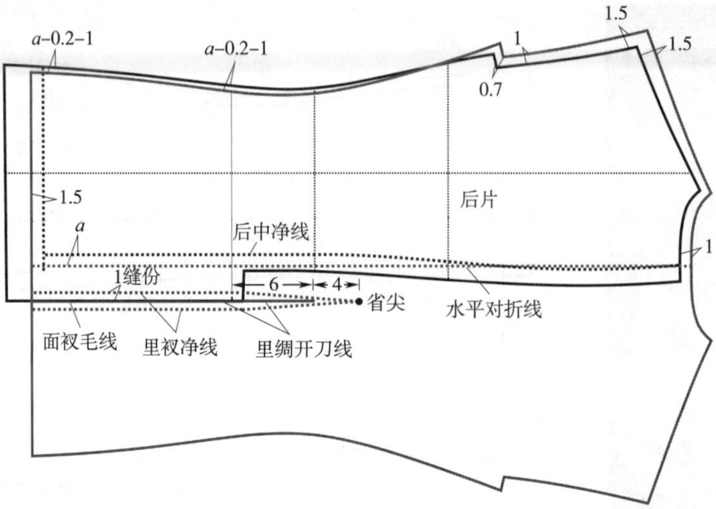

图 3-50 单开衩后背绸制板

一致，因此，要追求图案的完整性，样板匹配性就存在一定的缺陷，对后背的平整性会造成一定的影响；二是后背里绸没有暗褶，为减少对活动舒适性的影响，缝制时里绸需要适当宽松处理。

54. 影响领子立体程度的因素

在生产中我们会发现，有的款式领子比较立体一些，与衣身几乎呈垂直状态或是与衣身夹角为钝角，比较贴合人体颈部，而有的款式领子立体感不强，几乎是前片的延长部分，立领款式更加明显一些，笔者认为关系到领子立体与否的因素有以下几个。

（1）领子与前身肩颈点的重叠量。领子最终要与领前领窝拼合，重叠量越大，立体感越强，如没有重叠量，领子就是前领口的延长线。

（2）领外口与领内口的差值。以立领款为例，当领外口＝领内口时，领子为竖直状态；当领外口小于领内口时，外口为收紧状态，因此领外口处向里收拢。当领外口大于领内口时，外口为打开状态，因此领外口向外张开。且收紧、打开程度越大，收拢、张开的程度就越大。

（3）后领中处的倒伏量，同肩颈点的搭叠量一样，后领与后领口需要拼合，倒伏量越大，缝制时需要转折的量也就越大，领子越立体，倒伏量越小，缝制时需要转折的量也就越小，领子越平坦。

（4）制作影响。如前后领窝有没有拉长、绱领是否标准，搂肩有没有做出前肩的凹陷与立体效果、整烫是否塑造领子的立体感或是对立体的造型造成破坏等。

55. V 型领马甲前片撇胸量为什么比较小

这是无领马甲制板时通常肩缝前移所造成的一种假象，实际的撇胸量应符合人体结构，为 1.5~2cm 不变，原理如下：

通常测量撇胸量是以后横开领为基础，前横开领大-后横开领大即为撇胸量，而无领马甲通常为肩线前移的借肩结构，如图 3-51 所示，当马甲由常规肩缝量转变为借肩肩缝位时，后横开领大变大，变大量为 a，前横开领大变小，变小量为 b，$a+b$ 即为测量的撇胸量变化值，约为 0.7cm，此时测量撇胸量剩余 0.8~1.2cm。

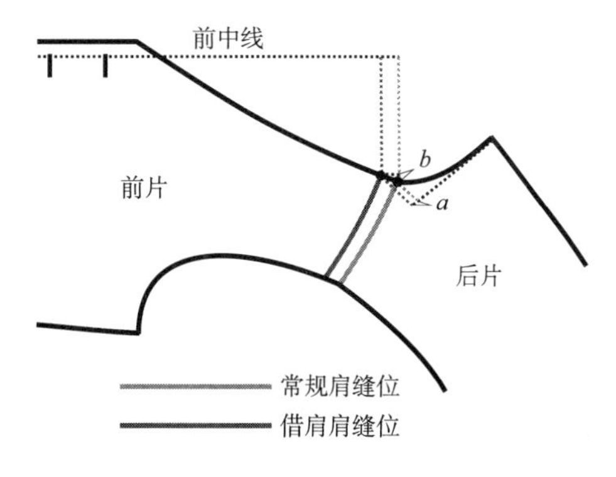

图 3-51　V 型领马甲前片撇胸量设计

56. 无领款马甲改有领座款的原理

V 型领是马甲的基础领型，其他的任何有领座、无领座款马甲通常都是在 V 型领基础上修改而来，因此，V 型领马甲可看作是马甲的基础模型。在 V 型领马甲基础上配置有驳头的翻驳款马甲原理如下：

（1）有领马甲同西装领一样为有领座的立体结构，为避免与西装上衣同时穿着时领子部位过厚，有领马甲只能作为外穿衣物，因此结构上还原借肩结构为常规肩缝位。

（2）为方便驳头翻驳，翻驳线处同上衣一样需要抽量，对应为前腰节长加大，前撇胸量加大。

（3）同西装上衣一样确定翻驳线位置，需要注意的是无领马甲的翻驳线为第一扣位与肩颈点的连线，有领马甲的翻驳线为第一扣位与肩颈点向前 0.8×领座高的连线，但这并不是翻驳线过前而位置不对，原因为：一是衣身与领座为平面到立体的转换，翻驳线在肩端点也是由低点向高点的转换；二是人体颈部为下粗上细的倒梯形结构，领座上部也需要适当收小以确保领子上部与下部均能贴合人体颈部。

参考文献

[1] 王树林. 西服工业化量体定制技术[M]. 北京：中国纺织出版社，2007.

[2] 刘瑞璞，黎晶晶. 服装纸样设计原理与应用：男装编[M]. 北京：中国纺织出版社，2008.

[3] 季学源，陈万丰. 红帮服装史[M]. 宁波：宁波出版社，2003.

后记

服装制板是一项技术要求很高的工作，包括制板方法与原理、CAD 软件的应用及逻辑编写、放码及变更方法、量体与体型的判断及处理方式、服装制作技术及弊病的修改技术等，并且根据生产方式的改变而调整，不断积累经验、不断优化理论，因此就要求制板师要不断学习，不断提升自己，也要求学习者要有坚定的意志及不断学习的精神。

师傅领进门，修行在个人，读书十遍不如动手一遍，谨以此书抛砖引玉，希望读者在此基础上不断学习、总结出适合自己的技术知识点。技术的学习不能一成不变，也没有绝对的对错之分，个人理解方式也不同，而应分时、分事，有一定取舍。西装技术提高的过程是技术与经验不断积累的过程，而这个过程需要超强的耐力、好学的精神及好的机遇，而很多机遇是自己创造而非别人给予的，学习者需要坚持不懈的努力，切不可半途而废。

该书有疏漏或不当之处，欢迎读者指正，课本讲述内容也无法做到面面俱到，还需要读者自己多思考、多实践、多总结。

著者

2023 年 2 月

后记